图书在版编目（CIP）数据
旅游度假区规划设计. 人文篇 / 杨安，赵丹主编.
上海：同济大学出版社，2016.10
（理想空间；74）
ISBN 978-7-5608-6595-9
Ⅰ.①旅… Ⅱ.①杨… Ⅲ.①旅游度假村—建筑设计
Ⅳ.①TU247.9
中国版本图书馆CIP数据核字（2016）第264388号

理想空间
2016-10(74)

主办单位　上海同济城市规划设计研究院
承办单位　上海怡立建筑设计事务所
地　　址　上海市杨浦区中山北二路1111号同济规划大厦1107室
邮　　编　200092
征订电话　021-65988891
传　　真　021-65988891
邮　　箱　idealspace2008@163.com
售 书 QQ　575093669
淘 宝 网　http://shop35410173.taobao.com/
网站地址　http://idspace.com.cn

出版发行　同济大学出版社
策划制作　《理想空间》编辑部
印　　刷　上海锦佳印刷有限公司
开　　本　635mm x 1000mm　1/8
印　　张　16
字　　数　320 000
印　　数　1-10 000
版　　次　2016年10月第1版　2016年10月第1次印刷
书　　号　ISBN 978-7-5608-6595-9
定　　价　55.00元

编者按

美国的未来学家甘赫曼将人类社会发展第四次浪潮预言为“休闲时代”。生产力高度发达后，人们的生活水平极大提高，既有经济能力、又有闲暇时间，对度假休闲旅游的需求愈发强盛。

2013年，我国相关部门陆续颁布《旅游法》《国民旅游休闲纲要》等重要法律和文件，标志着国家正式把旅游业作为战略性支柱产业加以培育。旅游度假区在休闲度假产品的开发建设中将起到龙头和导向作用，加快旅游度假区建设发展具有重要的战略意义。

1992年，首批12个国家旅游度假区的设立标志着我国旅游度假区的建设正式起步。2010年，全国各级旅游度假区的总数已达158个。近年来，为提升旅游度假区的建设标准和管理规范性，国家旅游局先后制定了《旅游度假区等级划分》《旅游度假区等级划分细则》《旅游度假区等级管理办法》，并下发《关于开展国家级旅游度假区评定工作的通知》。2015年10月9日，国家旅游局正式宣布17家度假区创建为首批国家级旅游度假区。

随着旅游度假区数量的增加，度假区类型也趋于多样化，除了较为传统的温泉度假旅游区、山地度假旅游区、滨海度假旅游区外，更是出现了以乡村度假旅游、历史人文度假旅游、医疗养生度假旅游、体育健身度假旅游为主题的门类繁多的特色旅游度假区。

各类旅游度假区的主题特色差异较大，其在项目设置、规划空间组织、商业模式设计、投融资方案等方面都各不相同，值得我们逐一研究和探讨。因此，本册理想空间以“旅游度假区规划设计人文篇”为主题，对国内外近期完成的二十余处旅游度假区其进行归类介绍和案例研究，希望能为广大旅游度假区的管理者、设计者和开发者抛砖引玉。

上期封面：

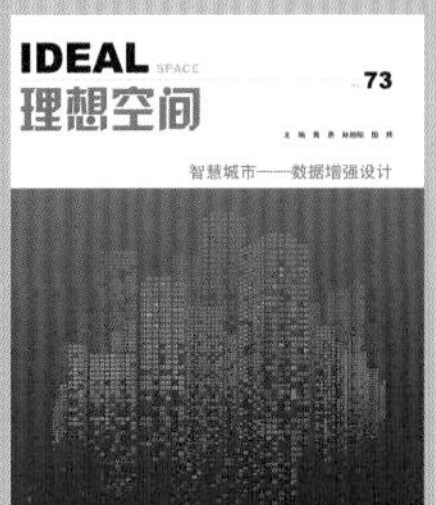

IDEAL
理想空间
73
智慧城市——数据增强设计

CONTENTS 目录

人物访谈

Interviews

“旅游热”的解读和冷静思考
——吴必虎访谈

The Interpretation & Calm Consideration of Tourism Boom
—Wu Bihu Interviews

杨 安 赵 丹

Yang An Zhao Dan

吴必虎，北京大学教授，博士生导师，北京大学旅游研究与规划中心主任，国际旅游研究院 院士、国际旅游学会，秘书长、中国旅游改革发展咨询委员会，专家。

他是北大教授，博士生导师；

他是新浪微博大V，知名博主；

他是旅游发展与创新的时代引领者；

他也是直言社会问题之所在的犀利“谏客”；

他更是全球仅限额75人的国际旅游研究院院士；

他就是国际旅游学会的秘书长——吴必虎教授。

有人说，旅游产业是一股时代发展的浪潮；有人说，实体经济下滑的背景下旅游的火热危机四伏。站在时代的风口浪尖，我们该如何乘风借势，又该如何理性沉着？为此，我们专访了时代的弄潮儿——吴必虎教授，为我们解疑答惑。

记者（以下简称“记”）：一业兴百业旺，旅游业是带动性极强的行业。目前，旅游业在我国经济发展中处于什么样的地位，尤其是在新的经济常态下，旅游业对经济发展起到什么样的作用？

吴必虎教授（以下简称“吴”）：这个问题较大，首先引用李克强总理的话：“旅游业不是服务业或消费产业，它是一二三复合产业。”旅游业的地位是以第三产业为主体的一二三产联动的综合性产业。旅游最重要的作用是它的经济价值，旅游业在我国工业创新能力不强、文化创意产业跟不上的情况下具有很大带动性，可以拉动GDP，增加就业。中国政府联合世界旅游组织召开的首届世界旅游发展大会发布的《中国旅游发展报告》，报告中统计数据显示旅游业占GDP的比重及贡献已经超过10%，已经达到全球的平均水平。旅游所带来的就业占到总就业机会的10%，以及引起社会的折旧也占到10%左右，这三个10%，说明全球在和平时期旅游业是第一大产业。

除了经济意义以外，旅游还有它的文化或社会价值，旅游作为户外教育，应把它纳入对人的教育体系的组成部分。完美人格的训练是需要户外教育的，欧美人强调体魄，像户外探险；东方人强调的传统历史文化的教育和体验，都需要到户外，所以古人有言：“读万卷书行万里路。”

另外一点，在中国过快的工业化、城市化进程，造成生态破坏以后，旅游产业的特征，它的生态意义也很强。十八大及十三五规划，强调产业的转型，资源枯竭型产业转型，都依赖于旅游业。如山西的煤炭经济断崖式下滑，以及像贵州这种区位上的困难地区，习近平总书记最近去了重庆，也强调长江不能再搞过度开发，要注重生态恢复，陡坡开发不能做，禁止排放过高的工业。旅游业作为最后的选择因而就被重新提到很高的层次。

记：对于旅游业的作用大家还是有质疑的，有人认为工业不行了，制造业不行了，靠旅游业真的能撑起这个地方的经济发展吗？还有，实体经济萧条，经济总体下滑，以消费为核心的旅游经济却如沐春风，这样合理吗？

吴：如果一个国家没有经过工业化直接搞第三产业是不稳定的，因为没有必要的物资和财富积累及社会需求的支撑。比如说马尔代夫、泰国，这些国家整个工业化还没有完成，单靠旅游业，如果旅客不来，整个经济就将受到很大影响。但是，我国可以说已经基本完成以沿海城市为主体的城市化过程，特别是工业化过程。一般来说国际上工业化和城市化是同时进行的，但中国是城市化慢于工业化。但总体说工业化和城市化在沿海地区已经达到很高的程度，这个时候强调第三产业是合理的。从国际经验也可以发现，英国、北美、日本、韩国均先是第二产业最大，然后第三产业逐步超越第二产业。如果看一个国家的竞争力，如果这个国家第三产业占60%~70%，第二产业占20%~30%，农业2%~5%，这个国家是比较有竞争力的。中国大多数发达地区工业化完成，城市化快完成，具备了第三产业逐步上升，成为当地社会发展的主要驱动力和推进器的条件。

记：随着国民收入提升，我国已经步入休闲度假时代。全国都在做度假旅游，对于我国度假旅游的发展现状您怎么看？有哪些优势，又有哪些问题和不足？

吴：中国从观光旅游向休闲度假旅游转变，但是，目前最大的问题是缺乏度假产品。原因一是中国旅游开发管理或者景区开发，绝大部分资源是政府的，没有充分市场化，政府配置资源的效率偏低；另外，中国的景区虽然是国有为主，但是实际上不是国有，是部门所有，从国有到部门所有到官有，这三者之间有很大差异。国有理论上是全民的，每个人都可以享受到且都有发言权和决策权，但是实际上我国风景名胜区由住建部管理，自然保护区是林业部门和环保部门，森林公园由国有林场，海岛是国家海洋局管理，草原是农业部管，水利风景区是水利部管理，文物保护单位是国家文物局管，旅游度假区是旅游局管。这种资源部门所有，在法律健全的情况下是可以接受的。但从国际经验来看，一个成熟的旅游地打造需要15—18年，一届官员任期5年，仅在五年有效时期内有所作为，缺乏长期布局思想。

从产权制度分析，也是问题的核心。中国的产

1.奥兰多环球影城
2.乌镇景区
3.成都宽窄巷子

权制度不清晰，比如陕西秦始皇兵马俑是省政府管理，但是周边商贩却是地方政府管理，所以造成中国大景区混乱，原因就是产权不清晰。麻烦的事情交给地方政府管理，好处被央企或上级政府拿走，自然就存在很多问题。产权制度在观光旅游时代是可以混的，在度假时代行不通。因为观光旅游时代仅是门票经济，但休闲度假时代，度假产品更多是服务，产业的开发和投资，度假区的娱乐设施都商业化，政府管的资源都需要市场化运作。

其次，管理部门虽已认识到度假产品的开发，但是缺乏相应的专业能力，以及没有相应的社会制度支持。有一些地方政府官员，还是想做事情的，但整个系统僵化；另外，有的官员专业性不够，法律和政策不支持，最后心力交瘁就放弃了。这种例子很多，就像“草原天路”，地方政府很显然想做事情，政府将休闲度假产品当观光产品处理显然不行。

再次，开发度假产品的人没有心思做度假产品。受房地产化影响，急功近利，一门心思在炒房地产。房地产绑架政府和企业，拖累国民生活水平的提高，原因就是政府通过严控建设用地供给来保证房价不降以获取高额利润。这个问题这几年有所改善，一部分房地产商被逼开始认真做度假产品，比如万达宣称要做自己的文化旅游品牌，以及方特把地方的戏剧作为元素开发娱乐项目，虽然品质上有许多诟病，但是已经注意度假产品的开发。

记：随着城市游客对乡村旅游的日益需求，导致乡村旅游在我国遍地开花，到处在做民宿，请问一下吴教授对乡村旅游及民宿的发展前景您怎么看？

吴：我们需要从城镇化大的格局来看这个问题，就是未来十年可能百分之六十的人是居住在城市中，我们看得见的未来，城市的生活质量是很差的，拥堵、污染等城市病，在一个病态的城市化社会里面，人们需要到乡村中疗伤。所以说乡村旅游这个产品，未来增长空间是非常大。只要是中等城市，周边就会有一批乡村度假产品，这是个大前提。至于每个城市需要多少，旅游者旅行多远的距离去购买他的度假产品是有区别的。比如意大利撒丁岛，岛上的农业旅游都是德国、法国等欧洲大陆市场提前预订，再例如上海人会选择在莫干山休闲度假，需求非常大，乡村度假需求是普遍的需求。另外一点，中国的土地制度改革没跟上，中国农村的建设用地普遍闲置。一部分人出去打工房屋破旧没人住，另一部分人打工赚到钱之后造的新住宅还是大量闲置。像美国或欧洲，基本上中产阶级在森林、海边都有第二住宅。这也是中国城市中产阶级形成后的未来趋势。民宿就在这个背景下产生了，它是其中的一个类型。民宿本身的含义是农民自己拥有宅基地，自己拿出房子出租经营，像欧洲特别是美国B&B（bed & breakfast），房子都是农民自己的。但是中国民宿其实是完全异化，多数是企业或城市中产阶级租农民的房子，实际是乡村度假产品开发，或者乡村度假酒店、客栈，并不是完全意义的民宿。我相信未来农村会出现复合状态，一部分是农民自己开发，另一部门是企业投资进行大规模开发。现在总的供应量并不是很多，北京周边环境很差的地方也是供不应求的。所以说民宿现在不是过剩而是不够，但是对于投资是需要谨慎的，它的市场变化是很大的。也许你设计得很好，但是缺乏好的服务和营销也不行。再者，周边配套产品的组合，是民宿成功的重要条件。

记：我国古村落数以万计，虽然乡村各有特色，但类似居多，做差异化难度不小，我们在做乡村旅游规划时，如何去避免乡村旅游产品的同质化？如何根据市场进行产品选择的问题？

吴：第一，对传统规划方法的使用，也就是说不同村落资源价值本身是有差异的。需要我们在一个区域范围内，对这个乡村的旅游资源进行评估。找出那些最有特色最有竞争力的村庄进行开发。第二，即使有一些景观、文化同质的村庄，可以根据产品定位不同，针对不同的群体，根据市场的不同，可以进行不同的定位和开发。当然也跟投资能力有关，如果投资能力很大，在方法、技术、艺术、设计能力和材料等等，实际上是有很多的空间可以分异化的。从市场腹地来看，像莫干山和北京周边是不同的，乡村度假地没必要是全球化产品，多数情况下属于区域产品，只要满足一个县、一个城市对产品的需要就可以了。

记：我国主题乐园多不胜数，但有的媒体认为我国人口基数庞大，游乐园还有发展空间，您怎么看，我国乐园数量是否饱和？建设一个成功的主题公园需要从那几点去思考？

吴：中国有自己研发产品能力的主题公园是远远不足的。模仿得多了，所以导致过剩。但是哪怕是模仿或者复制，在门槛人口以内也是成功的。像欢乐谷，它在上海、北京、深圳、成都多地复制，方特在甘肃也做，但这都颇具风险，因为甘肃总人口数毕竟少。什么样的城市能建主题公园？当地有没有市场支撑？这在决策之前要认真分析，根据总人口的消费需求，中国人口基数很大，车行2h范围内，人口达一两个亿，都是可以做一个主题公园的。像郑州做一批主题公园是没问题的，东北、西北地区做主题公园就要特别谨慎。第二是选题，到底做什么主题公园？要讲究，如果有文化基础，把原来的东西加以提炼挖掘，但也可以无中生有，根据有没有市场需求决定选题。第三是投资模式，主题公园的投资非常大，靠几张门票很难回收，所以周边“环主题公园”就要统一规划、统一开发，这样的投资模式就容易得到平衡。

记：相对国外的主题乐园，您觉得国内主题乐园不成功的原因是什么？我国为什么没能产生国际化主题公园呢?

吴：中国主题公园一个不成功的原因就是过分房地产化。过去主题公园的开发者，包括东部华侨城、欢乐谷等，模式是：主题公园慢慢赚钱，用周边房地产来赚钱。所以中国主题公园想要发展必须去房地产化。现在常州恐龙园、淹城都在做本土化的东西，这个是应该鼓励的。另外一个失败的原因，在于中国主题乐园创意匮乏，以及近距离的主题重复，把有限的客源市场再次分割，造成无法挽救的颓势。奥兰多主题公园为什么经久不衰？因为它不断淘汰旧产品、研发新产品，且有很多研发团队，所以研发团队非常重要。而国内没有一个公司能够做到这一点。那些规划上只是简单地将某些景点进行简单的组合，设计形式单一，以模仿和组合为套路的项目，很快将被市场淘汰。

记：您觉得迪士尼乐园和环球影城进入中国对本土主题乐园有哪些影响？本土主题乐园该如何应对?

吴：迪士尼乐园和环球影城必然会刺激中国本土主题公园研发自己的产品、提升自己。一旦大家认识到这一点，中国的传统文化能够开发成很多产品的，这会促进中国的公司朝这方面走，像常州恐龙园、嬉戏谷和淹城。淹城前几年很受游客欢迎，但是现在客流下降，原因在于继续研发的能力不足。一个好的主题公园必须不停地研发新产品，游客有新的选择就会继续去消费。并且预留发展用地，能够在将来进行新的项目开发。“把中国传统文化转变为旅游产品、娱乐产品”方面的空间非常大。比如，迪士尼把我们国宝大熊猫变成《功夫熊猫》；把木兰从军的故事改编为迪士尼公司电影产品《花木兰》，说明将我们传统文化宝库转化为娱乐产品的空间非常大，我们要有这个文化自信。

记：对于我们规划师而言，做度假区旅游规划时有什么要注意的吗？现状的旅游规划编制体系和规划管理机制有哪些问题和不足?

吴：中国规划界是穷人给富人做规划。大多数规划师都是刚毕业的本科、硕士生。对度假产品这块他是没有过多的经验与训练，我认为年轻的设计师要有体验，有时间就多出去看看体验一下，提高自己对度假产品的直接感受，不能仅限于书本和网络。另外，教育体系要开放，设计是综合性的工作，创意、艺术、经营多学科的培养。比如说苹果手机，它的成功就是把工程和艺术的完美结合。度假产品是创意、艺术还有经营相结合的产物，需要了解市场需求，要多学科的培养。第三就是招投标制度需要改革，这个制度大大扼杀了设计的积极性。一个是专家学科单一，再者短时间评判一个设计缺乏客观性，有一定的片面性。突破规范，鼓励创新，是我们旅游度假区规划的一个最核心要求。

记：互联网＋大数据等热点技术对景区建设与开发有哪些影响？大数据和景区规划的结合，除了在客源地和消费习惯分析等目前热议的话题，还有什么进一步的发展空间?

吴：一方面互联网影响很大；另一方面很多人讲的时候是语焉不详，听着热血沸腾，具体操作缺失。首先，它对人们的出行方式发生了改变，任何景区市场化，市场不买单等于零。市场信息的搜索、预定、购买及分享，全部根据互联网，特别是移动互联网。这个造成人们的消费习惯、供给行为及物流行为全部发生巨大变化。所有大数据应向社会公开，有了公共数据以后，规划思路可能发生转变。以前做规划是依靠经验，但借助大数据我们可以了解更多信息。比如根据过去5—10年，去上海的人，出行方式，停留时间多久，全部智能化。有了这些公共数据，我认为对规划本身过程发生了改变。

另外一个是产品与消费发生转变，比如上海人去了苏州，下载很多APP，如携程、大众点评、航旅纵横、高德地图等，非常不方便。但是，我现在建议苏州政府做一个ODA（在线的旅游集散中心），由政府出资协调，把所有信息集中连接在一个系统上，作为旅游者打开界面可以找到当地的各种信息，去景点、美食、交通，全部智能化。通过政府将商用和公共信息结合在一起，形成一个在线集散中心，为游客行为提供支持，旅客的行为也会发生相应改变。

所以说，未来互联网影响最大就是旅游。当人们面对面的时候是不需要互联网的，只有时空差别下人才需要互联网。而旅游就是产生和体验时空差别，并且为提供这套体系的一系列企业和公共机构提供商业机会和服务机会的行为，因此互联网和旅游是天生的不可分割的关系。

大数据未来的发展空间很大，中国的大数据很难形成产业是因为数据保密，这些部门通过信息不公开，来回避社会责任，或者获得一些局部利益。像美国国会图书馆，1:2 000地形图都可以提供给你，但在我们国家这部分是保密的。数据是资源，资源变成产品需要深加工，会培养一批数据生产公司和数据咨询公司。全部是靠数据来支撑，包括许多决策方面和产品研发方面，商业模型预判，未来的推演过程等。规划是一个关于未来的故事，必须要大量的数据支持。同时规划是多解的，优选方案也要靠数据。当数据完全可靠，未来政府购买公共服务或者企业购买数据帮助决策的意愿必将会大幅提高。

记：您在实操旅游度假区规划的时候有哪些经验和心得可以与我们分享？国内外哪些旅游度假区的项目值得我们学习，好在哪里？哪些项目出现的问题值得反思?

吴：最好的度假地是有社区参与感的，它是休闲生活方式的提供者，跟当地的生活完全融合在一起才是好的度假地。三亚作为度假地不怎么成功的原因是孤岛化模式。酒店是很高端的，但是周边的娱乐配套设施匮乏，还有与当地文化的融合性较差。乡村度假地做得最好的是乌镇，城市度假目的地是成都。像丽江还没有成为度假目的地，它是观光、娱乐和度假三合一的，它需要在加强当地居民的参与性和文化的融入性方面努力一下。

记：狂热旅游的大背景下，是不是需要有一些理性思维，您对政府、开发商、规划编制人员有什么理性建议?

吴：这个必须要注意提醒的，我们一开始讲为什么旅游这么热，因为它是安全产业，有社会需求，但要防止过热，为什么呢？最近全国在推全域旅游，动员政府一二把手亲自抓旅游，然后协调各个部门促进地方旅游发展。书记一抓，所有部门全部上，这个容易发生过热现象。第一，你适合搞多大旅游，市场有多大，投资规模要经过认真研究。规划方面要认真不能匆忙上马。要在专业技术层面控制，要告诉甲方正确的答案。第二，旅游投资过热与资本有关，资本像没头苍蝇一样大肆地进入景区经营权获取，像中信、海航等，要警惕资本市场。第三，我认为是对于某种方向的开发，要调整相应政策和法律。比如说，现在大家都强调农村要一二三产业融合，但是过去的一些政策和法律，是不支持非农用地的转化、不支持一二三产业融合的。

采访整理

杨　安，同济大学城市规划硕士，国家注册规划师；

赵　丹，陕西师范大学，景观规划硕士。

世遗江郎，儒风乡村

The Inspiration of American Smart Destination Theoretical and Practical Development

黎筱筱
Li Xiaoxiao

[摘　要]　本文以江郎山文化旅游风景区为例，通过整合原江郎山景区及清漾毛氏文化村，深度分析江郎山丰富的自然和人文资源，进而提出了创建5A级旅游景区的标准。

[关键词]　世界自然遗产；品牌形象；5A提升

[Abstract]　The paper takes Jianglang hill cultural tourism area as an example. Through resource integration of both former Jianglang hill and Qingyangmaoshi village, and analysis its natural and cultural resources deeply. Further more, to improve the standards of 5A tourism area.

[Keywords]　World Science Heritage; Spatial Structure Brand Image; 5A Improvement

[文章编号]　2016-74-P-007

拥有中国丹霞第一奇峰的江郎山备受中国古代著名“驴友”徐霞客的青睐，徐霞客3次游江山时都写到江郎山。他把江郎山与雁荡山、黄山和鼎湖峰进行比较，极力地赞叹江郎山“奇”“险”“神”。三巨石拔地冲天而起，高360m，形似石笋天柱，形状像刀砍斧劈，自北向南呈“川”字形排列，依次为：郎峰、亚峰、灵峰，即为“三爿石”，江郎山也因此被称为“神州丹霞第一峰”。

江郎山——清漾核心景区是江山市三大核心景区之一。作为世界自然遗产的江郎山景区和毛氏发源地的清漾古村对于推动江山市的旅游业发展至关重要，也是江山旅游的品牌项目。2014年，大地风景受浙江省江山市旅游局委托对江郎山文化旅游风景区总规及5A提升进行专项规划。此次申报5A将江郎山和清漾村进行捆绑规划，未来将呈现一个具备综合竞争力的综合型文化旅游目的地。

一、打造“世遗江郎　儒风乡村”品牌形象

以世界自然遗产地江郎山“江南毛氏发源地”清漾村为龙头，依托包括江郎书院、仙霞古道、开明禅寺在内的历史遗迹、生态山水、宗教文化、乡村农业等资源条件，同时，依托衢州儒文化江南传播中心地的文脉基础，在现有观光旅游的基础上，提升风景区核心吸引力。开拓发展腹地，将江郎山文化旅游风景区打造成为集精品观光、文化体验、乡村旅游、运动休闲、养生度假等旅游产品为一体，兼顾生态保护、文化传承、休闲游憩、审美启慧、旅游发展等多重功能于一体的遗产文化教育走廊。形成以自然遗产户外休闲、文化遗产儒学体验、乡村遗产田园休闲为特色的综合型文化旅游目的地。

二、一轴、两核、五区的经典空间结构

1. 一轴

余清综合游览轴。依托现有的余清公路，结合风景道的建设，连接江郎山和清漾村两大景区。在满足交通功能的基础上，具有较高的景观观赏价值。同时带动了沿线村庄乡村旅游的发展。

2. 两核

自然遗产核——三爿石、文化遗产核——清漾古村。

3. 五区

（1）世遗精品旅游区

以江郎山三爿石为核心，包括江郎书院、开明禅寺、十八曲等景点，以精品观光、文化体验、地质科普等旅游产品为主。

发展思路：以世界遗产江郎山为依托，一方面改善地质科普旅游产品的趣味性，另一方面，完善旅游产品体系，打造成为集综合服务、科普教育、文化休闲、宗教朝拜、自然观光等功能于一体的片区。

重点项目——三爿石：作为世界遗产，三爿石是景区观光旅游的核心和引擎。对于一些风化强烈、层状剥落明显的山顶山坡或形态优美的山体、石柱、石墙，应围栏保护，严禁攀爬。对节理构造极其发育并随时存在崩滑的区域，在旅游高峰期控制游客时空分布，避免游人过于集中，在必要的区域加强防护和适当加固。

（2）生态休闲旅游区

江郎山除世遗精品旅游区之外的山地森林旅游区，还包括须女湖、紫袍峡、狮象守门、龙井顶等，以生态休闲、户外运动、环境教育等旅游产品为主。

发展思路：以良好的生态环境为基底，充分利用森林、植物、水域等资源条件，发展以深生态游为特色的休闲活动。

重点项目——须女湖：以大坝美化、湖岸景观改造为重点，打造滨水游步道，形成特色滨水休闲区域。设沐爱谷项目，营造了一种江南风情的“雨文化”，道道彩虹环绕，营造浪漫氛围。

（3）毛氏文化旅游区

以清漾古村为核心，包括毛氏祖祠、祖宅、毛子水故居、清漾塔等景点，以精品观光、文化体验、乡村休闲等旅游产品为主。

发展思路：清漾古村以现有景点的发展提升和游览方式的优化为重点，提高游客游览过程中的体验

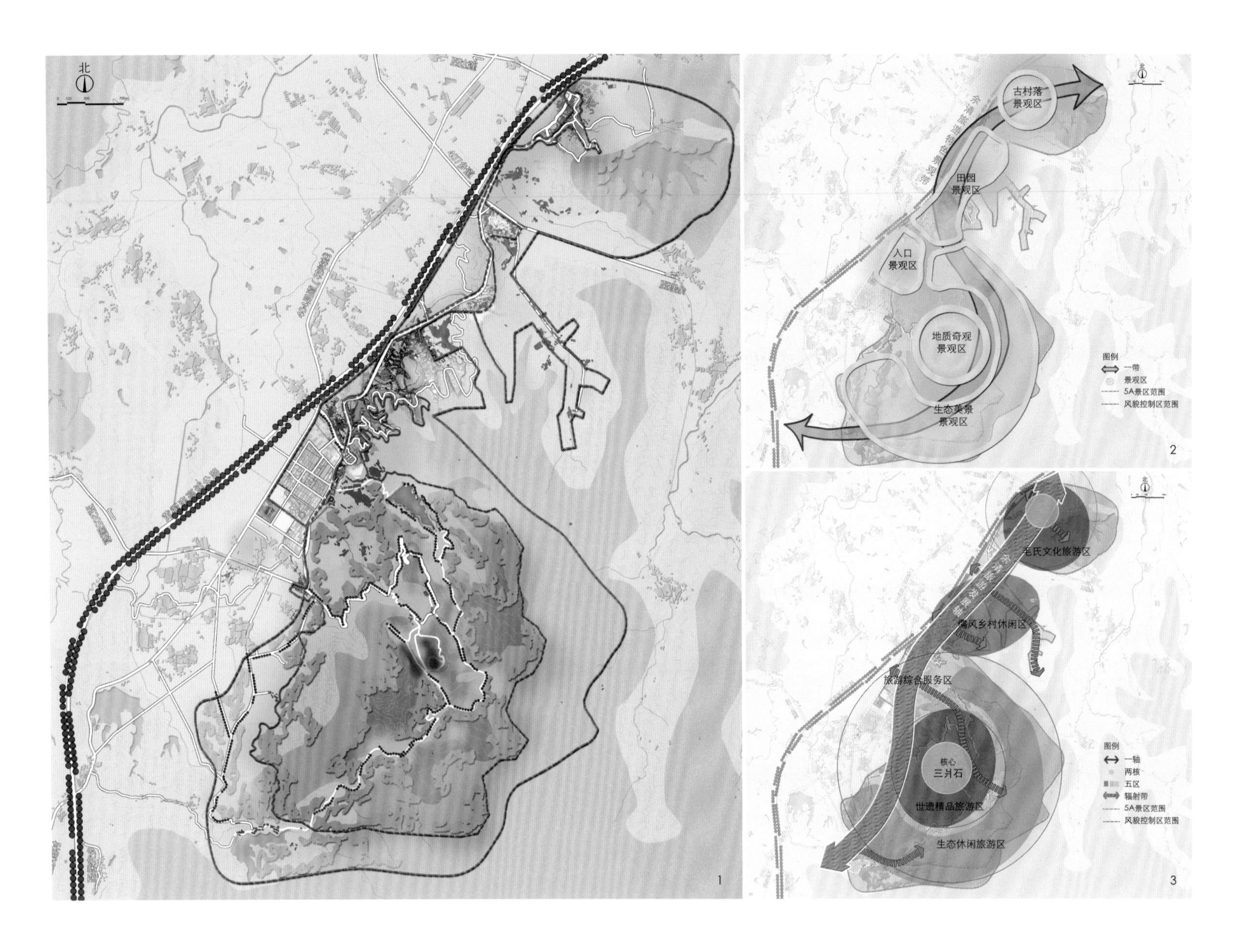

性和参与性，寓教于乐，延长游客游览和停留时间。同时，丰富毛氏文化旅游区旅游业态，与毛氏文化相结合，发展特色餐饮和购物，提高游客花费。

重点项目——清漾毛氏文化村：丰富清漾村旅游产品和活动，改善清漾景区以观光为主的游客结构，延长游客停留时间，丰富游客体验。增设毛氏人立方，按照族谱记载，梳理历史上毛氏与其他姓氏的关系脉络，设计人立方查询互动系统，游客可以查询了解自己姓氏与毛氏在历史上有过什么联系，发生过什么事件，形成全新形式的“寻根游”。与海内外毛氏宗亲会联系，邀请毛氏后人参加每年一度的祭祖，打造成为世界毛氏宗亲寻根、朝圣目的地。

（4）儒风乡村休闲区

包括余清旅游公路及沿线乡村旅游节点，以田园观光、休闲农业、乡村休闲、文化体验等旅游产品为主。

发展思路：将衢州江南儒学传播中心与当地传统乡村相结合，依托江郎山与清漾村的核心辐射带动作用，打造余清线特色主题片区，形成重要的景观节点，成为江郎山文化旅游风景区的有效补充，丰富区域旅游产品。

重点项目——耕读田园：以“田园耕读传世，慢客恣意生活”为理念，以中国传统文化、农耕文化为底蕴，将田园风光与耕读文化相结合，发展具有农耕体验的观光休闲农业，打造东篱采菊景致，营造悠然见江郎山的意境。包括以稻草堆、农作物种子为主要玩具的乡村乐园，以本地农产品为原料的有机餐厅，以特色农产品销售为特色的农夫市集，打造江山市专属的美丽乡愁。

（5）旅游综合服务区

包括新老游客中心、余家坞村、倒影湖片区，同时具备入口形象、乡村休闲和综合服务功能。

发展思路：综合服务区是游客进入江郎山文化旅游风景区的第一印象区，应在完善各项旅游服务的基础上，提升旅游景观和环境，给游客留下美好的第一印象。

重点项目——入口形象区：结合江郎山下大地景观的打造，在倒影湖及周边农田区域打造大地景观艺术田园，可种植四季作物，打造永不落幕的大地美景。利用周边葡萄园发展特色采摘。一方面增加游客体验，另一方面加强倒影湖这一重要节点与新游客中心的有机联系。

三、风景区5A提升四大创新点

1. 世界遗产旅游与乡村社区休闲统筹整合

世界遗产旅游与乡村社区休闲的统筹整合，打破目前江郎山景区与清漾古村单打独斗的发展现状，避免旅游产品的雷同发展，促进旅游资源的整合利用。在总体定位引领下，实现片区的差异化主题。合理布局旅游产品，构建“景区旅游，乡村休闲”的遗

1.总平面图
2.景观结构图
3.空间结构图
4.江郎山效果图

产旅游发展模式。将世界遗产旅游与乡村社区休闲相结合，依托社区开发各具特色的休闲度假和文化体验活动。游客在遗产景区游览后，到社区的特色休闲区、特色文化体验区从事购物、娱乐、餐饮、参观等休闲活动或度假，带动周边地区联动发展。

2. 变“沉重、枯燥”的遗产观光为“轻松、愉快”的文化体验之旅

一方面，创新开发利用方式，改变各景区纯山水观光的初级旅游模式，在生态乡村的基础上，开发更多体验性、互动性较强的旅游产品；另一方面，深入挖掘江郎山文化旅游风景区的江南耕读文化，整合毛氏文化、风水文化、佛教文化和民俗文化，改变目前陈列式的开发利用方式，增强文化旅游的体验性，融文化于旅游产品，让游客在旅游过程中感受到文化的熏陶。结合市场发展的需求趋势，从游客需求出发，变“沉重、枯燥”的遗产观光为“轻松、愉快”的文化体验之旅，开发满足不同市场中游客文化体验的需求，增强文化吸引力。

3. 从单一的自然遗产观光向综合旅游产品体系转变

积极转变传统旅游开发模式，将宗族文化、佛教文化、书院文化与文化遗迹、民风民俗、特色餐饮、乡土文艺、农业资源、山地生态等资源进行整合包装，使旅游区产品类型从单一的自然遗产观光向集文化体验、乡村休闲、户外运动、科普教育等于一体的综合旅游产品体系转变，提升江郎山文化旅游风景区发展层次，丰富旅游产品的内涵，打造复合型旅游目的地。

4. 实现从旅游景点到旅游产业集群的转变

强化旅游的先导、关联、带动作用，加强旅游业与其他产业的融合发展，推动旅游业与农业、服务业、会议会展、文化产业、商贸流通、特色工业的系统整合，形成具有联动效应的大旅游产业体系。将旅游产业的发展与周边特色农业、设施农业、现代农业、乡村景观保护等相结合，以特色农业旅游作为江郎山文化旅游风景区的重要组成部分，充分带动周边农民实现旅游就业；发展观光农业和乡村文化，开发旅游与民俗文化、旅游与生态农业、旅游与经济转型产业相结合的新型产品，最终实现从旅游景点到旅游产业集群的转变。

四、结语

5A级景区是国内景区的最高标准，是我国旅游景区标准化建设的金字招牌，代表着景观质量、服务质量和环境质量达到一流水平，是景区服务水平和竞争实力的综合体现。在实现5A景区创建的过程中，一方面要充分挖掘旅游核心价值，以人性化服务为根本落脚点，充分挖掘资源特色和禀赋；另一方面，要注重塑造品牌形象、凸显地方特色，积极建设旅游精品，提升品质，突破完善，从而达到5A级旅游景区的标准。

作者简介：

黎筱筱，硕士，北京大地风景旅游景观规划设计有限公司，事业一部项目总监；

张　时，北京大地天工游乐产品发展有限公司，总经理。

当代景观设计与乡村的兼容性
——以周庄云谷田园项目为例

The Compatibility of Contemporary Landscape Design and Rural Area
—An Example of Cloud Valley in Zhouzhuang

黄砚清
Huang Yanqing

[摘　要]　在如今城市化发展的过程中，景观设计已经从城市逐步发展蔓延到乡村。如何将当代景观设计中的手法及理念融入乡村环境中，与乡村社区共生，并利用景观设计规划为不成熟的乡村发展带来生机，成为当下景观设计规划中亟须探究的范畴。

[关键词]　当代景观；乡村景观设计；共生

[Abstract]　During the process of the development of urbanization, the landscape design has gradually spread from the city to the countryside. It is becoming particularly important that how to integrate contemporary landscape design method and concept into the rural environment, how to make it accrete with rural communities, and how to bring the vitality to rural development which is not mature by landscape planning.

[Keywords]　Contemporary Landscape; Rural Landscape Design; Accrete Decelopment

[文章编号]　2016-74-P-010

一、当代景观设计的变革

1. 当代景观设计的概念及现状

（1）当代景观设计

马莎·法加多（Martha Fajardo）说过一句话：“景观设计师是未来的职业。”16世纪初，“景观”一词仅仅作为对陆地上既有的自然景色的描述，是人们对生存的环境中各类元素的概括。而发展到今天的景观设计，则源起所谓“生存的艺术”。自然教会了人们如何利用资源创造优渥的生存环境，固守并不断优化安全而美丽的家园，却没能阻止人类对自然的大肆掠夺和破坏。至21世纪，景观设计已经从最初的向自然强取豪夺转变为追求生态开发、合理规划乃至顺应自然的建设规划方式，更多的是强调人与自然和谐共生。现在的景观设计师的一大责任，便是考虑如何利用更加合理的设计手法，对已经破坏或废弃的场地进行生态系统的恢复和完善。所谓“未来”，即在景观设计这一界面上，当代景观操盘手们亟须解决的是城市化与乡村发展过程中二者的结构重组，以及协调自然、历史、人文、社会等系统之间的关系。

（2）国内外现状

相比较起来，在美国及欧洲国家，景观设计发展的脚步相对中国要更先进，其对于景观该如何与城市及乡村环境融合的理念及方法更加前沿。例如在美国，近年来已经开始探索新的景观设计乃至开发模式，在发展城市及创造可持续的生态空间的基础上，更加强调如何保留乡村景观中的生态元素及文化价值。“国际土地多种利用研究组（the International Study Group on Multiple Use of Land，简称ISOMUL）”则更加先进地提出了通过“空间概念”（Spatial Concepts）“生态网络”（Ecological Networks）对城市及乡村景观设计规划进行描述的全新思路。在亚洲其他国家（如韩国），则是通过因时顺势地对乡村景观群落进行开发，从而推动本国乡村生态旅游产业的发展。

而在中国，当前景观设计更多的是关注如何解决之前过度开发及无序规划遗留下来的问题，如对资源的重新整合，对当下中国可规划城市及乡村空间的

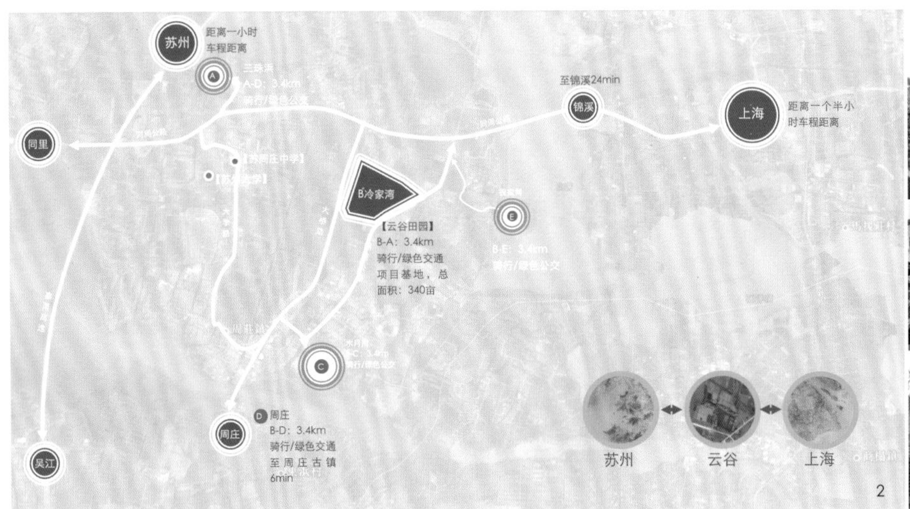

1.云谷田园效果图
2.项目区位优势
3-6.基地现状图

土地优化配置，以及对传统农业发展的可持续性研究等等。

二、当代景观设计中与环境共生的重要性

当代景观设计中，城市的可开发利用空间正逐渐趋于饱和，开发者与设计师们的目光逐渐聚焦在了乡村土地这一拥有巨大前景的空间上。对于如何在开发乡村旅游资源、规划设计乡村景观的同时保留乡村环境肌理，维护乡村生态及文化价值，成为设计过程中必须重视考虑的问题。

1. 中国乡村在现代社会中的开发与规划

中国的乡村景观拥有这无限的开发价值，但对于乡村景观开发规划的重视则是从近10年来才逐步开始。短时间内对乡村的探索，不足以让开发者及设计师们寻找到更加捷径有效的方式，能够在规划乡村的同时，不对乡村现有资源及肌理进行破坏。但是仍然有一部分群体，在近年逐渐开始摸索生态开发乡村的新模式，并迅速发展成熟甚至体系化。无论是湖北红安永佳河喻畈村对乡村民居及空间的修缮改造，还是无锡阳山田园东方的“田园综合体”的开发，抑或是当下正在进行的各类民宿的开发设计，都是在极力探索与乡村和谐共生的路径与方法，而如周庄云谷田园的景观开发，则进一步开始研究现代科技（物联网）与传统乡村农业景观的相容性。

2. 中国乡村的现状

中国的乡村发展无疑是滞后于城市的，但是在不同地域、不同空间，乡村的发展程度亦有所不同。中国的乡村，人口多、范围广，其自然资源优势远超城市。但当前乡村中却出现了令人担忧的状况。大量的年轻人群外出务工，留守的高龄化人群对家乡的开发建设缺乏能力及动力，致使乡村发展每况愈下；过分追求物质发展及生活条件水平的提高，导致许多传统文化无人发展及传承，甚至消失；教育的缺失导致乡村人对家乡的资源认识不足，建筑、历史、人文及自然资源的保护利用意识严重匮乏，很多极具历史价值的物质及精神资源已经荡然无存。在物质主义占据主导地位的今天，乡村人正逐渐失去他们所拥有的土地及其价值。此类现象不胜枚举。因此，对于乡村景观的设计规划，首先要恢复和保留，在此基础上再进行重建与升华。浙江德清的庾村及莫干山原舍，正是把桃花源般的老宅旧址及山间风情进行了最大限度的保留与再造，复苏了土地的记忆，更是利用当地现有的传统元素与现代的设计及经营手法的结合（如庾村竹棚、自行车餐厅、窑烧面包等），创造了城市与乡村的联动发展。

三、中国乡村中的景观设计

1. 乡村景观设计的要素

乡村景观可以说是自然生态与人为活动的综合体。乡村中的山林、水域、道路、农田、果园、牧场、村庄等，都有着自然乡村肌理中人为活动开发的痕迹。对于乡村的景观设计，既受自然条件的制约，又要兼顾人类活动及经营的脉络，乡村的经济价值、社会价值、生态价值和美学价值都要能够在设计中进行保留或展现。

乡村景观设计需要关注的重点在于如何进行生态的恢复、场地的保留与再利用，利用自然生态系统中强大的自我维持及恢复的能力，实现乡村生态的构建，并以此节约资源，减少浪费及废弃物的产生。而对于当地特有的自然资源的保护、利用及再展示，则体现得尤为重要。德国海尔布隆市的砖瓦厂公园（Ziegeleipark，Heilbronm）利用挡土墙保护野生植物；IBM索拉纳（IBM Solana）的园区总体规划，在设计与工程建设中均以景观环境为先，从而保护了大片可贵的当地自然景观；莫干山大乐之野的民宿建筑，保留了当地百年的红豆杉，当地政府甚至对破坏者施以重罚；昆山锦溪的祝甸古窑文化园，对现存的砖窑文化进行保留，中国工程院院士崔愷更是与朱胜萱先生联手，打造了一个专属于这片土地的砖窑文化综合体。由此可见，乡村景观设计需要充分理解生态设计的意义，在追求景观质感与品质的同时，也需要充分发挥乡村的主观能动性，尽可能进行在地景观与文化的恢复与传承，达到资源的永续利用与社会的可持续发展。

2. 当代景观设计在中国乡村中的应用——以周庄云谷田园项目为例

在当代景观设计中，有一项十分重要的手段，即利用科技，采用高技术的手段对当地文脉及其他各类资源进行保留、恢复、促进及重塑再造。无论是美国西雅图的煤矿厂公园中的土壤改良，还是上海世纪公园创造的城市中的可食地景，都是在利用科技手段对景观进行恢复或再造。而昆山周庄的云谷田园，也正是在通过物联网与田园结合发展的方式打造一个与乡村兼容的现代田园中的智慧社区。

周庄，国家5A级风景区，有着“中国第一水

乡”的美誉。云谷田园项目，正是孕育在这片文静温润的小镇当中。

项目位于周庄乡村区域和周庄镇域的交界处，太史淀湿地和周庄工业区之间，是锦溪进入周庄的门户。

项目共计705亩，包括3个地块和冷家湾村的规划。本次项目以2#地块为一期开发，总面积100亩。项目的主旨是整合现有田园资源和市场资源，打造融乡村文创、创客街区、邻里中心、儿童启智、田园公社、互动体验和田园生活为一体的中国首个物联网＋田园智慧社区，成为物联网＋国家战略下的城乡互动典范。东方园林产业集团副总裁、田园东方创始人朱胜萱表示：“这一项目是物联网技术在乡村生活的应用，是社区、农业和物联网的结合，将打造全新的乡村旅游模式。”

周庄云谷田园项目是一个将科技手段及经营方式融入乡村景观打造中的典型案例。在云谷，乡村的特征被发现得淋漓尽致：乡村的田地、乡村的牲畜、乡村的水及乡村的房，带着江南水乡特有的建筑风情及地理样貌。

在项目改造规划初期，设计师们便达成共识，即场地中现有的菜地、田埂、苗木、芦苇、排水沟及水闸等元素都做保留，并对已经造成破坏的部分进行修复或重建。通过这种对在地乡村经典元素的复兴，打造出属于当地独有的场地记忆。在进行景观设计的过程中，将互联网与农业生产相结合，摆脱城市千篇一律的市政建设方式，采用农业生产的手法进行景观建造，同时运用物联技术，将景观中的元素与乡村人的生活紧密相连，并开发出各种社区场景应用与互联网系统，促进乡村居民的活动及城市与乡村的情感互动。通过物联网促进社区智慧化、信息化服务管理，让更多的人参与到社区的营造中来，激活社区，激活乡村。

在云谷田园项目的建造过程中，设计师与在地村民共同参与景观及建筑的建设，设计师、工程师、运营商、开发者与村民的角色不再单一，项目成为了一个需要各方角色共同完成的社区家园，强烈的归属感与高度的参与度都使得云谷田园与其所处的地块更加融合。乡村景观设计不仅是单一地恢复固有的景观，也是在生态保护的同时通过现代手段不断提升乡村品质，拉动乡村生活生产，激发乡村可持续发展的生命力。

四、小结

在现代社会中，乡村不再偏于一隅，而是以一个带着丰富资源及开发潜力的姿态进入当代景观设计的领域中。传统乡村景观正在快速向“田园＋生态＋科技”的方向发展，演变过程中如何在保有乡村原有的纯真与质朴的同时，发展出能够引导乡村可持续发展的设计规划模式，是景观设计中需要不断探讨的问题。

注释

本篇论文中所有图片均由云谷田园项目组成员拍摄提供。

参考文献

[1] Fajardo, Martha，俞孔坚，李迪华．景观设计：专业与教育[M]．北京：中国建筑工业出版社，2005：1－6．

[2] 高黑，倪琪．当代景观设计中的生态理念与手法初探[J]．景观中国，2005（04）：127－130．

[3] 桂军荣．中国农村现状下新农村建设规划路径探析[J]．安徽农业科学，2013，41（13）：5809－5812．

[4] 刘黎明．乡村景观规划的发展历史及其在我国的发展前景[J]．农村生态环境，2001（1）：52－55．

[5] 刘黎明，李振鹏，张洪波．试论我国乡村景观的特点及乡村景观规划的目标和内容[J]．生态环境，2004，13（3）：445－448．

[6] 王向荣，林菁．欧洲新景观[M]．南京：东南大学出版社，2003．

[7] 俞孔坚，生存的艺术：定位当代景观设计学[R]．建筑学报，2006（20）：39－43．

[8] 中国乡村建设的两个绝佳学习案例[EB/OL]. http://www.aiweibang.com/yuedu/59691963.html，2015－10－24．

作者简介

黄砚清，昆山云谷田园投资发展有限公司，设计部主管。

7.云谷平面

8.核心区规划效果图

1.梅岭别院效果图
2.方案推演图
3.总平面图

养生古寨，杨梅吐气
——湖北省来凤县杨梅古寨旅游区总体规划

Health Village, Leisure Area
—The Master Plan of the Yangmei Ancient Village Tourism Area, Laifeng

刘洪生 李永刚 陈 力
Liu Hongsheng Li Yonggang Chen Li

[摘　要]　乡村旅游是当今旅游发展的主阵地，深度体验和康养旅游是未来旅游发展的新趋势。本文以湖北省来凤县杨梅古寨旅游区总体规划为例，探索“五感体验、六养结合”的人文乡村旅游度假区构建模式。

[关键词]　乡村旅游；文化体验；康养度假

[Abstract]　Rural tourism is the main position of the development of tourism, the depth of experience and health tourism is a new trend in the future development of tourism. In this paper, the master plan of Yangmei ancient village tourism area as an example to explore experience and health tourism cultural rural tourism resort construction mode.

[Keywords]　Rural Tourism; Cultural Experience; Health Resort
[文章编号]　2016-74-P-014

古寨五月雨霏霏，思念杨梅昨又归；

品尽酸甜长有梦，乡情醉酒几千回。

杨梅古寨旅游区位于湖北省恩施州来凤县境内。区内森林葱郁，群山叠翠；河溪纵横，水色如碧；田园秀美，花果飘香；可谓山川灵秀，物华天宝。随着乡村旅游风靡中国、恩施旅游挥戈南下、龙凤战略（武陵山龙山来凤经济协作示范区）深入推进，杨梅古寨旅游区逐渐凸显出其重要的旅游战略价值，正在成为大武陵山区域新兴的旅游目的地。

一、资源特色

规划区整体呈现出低河谷—平农田—坝村落—高山杨梅林的立体生态格局。通过对旅游资源的调查梳理，我们认为旅游区资源主要有以下三大特征。

1. 十里田园冠武陵

规划区属沿河冲击坝地貌，老山河—蓝河河谷向两侧海拔逐渐增高，河流、农田、村寨、梯田、果树、森林构成了如诗如画的风景。清新质朴的田园、群峰逶迤的山峦和古色古香的村寨交相辉映，使杨梅古寨具有与众不同的休闲度假特质。同时，区内盛产杨梅、凤头姜、贡米、绿茶、藤茶、中药材、高山蔬菜等具有良好养生保健价值的农副产品，是武陵山乡田园的典型代表。

2. 百载土家醉中华

规划区古代属散毛宣抚土司旧地，以古院、古道、古驿站、古墓、古庙、古戏台、古杨梅、古石林等“八古资源”著称。同时，杨梅古寨所在的来凤县是我国第一个实行土家族民族区域自治的地区，作为“土家之源”，以摆手舞、南剧、柳子戏、牛王节、对山歌、哭嫁为代表的民间歌舞、传统技艺、土家美食、风情习俗等非物质文化遗产富集，堪称土家文化的活化石。

3. 千年杨梅甲天下

区内及周边古杨梅群落面积达14.7万hm^2，现存百年以上树龄的数千株，树龄最长的达1 200年以上，被称为“亚洲第一杨梅”，形成了景区最具特色的旅游吸引物。同时，以古杨梅群落为主，辅以枫香、金丝油桐、黄柏等树种，区内森林覆盖率70%以上，负氧离子含量高达3万个/cm^3，水体水质均在II类及以上，年均气温15.8℃，气候宜人、环境清幽，具有休闲度假发展的良好潜力。

二、开发策略

规划坚持“市场—资源—产品”导向原则，在对旅游区充分调研的基础上，根据周边旅游市场供需情况，提出杨梅古寨旅游区未来的产品开发策略。

1. 依托千年杨梅，形成特色体验，吸引人

以千年杨梅为代表的杨梅资源是景区的特色所在，近期应突出这一独特性和排他性，以“武陵山区最大的杨梅基地”和“亚洲第一杨梅”为宣传重点，以杨梅产业拓展（杨梅酒、杨梅干、杨梅宴等）为延伸，进行着力培育和重点打造，构建特色体验项目，以此形成杨梅古寨旅游区的独特吸引力。

2. 立足十里田园，做足乡村休闲，愉悦人

以武陵地区典型的乡村田园景观为基底，面向来凤、龙山、黔江、恩施等周边城市居民和家庭游客，融入休闲旅游要素和特色体验活动，打造轻松惬意、闲适悠然、富有特色、寓教于乐的乡村休闲产品，让游客真正享受一种区别于城市的乡村生活，使景区成为周边城市居民乡村旅游的根据地和假日休闲的大本营。

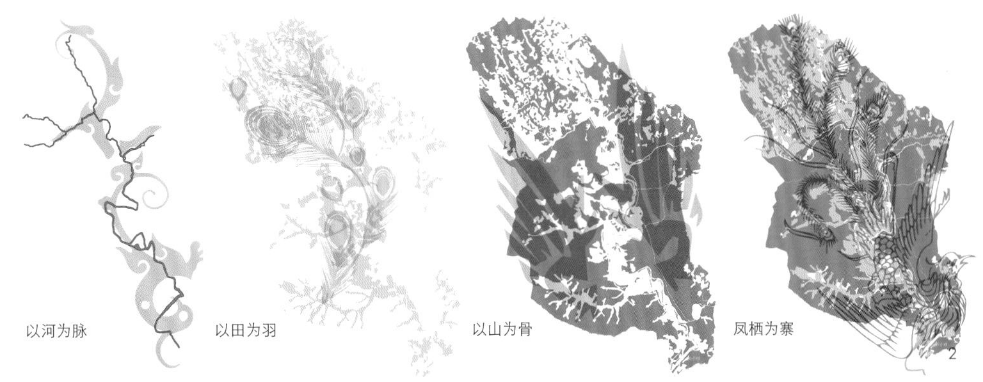

2

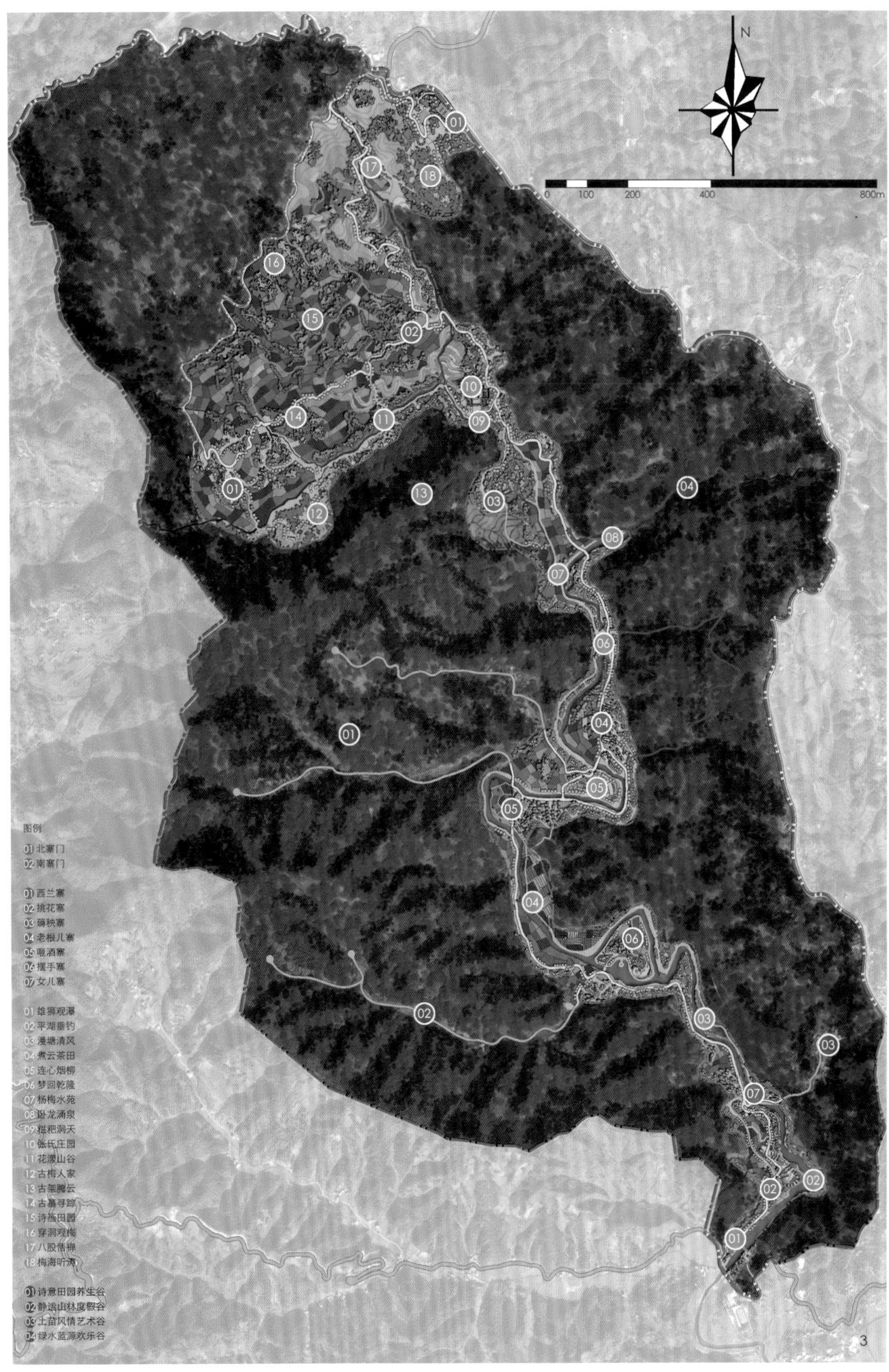

3

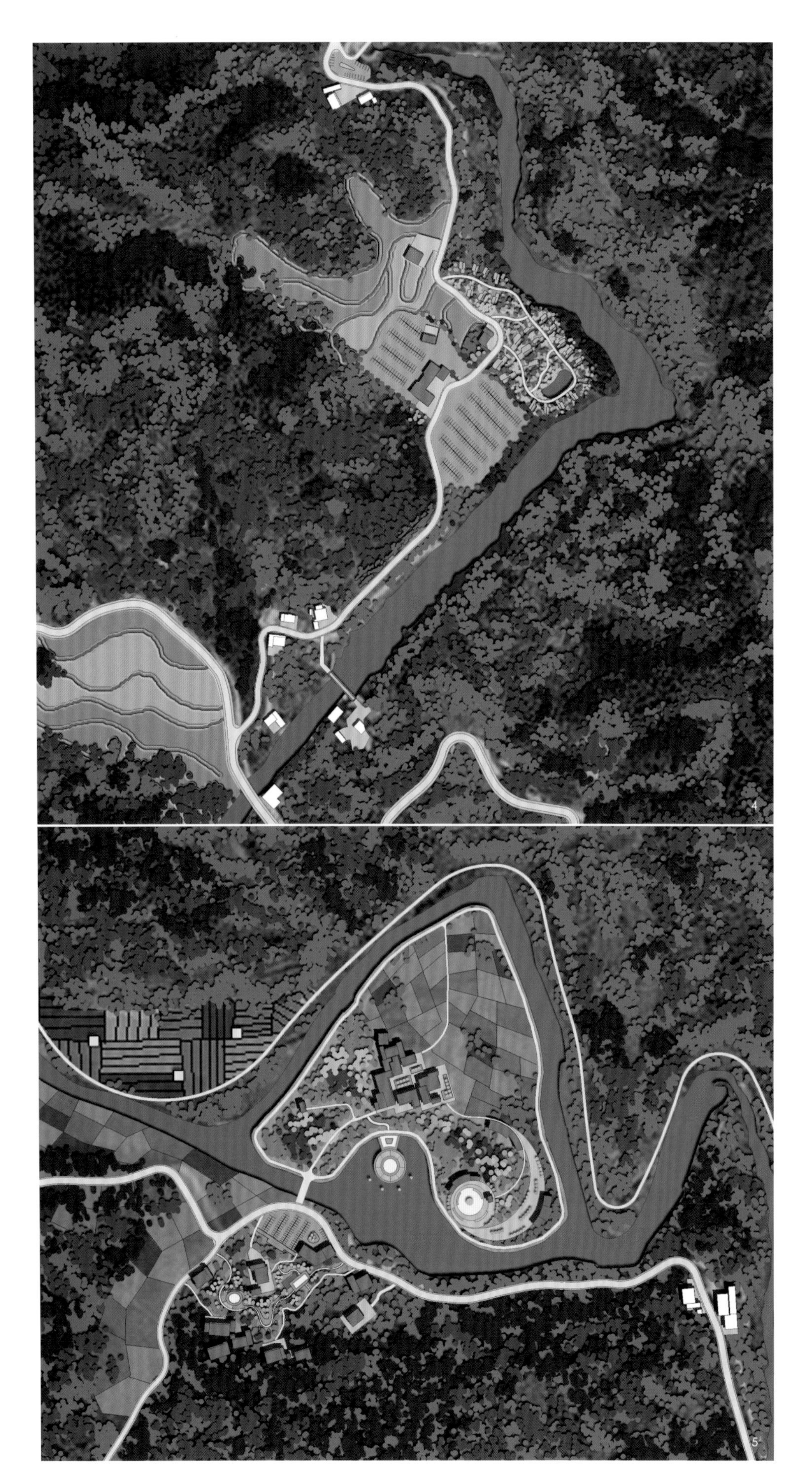

4.南入口平面图
5.摆手寨平面图
6.空间结构图
7.道路交通规划图
8.旅游项目分布图
9.旅游产品规划图
10.主题游线设计图
11核心区土地利用规划图

3. 基于百载土家，嫁接康养度假，留住人

以土家族历史变迁、风土民情、民族习俗等人文资源为重点，贯穿土家族“歌舞怡情、运动健形、药食调补、起居有度”的养生栖居理念。同时，依托景区森林覆盖率高、负氧离子含量高、气候适宜、物产丰富的特色，将民族风情和自然生态有机融合，打造一个内涵丰富、诗意栖居的康养度假之地。

三、项目定位

以秀美的田园风光和良好的生态环境为基础，以浓郁的民族风情和的厚重的历史底蕴为支撑，以“千年杨梅”为特色吸引，以“百载土家”为体验载体，以“十里田园”为环境支撑，打造集生态观光、历史探秘、访古怀旧、民俗体验、乡村休闲、康养度假等功能于一体的杨梅古寨乡村康养度假综合体。

1. 四维全景

四维即：溪谷、梯田、山岭、空中。

基于旅游区丰富多变的地形条件，因地制宜，实现溪谷、梯田、山岭、空中四维全景开发，打造水上游乐、田园休闲、山谷度假、梅岭徒步、空中观光等产品，向游客全景展示和体验旅游区丰富多彩的旅游产品，形成“远可望、近可游、居可养”的立体山水田园画卷。

2. 五感体验

五感即：视觉、听觉、触觉、嗅觉、味觉。

充分调动人的五感感官，以情境式场景、参与性项目、故事性游线来策划旅游产品和线路，营造“山水画、田园诗、民俗歌、生活曲、梦幻境、土苗情”，做到观有美景，食有佳肴，行有好路，住有民宿，购有特产，娱有场所，玩有体验，形成全方位、立体式的游览体验，真正让游客流连忘返、回味无穷。

3. 六养结合

六养即：养眼、养胃、养形、养智、养性、养心。

广泛利用旅游区各类资源，水养、食养、气养、药养、心养相结合，做到山水养眼、有机养胃、运动养形、研学养智、文化养性、栖居养心。让游客来杨梅古寨，赏千年杨梅，沐天然氧吧，听民间古戏，品梅酒藤茶，闻十里花香，尝土苗佳肴，走巴盐古道，醉千古人文，宿山居民宿，享健康人生。

四、空间布局

遵循“以河为脉，以山为骨，以田为羽，凤栖古寨”的布局理念，整个杨梅古寨旅游区形成“一河串七寨，古道十八景，两翼展四谷”的发展格局。

1. 一河串七寨

规划对老山河—蓝河两岸进行生态整治和景观提升，构建一条生态环境优美、旅游景观多变的景区发展主脉络。同时，结合现状居民集聚情况，以“一寨一品”的思路提升七大村寨节点，形成主题各异、功能多元的旅游体验载体。

在下黄柏园打造“西兰寨”，形成让人惊叹的民间技艺文化体验主题功能寨；在大店子打造“挑花寨”，形成再现巴盐古道商贸集聚的文化休闲体验主题功能寨；在丫大屋打造“薅歌寨”，形成田园诗画般的田园生活文化体验主题功能寨；在上坝院子打造“老根儿寨”，形成展现土家盛情好客民宿体验主题功能寨；在下坝院子打造“咂酒寨”，形成品味地道土家餐饮美食的饮食文化主题功能体验寨；在桃花岛打造“摆手寨”，形成歌舞表演为核心的地域文化艺术体验主题功能寨；在石桥村打造“女儿寨”，形成婚俗民俗体验为特色的民俗风情主题功能寨。七大主题功能寨不仅是在空间上相互支撑的景区核心集聚点，在功能上相互关联的旅游系列体验地，而且也是整个景区夜旅游的活力点。

2. 古道十八景

梳理旅游区内巴盐古道历史遗存，自北向南构建相对完整的巴盐古道漫步系统，形成与主要车行道互为补充的慢行游览体系。同时，结合区内现状可利用的景观空间，规划设计十八个核心游览景点，构成移步异景、体验丰富的旅游网络。十八个旅游核心景点分别为：梅海听涛、八股悟禅、穿洞观梅、古墓寻踪、诗画田园、花漾山谷、糍粑洞天、千年杨梅、古架腾云、张氏庄园、卧龙涌泉、杨梅水苑、梦回乾隆、连心烟柳、煮云茶田、漫塘清风、平湖垂钓、雄狮观瀑。

3. 两翼展四谷

旅游区东西两侧群山逶迤、森林茂密，规划在东西两翼差异定位发展的基础上，重点培育四条度假山谷。留屋沟区域，两侧山体陡峭，山谷平缓静谧，面向中高端旅游人群，形成高品质的静谧山林度假

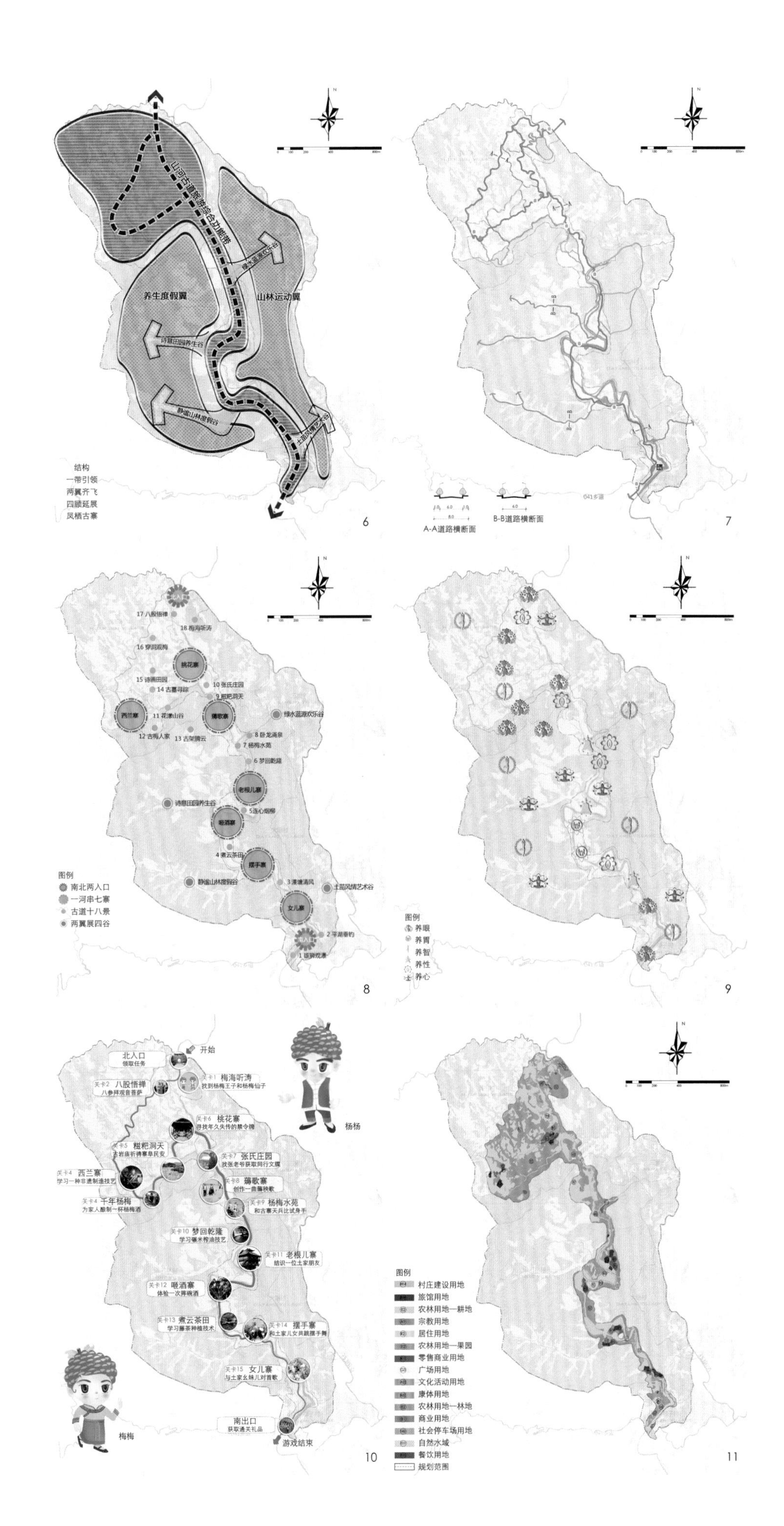

谷；老棚子区域，村寨梯田交织，宛如世外桃源，面向养生养老人群，打造诗意田园养生谷；水源头区域，溪水潺潺，丛林密布，面向青年户外人群，构建一个以水为载体，以文化为魂的绿水蓝源欢乐谷；宋家湾区域，村舍集聚，院落古朴，主要面向艺术工作者，打造具有艺术气息的土苗风情艺术谷。

五、特色创新

1. 游憩模式创新

规划创新了“情景式场景 + 故事性游线 + 参与性活动”的体验式游憩模式，以类似任务闯关的方法，由游客领取任务、扮演角色、挑战关卡直至完成任务，获得深度的旅游体验。具体设计如下：

北入口（领取任务）

任务一：梅海听涛（找到杨梅仙子和杨梅王子）；

任务二：八股悟禅（参拜观音菩萨）；

任务三：西兰寨（学习一种非遗制造技艺）；

任务四：千年杨梅（为家人酿制一杯杨梅酒）；

任务五：糍粑洞天（古岩庙祈祷寨阜民安）；

任务六：挑花寨（寻找年久失传的禁令碑）；

任务七：张氏庄园（找张老爷获取通行文牒）；

任务八：薅歌寨（创作一曲薅秧歌）；

任务九：杨梅水苑（和古寨天兵比试身手）；

任务十：梦回乾隆（学习碾米榨油技艺）；

表1　　杨梅古寨旅游区“七寨”主导功能和景观特色规划

村寨	主导功能	景观特色	体验特色	表演 / 活动
西兰寨	非遗体验	三缝九老十八匠，土家技艺源流长	古朴、沧桑	南剧、柳子戏
挑花寨	商贸休闲	车水马龙忆盛世，歌舞升平不思归	繁华、热闹	挑花灯、三棒鼓
薅歌寨	田间生活	山谷田园薅草歌，土家生活伊甸园	轻松、淳朴	薅草歌、茅古斯
老根儿寨	特色民宿	吊脚楼高望眼迷，闲庭漫步出楼台	静谧、悠闲	舞龙灯、地龙灯
咂酒寨	风味餐饮	舌尖上的中国，心田里的土家	美味、多彩	花鼓、小调
摆手寨	歌舞娱乐	山外青山楼外楼，土苗歌舞犹未休	活力、梦幻	摆手舞、傩戏
女儿寨	婚俗民俗	挽袖同戏蓝河水，携手共上对歌楼	浪漫、欢快	对山歌、女儿会

任务十一：老根儿寨（结识一位土苗儿女）；

任务十二：咂酒寨（体验一次摔碗酒）；

任务十三：煮云茶田（学习藤茶种植技术）；

任务十四：摆手寨（和土家儿女共跳一曲摆手舞）；

任务十五：女儿寨（与土家幺妹儿对首歌）；

南出口（获取通关礼品）。

2. 旅游产品创新

顺应旅游市场发展趋势，对接乡村康养旅游主题，我们为杨梅古寨旅游区度身定制了“六养”系列休闲度假产品。

（1）养眼产品

以景观化、艺术化的处理手法，通过山水组合、色彩搭配、艺术造型等形式带给游客视觉的震撼。如北寨门、穿洞观梅、诗画田园、花漾山谷、古梅人家、古架腾云、连心烟柳、漫塘清风、雄狮观瀑等。

（2）养胃产品

依托旅游区丰富的物产，坚持绿色、有机、无公害，开发有机餐饮、有机茶叶、特色水产、绿色农

产等，满足游客味蕾的享受。如杨梅别院、咂酒寨、煮云茶田等。

（3）养形产品

以"新""奇""特"为开发原则，传统与时尚相结合，充分考虑各个年龄段人群的健身运动需求，开发类型多样、难易有别的养形产品。如古墓寻踪、卧龙涌泉、杨梅水苑、平湖垂钓、绿水蓝源欢乐谷等。

（4）养智产品

以面向家庭游客和青少年儿童市场的科普教育功能为重点，重在农耕文化的参与体验、农林知识的科普普及，开发寓教于乐的养智产品。如梅海听涛、梦回乾隆、糍粑洞天等。

（5）养性产品

以文化研学功能为重点，深入挖掘景区养生文化、古道文化、民俗文化、土司文化、地质文化等文化类别，达到修身养性的目的。如八股悟禅、摆手寨、西兰寨、挑花寨等。

（6）养心产品

以养老养生功能为主，重在环境的营造、度假功能的引导，游客在其中驻留、休闲、体验，为度假、养生养老等高端游客提供度假旅游产品。如诗意田园养生谷、土苗风情艺术谷、静谧山林度假谷、老根儿寨等。

六、结语

除杨梅古寨旅游区总体规划外，我们还编制了杨梅古寨核心区详细规划设计。目前，旅游区一期建设工程基本完成。2016年4月30日，花漾山谷景点率先开园，获得了巨大的成功，如今正在积极申报国家AAAA级旅游景区。我们深信，以本规划做引领，将乡村休闲与深度体验、康养度假相结合，杨梅古寨必将"杨梅吐气"，最终成为武陵山区首屈一指的乡村度假旅游目的地。

参考文献

[1] 国务院办公厅. 国民旅游休闲纲要（2013—2020年）[Z]. 2013, 02-02.

[2] LBT 048-2016，国家康养旅游示范基地标准 [S].

[3] 来凤县统计局. 来凤县国民经济和社会发展统计公报[R]. 2014.

[4] 武汉大学旅游规划设计研究院. 来凤县旅游发展总体规划（2009—2020年）[R]. 2009.

[5] 湖北民族学院城市规划设计室，中工武大设计研究有限公司. 三胡乡黄柏村旅游总体规划[R]. 2013.

作者简介

刘洪生，途尔旅游咨询（上海）有限公司，执行董事；

李永刚，途尔旅游咨询（上海）有限公司，规划总监；

陈 力，武汉市土地利用和城市空间规划研究中心，助理规划师。

主要参与人员：马丽娜、衣龙、王新刚、朱俊杰、李威、樊猛

12.寨门效果图
13.西兰寨效果图
14.诗意田园养生谷效果图
15.花漾山谷效果图

沂蒙山居图，崮乡乌托邦
——沂水县沂蒙山居乡村旅游度假区概念性规划

The Painting of Yimeng, the Utopia of Rural
—The Rural Tourism Resort Concept Planning of YimengShanju, Yishui

陈 力 李永刚 刘洪生
Chen Li Li Yonggang Liu Hongsheng

[摘　要]　乡村旅游是促进社会主义新农村建设的重要抓手，发展乡村旅游对于拓宽农民增收渠道、引进先进农业技术、统筹城乡发展具有积极作用，有利于促进农村产业结构调整，丰富我国农村产业结构体系。本文以沂蒙山居旅游度假区概念性规划为例，探索较为贫困落后的沂蒙山区乡村旅游发展如何通过旅游产品策划与规划设计创新打造自身吸引力。

[关键词]　乡村旅游；旅游度假区开发；旅游产品体系

[Abstract]　Rural tourism is an important method to promote the construction of new socialist countryside.Developing rural tourism to broaden the channels of increasing farmers' income, introduction of advanced agricultural technology, balancing urban and rural development has a positive effect. Conducive to promoting the adjustment of rural industrial structure and enrich the rural industrial structure system in China. In this paper, in the Yimeng Mountain Resort District concept planning as an example, Explore more poverty and backwardness of the Yimeng mountain rural tourism development how to create their own attractiveness through the tourism product planning and planning and design innovation.

[Keywords]　Ural Tourism; Tourism Resort Development; Tourism Product System

[文章编号]　2016-74-P-020

1.总平面图

文化视角下的沂蒙是厚重的，她承载了太多的历史。

这是一片文化沃土。智圣诸葛亮、书圣王羲之、算圣刘洪均出生于此，古人类遗址、古文化遗址、古建筑遗址星罗棋布。这是一块血染之地。抗日战争、解放战争时期的重大战役都发生在这里，被誉为“两战圣地”，同延安、井冈山并称为中国三大革命根据地。这是一方淳朴之域。沂蒙人民以淳朴著称，尤以吃苦耐劳、勇往直前、永不服输、无私奉献、敢于胜利的“沂蒙精神”代代相传、生生不息。

旅游视角下的沂蒙是清新的，她应该涅槃一次华丽的转身。

“人人那个都说哎沂蒙山好，沂蒙那个山上哎好风光，青山那个绿水哎多好看，风吹那个草低哎见牛羊……”沂蒙被誉为“齐鲁绿肺”“天然氧吧”“森林浴场”，巍巍八百里沂蒙山水交融，风光秀丽，环境优美，空气清新，可入诗，可入画，可入肺。当下，随着都市压力的加大，生活节奏的加快，环境污染的加剧等社会问题，到美丽乡村中放松休闲，到青山绿水中度假栖居，逐渐成为城市居民的最佳选择。沂蒙，这块未被污染的清新之地必将成为新时期“上山下乡”的旅居热土。

一、寻位（项目背景分析）

“沂蒙之殇，基地之向”。

项目站在整个沂蒙山区发展的高度，以沂蒙山区旅游发展存在的问题作为基地涅槃蜕变的发展方向和突破口。

1. 审时度势

目前，中国乡村旅游正处在黄金发展与转型升级期，已由以农家乐为主体的1.0版，到休闲农园为主的2.0版，逐渐向以乡村酒店、民宿为代表的3.0版转变，乡村旅游已进入品质度假、田园栖居的新阶段，乡村式生活成为乡村旅游的核心吸引所在。

2. 回眸沂蒙

临沂市始终把乡村旅游作为旅游业的重点工作来抓，紧紧围绕“沂蒙人家” 品牌，大力发展乡村旅游。全市农家乐、采摘园、乡村旅游示范点数量在山东省均名列前茅。

沂水县作为沂蒙地区乡村旅游发展先进县，以“建设全景沂水、发展全域旅游”为总体发展战略，把全县作为一个大景区来谋划，已获得“全国休闲农业与乡村旅游示范县”称号。目前，已初步形成了旅游强乡镇—旅游特色村—乡村旅游景区点（采摘园、开心农场等）—星级农家乐四级乡村旅游产品体系。

3. 再读泉庄

泉庄镇作为全县乡村旅游资源富集区，乡村旅游发展迅速，目前已形成：

特色村3个（杨家洼、尹家峪、佃坪村），农家乐109户（泉乡人家、崮乡人家、桃源人家），采摘园16个，观光农园1个（元宝山农业旅游示范园），乡村旅游节庆2个（桃花节、采摘节）。

4. 小结

不管是整个沂蒙山区还是项目所在的泉庄镇，旅游发展都存在旅游品质差、人均消费低、停留时间短、季节差别大四大问题。

面对乡村旅游发展2.0的现状，对接乡村旅游发展的3.0趋势，规划针对四大瓶颈问题提出主打休闲度假、提升品质消费、拓展深度体验、丰富淡季产品四大发展方向。

图例

01入口广场 02双壑流金 03停车场 04花海营地 05花溪叠水 06石林乐园 07乌托邦度假酒店 08叠泉谷 09清雅糊 10山居人家 11文冠花海 12山地滑板车 13空中俱乐部 14崮安云舍（人文清华主题酒店） 15望崮亭 16石头城堡（历史文化主题会所） 17月光之路 18夜光谷 19松涛亭 20山居逸筑（文艺时尚主题会所） 21明月亭 22牡丹庄园 23沂蒙山乡迪斯尼 24有机采摘园 25农业生态示范基地 26办公基地 27田园牧歌 28帐篷客 29 绿野树屋 30崖壁冰瀑

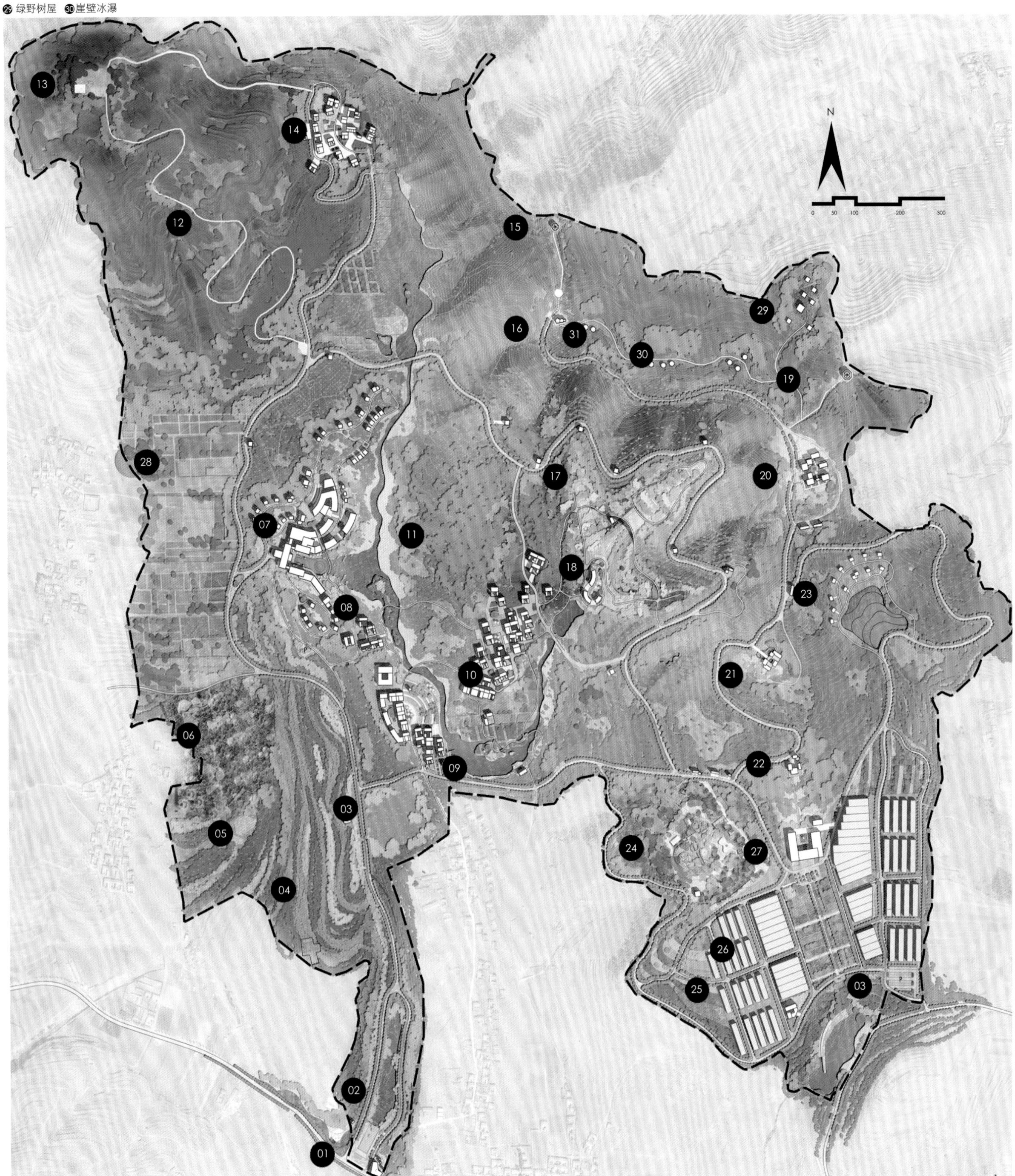

N

0 50 100 200 300

1

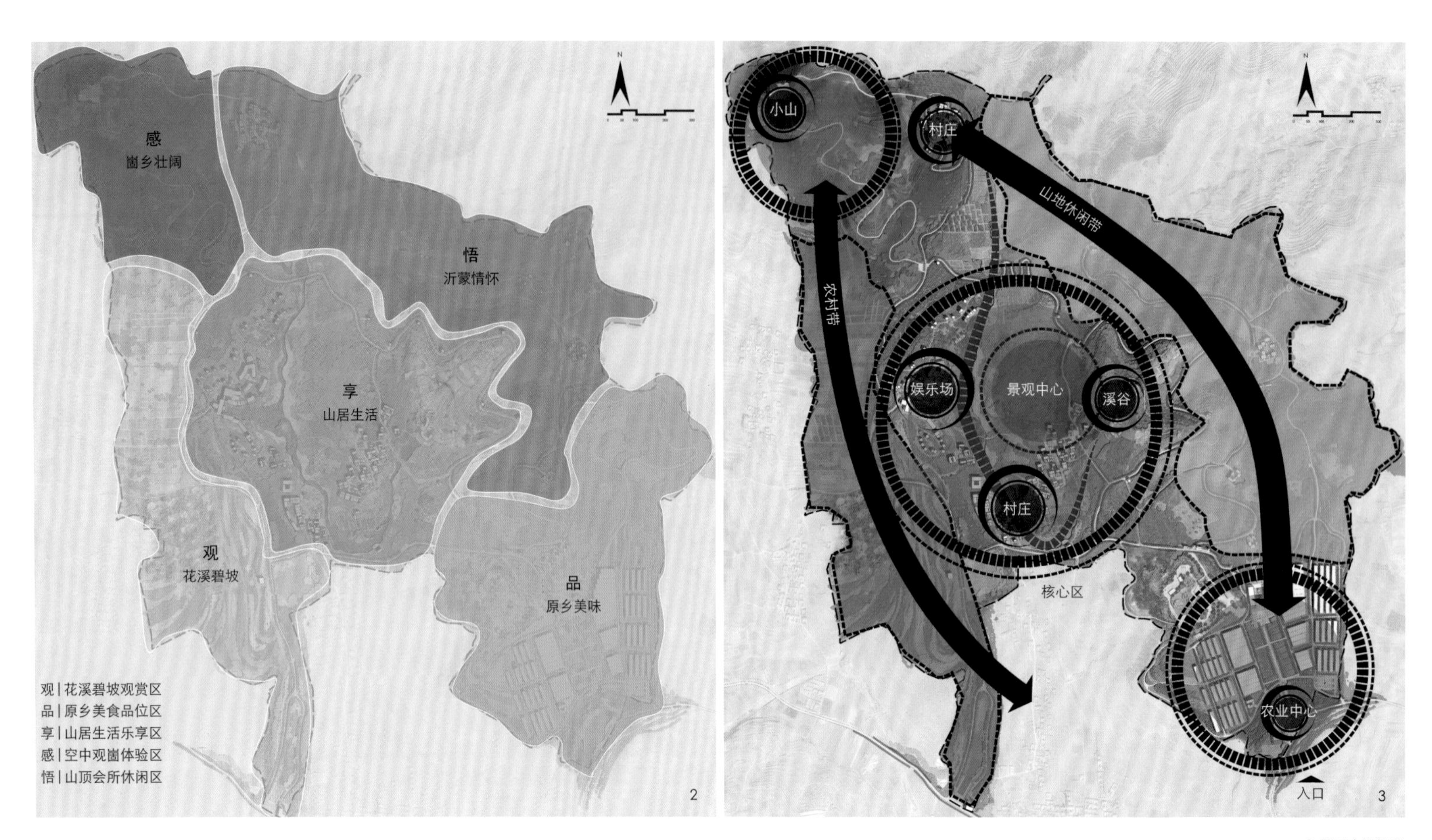

2.分区功能主题
3.规划结构
4.总体鸟瞰

二、站位（基地条件分析）

“田园崮乡，沂蒙典藏”。

乡村旅游的发展不需要有多高能级的旅游资源支撑，而是要有便捷的外部条件和全面的内部地域要素支撑。因此乡村旅游度假区规划评价的不是旅游资源能级，而是乡村式生活氛围。

1. 区位之优越：济青之间，沂蒙腹地

基地位于济南和青岛之间，三小时覆盖济南、青岛、潍坊、淄博、临沂、日照、枣庄、济宁、莱芜、泰安等城市。更有长深高速贯穿沿海经济发达城市，且与京沪高铁联系便捷。

地处沂蒙山区腹地中心，拥有良好的山水自然关系和典型的沂蒙山区特质。

2. 旅游之中枢：四面皆景，交通便利

基地四面皆景，有天上王城、沂蒙根据地、跋山水库、地下大峡谷、地下荧光湖、地下画廊、崖溪湖旅游簇群。而基地在四面景区环绕的中间，旅游交通便捷对接。周边景区不缺客群，缺少的是客群黏性。

3. 风水之宝地：上风上水，藏风聚气

基地周边山形地势，藏风聚气，是传统风水的上佳之地，符合中国文化的度假哲学。

4. 崮乡之典藏：山水田林，崮石文村

山：丘陵山地，四季分明；水：山涧清泉，蜿蜒秀丽；

田：梯状延伸，顺势而为；林：百里林海，森林腹地；

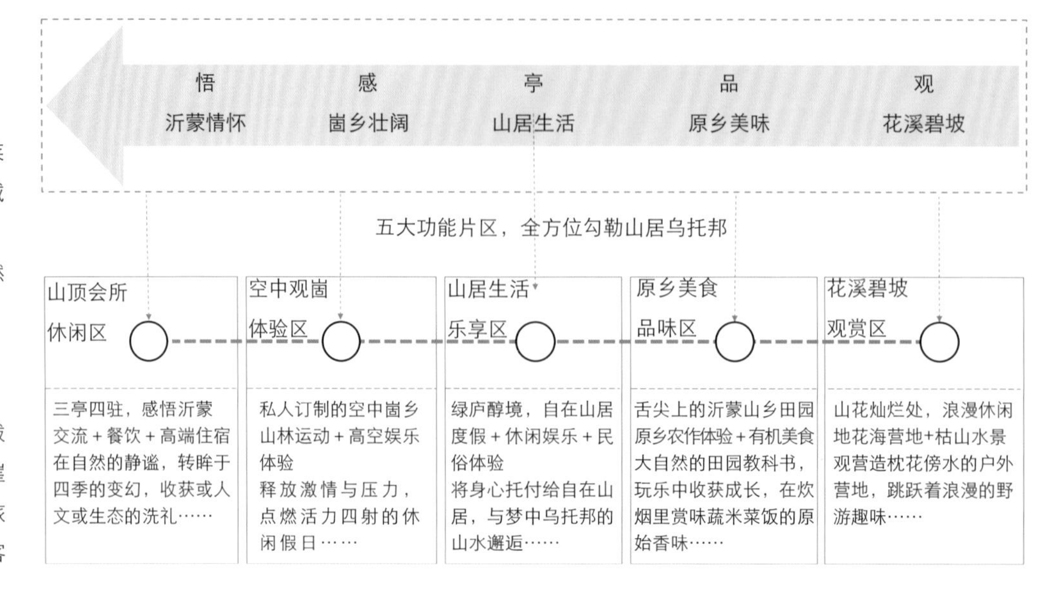

4

崮：地质独特，浑然天成；石：风景靓丽，石山机理；

文：沂蒙精神，革命文化；村：红瓦石墙，依山而建。

5. 地貌之多样：豁然山谷，立体画卷

基地入口狭窄，腹地广阔，进入后让人豁然开朗，有心情舒畅之感。同时，层层梯田，优美曲线，宛若立体画卷。

6. 视野之开阔：极目云天，全景沂蒙

走入规划区内部，视线非常开阔，可以极目云天，博览周边高能级的旅游景区。

7. 小结

济青之间，沂蒙腹地。四面皆景，交通便利。上风上水，藏风聚气。山水田林，崮石文村。豁然山谷，立体画卷。极目云天，全景沂蒙。基地拥有构建沂蒙品质田园的所有地域特质要素和外部支撑条件。

三、定位（旅游发展定位）

“沂蒙山居图，崮乡乌托邦”。

在定位方面，乡村旅游要突出的不是文化主题和游乐产品，而是一种乡村生活意境，勾勒一幅让人充满向往的乡村画面。

规划立足于“天下第一崮乡”的自然馈赠，依托山林田园与原生态村落基底，融合独特的沂蒙传统人文元素，以沂水及周边济青都市群休闲客群为核心客源市场，以乡村休闲旅游目的地构建为引领，打造具有国际水准、本土特色、雅若图卷、自由随心的沂蒙山居、乡村旅游度假区。

沂蒙风情 + 崮乡情怀 + 品质休闲 + 诗意栖居

山居是一种全新的生活方式，沂蒙山居是寄情于山水自然的品质度假生活；

崮乡亦是故乡，崮乡乌托邦是对沂蒙的情愫，对山乡的理想回归。

四、居位（空间布局与功能策划）

“塑山居意境，感心境旅程”。

旅游规划的两大核心板块，一是优化空间结构，提升地块价值；二是创意旅游产品，形成特色吸引。两者结合，统筹落实在规划区内才能够塑造出高品质的度假项目。

1. 现状问题

东西两侧，山谷分割，缺乏整体联动性；

用地多元，中心不显，缺乏核心引领性；

东西两翼，不能联通，道路缺乏系统性；

基地特质，相对雷同，功能缺乏创意性。

2. 空间价值提升

“一核两翼，一环五区”。

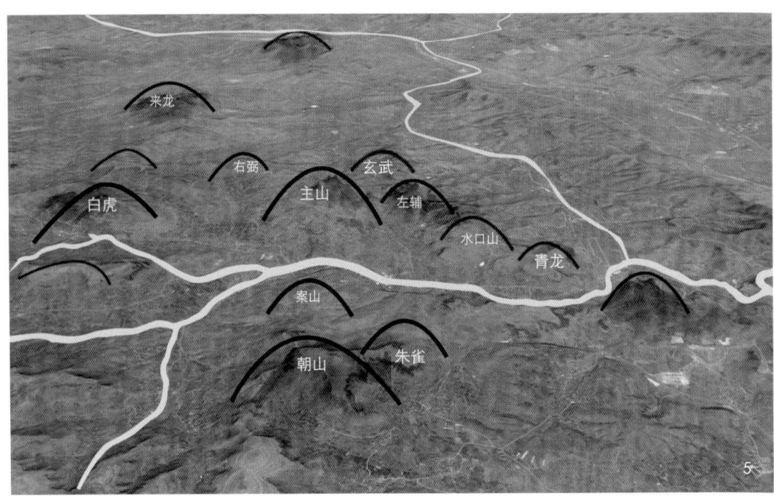

5.风水格局
6.视线关系

山谷聚气，两翼延展，一环串联，五区辉映。

一个山谷度假核心；两大旅游体验翼，东侧山林田园度假东翼，西侧运动体验西翼；一条半山功能环串联五大特色功能区，构建完整的空间关系体系。

3. 旅游产品创意

从人的心境提升历程和旅游体验层次着手，构筑机遇心境提升的沂蒙山居哲学体系，从观、品、享、感、悟五大旅游感知层次，构建属于沂蒙山居的旅游产品体系。

五、显位（节点设计创新）

“大气山水，精致沂蒙”。

在整体景观和氛围营造中，规划突出沂蒙山水的大气和中国画般的舒雅，在节点设计中则注重细节，讲究现代旅游消费的精致体验需求，在节点中创意创新，创造更多的旅游体验乐趣。本次规划对每个节点都进行了创意创新，以下只举几个例子说明。

（1）以枯山水手法精致化小型石林，并配以趣味休闲体验景观小品。

（2）以高品质民宿化改造山顶村落，形成独具沂蒙情怀的崮庵云舍。

（3）转换现状铁厂用地朝向，打开进入路径视野，延展酒店景观面，提升生态度假品质，实现多元价值提升，构建乌托邦度假酒店。

（4）突破团圆顶现状空间格局，退让顶部平整空间，实现车行可达、活动空间扩展、景观视线提升的一举三得，打造清风别苑生态型度假会所。

（5）利用基地北侧崖壁与附近山泉，人工制造崖壁冰瀑，吸引冬季游客，结合“寻山里年味”“赏冰封雪景”“学冬季捕猎”“玩田园雪仗”“滑自然雪场”“堆百态雪人”等活动，增强冬季旅游人气。

六、归位（结语）

沂蒙山居乡村旅游度假村概念规划对发展现状较为落后的沂水县沂蒙山革命老区进行了从旅游体系构建到旅游产品策划再到分区规划设计的一整套旅游规划工作。项目从解决区域发展的难题入手，以问题为导向，通过重塑区域空间结构，引导区域重心由东侧转移至中部，盘活了西侧闭塞区域的旅游资源；重构道路交通系统，串联区域优质旅游资源；重新挖掘区域乡村旅游内涵，与周边景区形成差异化竞争，结合区域自身资源特点，构建“观—品—想—感—悟”的旅游产品体系，使得该项目在休闲体验式乡村旅游模式下具备较高的竞争能力，为实现沂蒙乡村度假第一品牌、山东省省级旅游度假区和中国乡村旅游创客示范基地的目标打下了坚实的基础。

该项目在乡村旅游发展定位的思考角度，规划手法创造空间价值的实现路径，心境提升历程与旅游产品的创意策划等方面给出了新的探索与尝试。所提出的“观—品—想—感—悟”这一全新的乡村旅游产品体系，将旅游者不断递进的精神需求与旅游产品紧密联系起来，使得乡村旅游产品的开发更具针对性，并在进一步的分区策划与分区规划设计中融入该理念，使得整个旅游度假区的规划设计具备了一定的哲学内涵。

参考文献

[1] 国务院办公厅. 国民旅游休闲纲要（2013—2020年）[Z]. 2013, 02-02.

[2] LBT 048-2016. 国家康养旅游示范基地标准 [S].

[3] 上海思纳建筑规划设计有限公司. 沂蒙山居乡村旅游度假区概念性规划暨重要节点详细规划[R]. 2015.

[4] 沂水县统计局. 沂水县国民经济和社会发展统计公报[R]. 2014.

[5] 张澈杨. 山地旅游度假区设计的生态学思考[J]. 城市建设理论研究，2012（25）.

[6] 丁磊. 基于生态学的滨湖旅游度假区的规划设计研究：以余姚旅游度假村规划设计为例[J]. 东南大学，2010.

[7] 齐炜. 体验导向型度假区旅游产品开发模式探索[R]. 池州学院学报. 2011（3）：83-85.

作者简介

陈 力，武汉市土地利用和城市空间规划研究中心，助理规划师；

李永刚，途尔旅游咨询（上海）有限公司，规划总监；

刘洪生，途尔旅游咨询（上海）有限公司，执行董事。

1.印象九华区鸟瞰

人间佛教的世俗传承
——九华山佛教文化园（二期）规划设计

The Secular Inheritance of Buddhist
—Planning and Design of Mt.Jiuhua Buddism Cultural Park (Phase II)

于润东 熊明倩 赵 楠
Yu Rundong Xiong Mingqian Zhao Nan

[摘　要]　在我国四大佛教名山的九华山山脚下，在已建设并投入运营的佛教文化园一期——大铜像景区的旁边，规划建设集实景演绎、商业休闲、地域特产品牌购物为一体的文化旅游度假综合体，以解决九华山山上和山下旅游匹配的问题、日间礼佛和夜间休闲的问题、观光旅游和休闲体验度假的问题，从而进行人间佛教世俗传承的一次尝试。

[关键词]　人间佛教；实景演绎；商业休闲；地域特产品牌购物；文化旅游度假综合体

[Abstract]　The second phase of the Buddhist cultural park is planned at the foot of Jiuhua Mountain——one of the four famous Buddhist mountains in China, and is beside the first phase of the Buddhist cultural park. It is planned to be a new cultural tourism resort complex with the composite functions of real-scene musical extravaganza, commercial recreation and regional specialty brand shopping. It is expected to solve the problems between the tourism on and down the mountain, the daytime praying and the nighttime recreation, the sightseeing and leisure experience. And it is an attempt for the secular inheritance of the humanistic Buddhism.

[Keywords]　Humanistic Buddhism; Real-scene Musical Extravaganza; Commercial Recreation; Regional Specialty Brand Shopping; Cultural Tourism Resort Complex

[文章编号]　2016-74-P-025

2

3

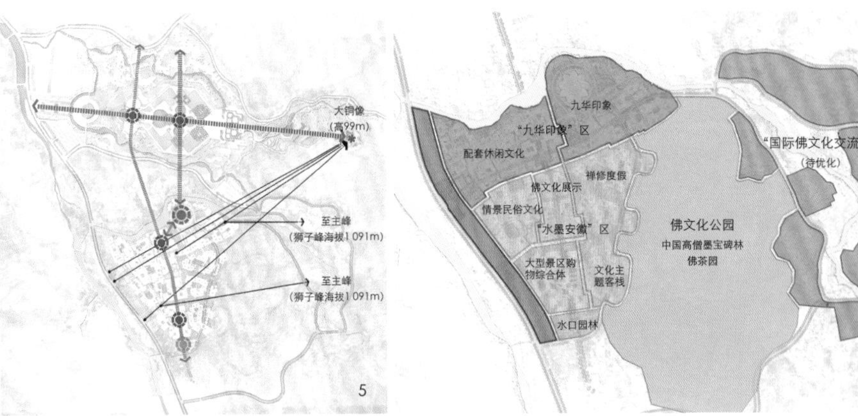

2.水墨安徽区鸟瞰
3.佛塔效果图
4.现状地形分析
5.大范围轴线分析图
6.功能分区图

一、规划概况

九华山是中国四大佛教名山之一，被誉为国际性的佛教道场。同时它还是13个“首批国家自然与文化双遗产名录”和44个“第一批国家风景名胜区名录”之一，具有宝贵的自然与文化遗产资源。由于资源条件优越，九华山2007年被评为首批国家5A级旅游区，并被世界休闲组织评为“中国十大佛教文化旅游胜地”。

本次规划的佛教文化园二期，位于九华山核心景区外的山脚下，紧邻大铜像景区（即佛教文化园一期），承接上位规划，主要作为文化旅游综合服务配套设施进行划设计。

二、人间佛教的认知

在九华山这样的佛教名山进行文化旅游项目的规划设计，需对佛教文化充分尊重。

九华山被开辟为大愿地藏王菩萨的道场缘起于唐代新罗高僧金乔觉，他修炼多年圆寂后坐化成为肉身，被视为地藏王菩萨化身。之后又有多代高僧成名于此并留下真身，受信徒膜拜，延续着香火。九华山作为佛教名山的文脉传承，充分体现了佛即是人，人即是佛的佛教文化。

而佛教自身的发展，到近现代也经历了从太虚大师、印顺法师到巨赞法师等所倡导的“人间佛教”运动，提出佛教不是独立于世间之外的“世外桃源”，佛教入世于社会的理念。

九华山的佛教文化传播主要通过朝拜、观光旅游等方式进行与展开。本次规划秉承着人间佛教的理念，从九华山的整体旅游需求出发，谋划佛教文化园二期更好地为九华山大景区服务，为人服务，发挥积极正面的影响与作用。

三、九华山的旅游发展分析

从1995年开始，九华山风景区游客数量每年均有大幅度提升，从2008年开始，九华山的游客数量超过了黄山，2010年之后九华山景区旅游的游客数突破了400万，占安徽旅游游客总数的重要比例。

在旅游产业迅猛发展的同时，九华山的整体旅游发展也逐渐暴露出了一些问题，面临着新的挑战。

1. 旅游类型结构不完善

九华山作为佛教地，每逢重大宗教活动和宗教节日，会吸引大量旅游者和香客。从数据上可以分析出来，不论淡季、旺季，常年都有朝山拜佛的香客，形成一股较稳定且复游率高的，这是九华山大力发展旅游的一个强有力的优势。

但同时，九华山旅游类型以观光型和香火型为主，类型单一，旅游类型结构有待调整、优化、提升，应向休闲养生、文化感知等方面进行拓展延伸，完善旅游类型结构。

表1　九华山国内游客旅游目的结构表

九华山	观光	宗教朝拜	商务会议	探亲	疗养	调研	其他
	66%	22%	5%	1%	1%	2%	3%

从游客的停留时间上也能体现出这个问题，大部分为一日游和二日游，一日游主要为近程游客，二日游为中远程游客，三日游及以上较少。游客上山主要目的是观光及烧香拜佛，在九华山停留时间较少，没有充足的时间来感受九华山佛教文化。反映出景区开发上，缺乏吸引游客停留下来的旅游休闲产品。

2. 旅游目的地及服务设施在空间分布上不均衡

目前，九华山知名度较高的十大景区，99座山峰、近80个寺庙，几乎都在山上的核心景区，只有大铜像景区（佛教文化园一期）和部分酒店配套服务设施位于山下的协调发展区。从九华山各景区旅游客流负荷分析中，也可看出这种山上山下的不均衡的发展，这种现象会对山上核心景区生态环境及基础设施带来压力。

3. 旅游消费结构分析

据九华山旅游业各项营业收入比较分析，游览和住宿设施收入增长较快，比重也较大，而餐饮设施、商业设施、娱乐设施收入所占的比重较小，因此具有较大的发展空间。

在消费时间上，主要的旅游消费在日间进行，“夜文化”活动缺失，夜间缺乏合理的旅游消费项目，夜间的休闲、餐饮及文化演出等正常的消费需求应得到挖掘、引导与释放。

因此，“夜九华”的打造是在时间上和消费类型上弥补九华山旅游的重要方面。

表2　1995—2010年九华山各项设施旅游收入列表

九华山	1995年	2000年	2005年	2009年	2010年
游览设施（万元）	1 130	3 579	11 006	124 000	156 003
住宿设施（万元）	2 990	2 490	7 240	77 500	97 502
娱乐设施（万元）	350	293	579	6 200	7 800
餐饮设施（万元）	4 010	2 860	4 345	46 500	58 501
商业设施（万元）	2 460	2 775	5 792	55 800	70 201

7

8

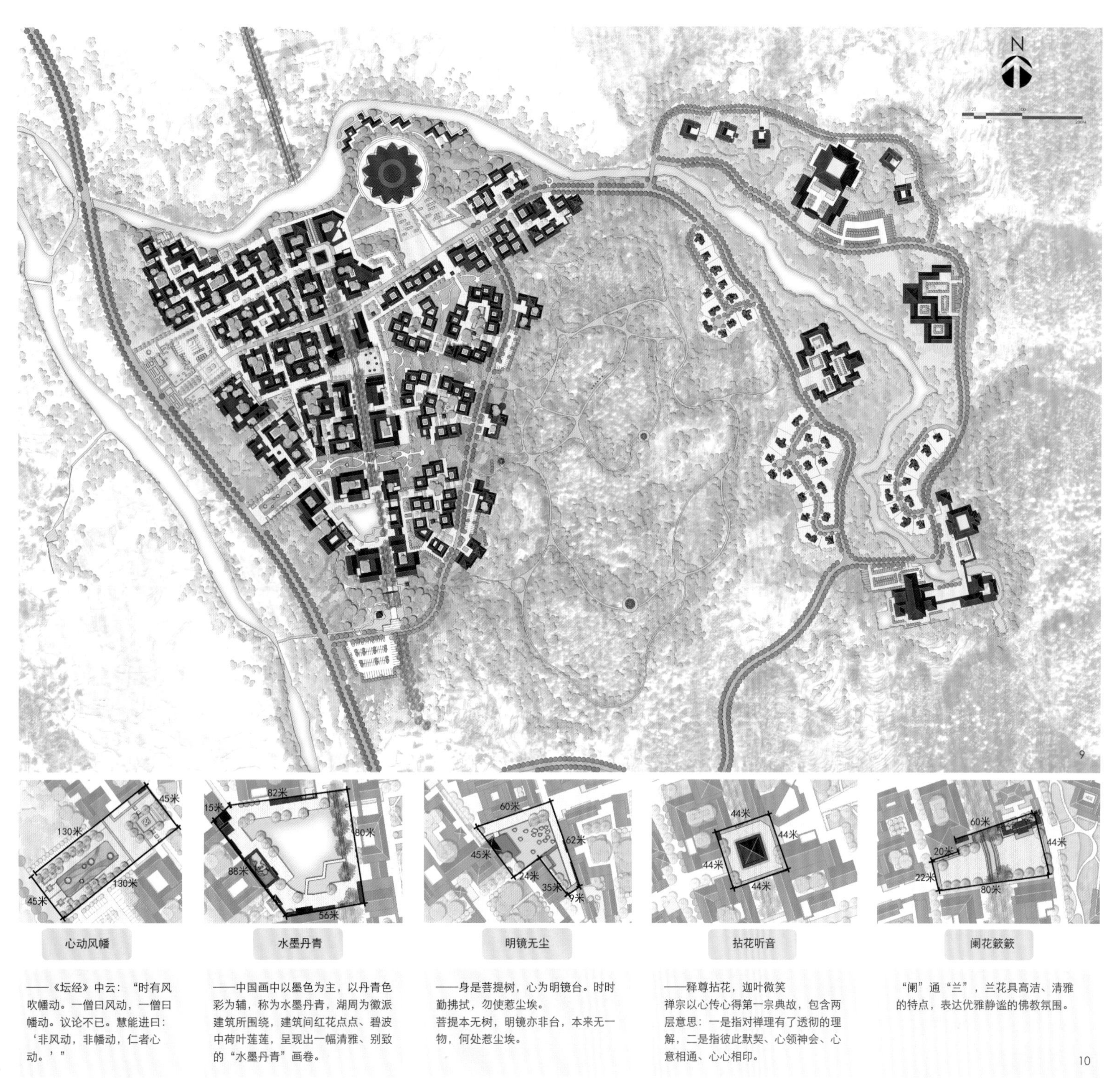

7.九华山鸟瞰图
8.九华天街效果图
9.九华山方案
10.广场节点

四、规划目标及引擎项目

1. 功能策划及规划目标

佛教文化园一期（即新建成的99m高地藏王菩萨的大铜像景区）是山下区域以观光及朝拜为主的旅游目的地，佛教文化园二期项目不应局限于配套一期，更应作为九华山整体旅游产品的配套，针对九华山现阶段所面临的问题，进行其功能策划与目标确定。

本次规划在旅游分析的基础上，结合上位规划的要求，确定主要功能与规划目标为：将佛教文化园二期项目作为九华山整体旅游产品体系的开放式配套项目，兼具一定的旅游目的地作用，建设成为集实景演绎与休闲体验、地域特产品牌购物与度假养生、佛教文化交流及禅修疗养等为一体的旅游度假文化体验综合体，以解决九华山香火观光旅游和文化休闲体验

度假的问题、山上和山下旅游匹配的问题、日间礼佛和夜间休闲的问题，从而进行人间佛教世俗传承的一次尝试。

2. 三大引擎项目

重点打造实景演绎的“印象九华”、地域特产品牌购物的“水墨安徽”、佛教文化交流的“佛教论坛”三大引擎项目，通过三大引擎带动三大片区，通过三大片区解决九华山旅游的三大问题。

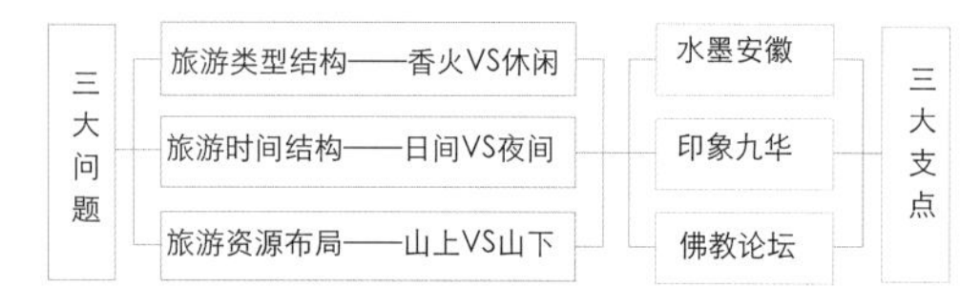

五、整体规划

1. 三区环丘、一河串联的整体布局

由三大引擎项目所带动的三大片区：“印象九华”区、“水墨安徽”区、“国际佛文化交流区”，围绕将打造成为佛文化公园的中央自然山丘布局，自然溪流牛冲河串联其中，形成自然与人文相结合的三区环丘、一河串联整体架构。

2. 不同分区的差异化的调性、功能与疏密

规划对“印象九华”区、“水墨安徽”区、“国际佛文化交流区”三大分区与佛文化公园赋予差异化的调性，形成“动、静、幽、雅”的氛围调性，以配合“休、养、禅、悟”——休闲、养生、参禅、悟道的不同主要功能；相对应的布局方式则是“密、疏、散、空”——紧密、疏松、分散、空灵的不同环境氛围的空间建设密度与强度。

（1）“印象九华”区

以佛教文化观演和休闲体验为主的片区，主要包括以地藏王菩萨的传说和故事为主题的大型实景演出场所和外围配套休闲文化体验街区，二者互为映衬，休闲街区既是演出前的场景铺垫和氛围营造，又能与华丽虚幻的演出形成世俗真实的反差与对比，引发对人间佛教的思考。

（2）“水墨安徽”区

主要包括地域特产品牌购物的“水墨安徽”与度假养生的坡地茶园养生度假客栈区所组成。

其中“水墨安徽”规划将徽州特色与佛教文化相融合，塑造清雅、质朴的水墨意境。借用徽州水口园林的手法作为水墨安徽的主要入口，具有水墨质感及层次丰富的徽派建筑环湖而立，成为佛教精品和地方特色产品的展示及购物场馆。

坡地茶园养生度假客栈区延续当地民居“村田相依”的形态模式，文化主题客栈组团化、台地式布局，与茶园相交织，和谐共生。

（3）“国际佛文化交流”区

以佛教文化交流及禅修疗养为主，位于东部山谷中，溪水潺潺、梯田层叠，建筑在不破坏周围生态及自然肌理的条件下，顺应地势进行建设，保护现状山水田园格局，提供禅修、冥想感悟、学习交流、疗养的幽静之所。

（4）佛文化公园

以自然山林为主，内部散布着中国高僧墨宝碑林，与佛茶园与静修竹林交相辉映，是一个优雅悟道的好去处。

三大分区与佛茶园所共同构成的佛教文化园二期，与大铜像遥相呼应，形成了宁静和谐的佛国人间的整体景象。

3. 借景与隐喻

规划充分尊重场地自然山水格局及与一期大铜像的关系，通过轴线借景、场地特质挖掘、佛文化隐喻及水景的引入来赋予项目的文化内涵与场所感。

（1）轴线对景——大铜像与狮子峰

佛教文化园二期位于九华山北麓的盆地之中，整体呈现出群山环抱的态势。东侧海拔1 091m的狮子峰为自然制高点，并且成为场地天然屏障般的背景。而佛文化园一期99m高的大铜像，则是中景重要的人文标志点。规划通过轴线对景借景的方法，使项目场地与中景的大铜像和远景的狮子峰发生良好的呼应关系，形成自然与人文的良好融合。

11.滨水效果图
12.内街效果图

（2）尊重场地——水杉树与自然坡地

场地中现状道路两侧有多年生的两排高大笔直的水杉树，南北贯穿整个基地。规划介入前，曾有平整场地全部砍伐的意图。规划从尊重场地的角度，认为水杉树的树形树貌均较为良好，并且具有场地印记的特质，因此规划予以保留，并与规划充分结合，在其两侧布局打造一条水杉老街。并且在两排水杉树中间建议设计为线性的水景，形成一条静谧、笔直、通向远方、具有禅意的自然文化景观。

（3）重视广场节点的价值——广场与钟楼

在旅游游线设置上规划以主要线路与自由漫步线路相结合的方式，主要街道包括沿牛冲溪的溪街，水杉两侧的水杉老街和从主入口进入的九华天街等。次要巷道则在此基础上发挥横纵连接的作用。

规划同时十分重街巷转折或交汇所形成的广场节点，在空间尺度上进行了细化的考虑，并且赋予了不同广场以不同的佛文化内涵及主题，如心动风幡、明镜无尘、拈花听音等，并根据主题的差异在不同广场设置了如幡轮、莲花水池、戏台、浮屠塔、钟楼、雕塑等景观小品及构筑物，使游客通过不同的方式感知佛文化。

（4）水的利用

规划充分场地北侧的牛冲溪和西侧的九华河，将流水引入场地，串联主要的街道和巷道，在部分广场节点形成局部放大水面，并在水中种植莲花和荷花等具有佛文化寓意的水生植物，增加场地内部的灵性、场所感和文化内涵。

六、结语

本次规划充分尊重佛教文化，以积极入世的“人间佛教”理念为引导，为了更好地服务于大九华山景区，从九华山的整体旅游发展实际切入，为应对旅游结构类型、游客停留时间、旅游目的地及旅游服务配套布局、旅游消费结构及消费时间等诸多问题，进行了清晰的功能策划与明确的规划定位，建设集实景演绎与休闲体验、地域特产品牌购物与度假养生、佛教文化交流及禅修疗养等为一体的旅游度假综合体，以解决九华山日间礼佛和夜间休闲的问题、山上和山下旅游匹配的问题、观光旅游和休闲体验度假的问题，从而进行人间佛教的世俗传承的一次尝试。

参考文献

[1] 杨明，潘运伟，赵谦．佛教与寺院旅游规划刍议[J]．宗教文化出版社，2011．

[2] 程春旺．佛教文化旅游开发研究：以安徽九华山为例[J]．2007．

[3] 国家级九华山风景区旅游事业发展情况，历年安徽统计年鉴[Z]．1995－2010．

作者简介

于润东，硕士，注册规划师，国家一级注册建筑师，北京清华同衡规划设计研究院有限公司，详规四所，所长；

熊明倩，硕士，工程师，注册规划师，国家一级注册建筑师；

赵　楠，学士，规划师。

项目总控：尹稚、袁牧
项目负责人：于润东、熊明倩
详规部分项目成员：赵楠、陈嘉漩、尹若冰、王保珂等

三亚凤凰岭山顶休闲文化旅游区核心项目规划

Sanya Phoenix Ridge Tourist Area Core Project Planning

张 时 梁 静
Zhang Shi Liang Jing

[摘　要]　本文以三亚凤凰岭山顶休闲文化旅游区核心项目规划为例，通过分析凤凰岭景区资源属性和文化特征，探讨了从单一休闲观光产品升级为综合旅游产品的打造理念。

[关键词]　社交休闲；山顶观光；文化主题；旅游夜生活

[Abstract]　The paper takes Sanya Phoenix Ridge Tourist Area Core Project Planning as an example. Through analysis the natural and cultural resources of Phoenix Ridge Tourist Area, furthermore, to research the planning concept from single product of leisure & sightseeing to comprehensive tourism product.

[Keywords]　Social Leisure; Sighting-seeing on Mountaintop; Theme Culture; Tourism Nightlife

[文章编号]　2016-74-P-032

凤凰岭景区地处三亚市区核心位置，与凤凰岭路口相接东西两侧连贯大东海与三亚湾，海拔在400m左右，生态环境极好，负氧离子高，是三亚市唯一能够全览三亚湾、大东海与亚龙湾的绝佳观景之处。但目前，凤凰岭仅仅利用绝佳观景的优势，修建了空中客运索道、360°悬挑观光长廊、观景栈桥、雕塑景观等，经营性项目少，游客主要以“走马观光”为主，人气不旺，公园的内在活力没有很好地绽放出来；游览时间集中，游客入园的时间过于集中在晚间时段，造成白天时段景区设备资源的闲置，增加了景区的经营成本；二次消费缺乏，景区内缺乏互动性、参与性的娱乐项目，很难延长散客停留的时间，不能最大限度地挖掘游客的二次消费；文化挖掘不够，凤凰主题文化挖掘力度不够，没有把凤凰文化很好地展现出来；缺少核心竞争力；景区内现有的产品缺乏核心的市场竞争力，需要进行重新定位和深度包装；山顶的综合服务楼基本处于闲置这一经营惨淡亏损现状，其优越的自然竞争力、区位竞争力没有充分发挥作用。

一、打造浪漫休闲的品牌形象

规划组在深度挖掘凤凰文化的基础上，与三亚的浪漫、时尚文化相结合，以“凤凰岭热带森林生态资源”为根本，以“发展山顶观光旅游”为载体，以“浪漫爱情”为文化主题，打造三亚具有标志性的文化旅游地，平衡生态保育和旅游开发，发挥出最大效用为规划理念，提出要以浪漫爱情文化为轴线，将景区建设成为集“山顶观光、浪漫爱情文化体验、慢活休闲”三大要素于一体，采用创意景观表现手法，打

造具备开展爱情仪式活动、演绎浪漫主题派对、提供浪漫文化消费三大功能的生态、精品、时尚型爱情文化旅游目的地。

1. 山顶观光 Peak Tourist

针对观光游客，以山顶观光为主，采取短平快的运转方式，提高景区的流转速率，打造三亚全天候绝佳山顶观景平台。

2. 慢活悠闲 Slow-living Leisure

针对休闲度假游客，以慢活休闲为主，放缓节奏，细细品味景区的文化内涵，增加景区的二次产出，提升整体收益率。

3. 爱情文化 Love Culture

围绕爱情与凤凰文化，打造国内首个凤凰爱情文化主题山顶公园，针对不同年龄段的未婚、已婚人士，推出不同爱情主题的产品，以满足各类人群的需求。

二、一轴、两核、五区的经典空间结构

通过项目建设开启社交娱乐、休闲度假和生态旅游三大功能为一体的城市生态型度假生活新模式；同时，打造具备开展爱情仪式活动、演绎浪漫主题派对、提供浪漫文化消费三大浪漫模式于一体的精品时尚型爱情文化旅游目的地，并成为全天候的三亚绝佳观景高地，最美邂逅的浪漫社交景区，生态与文化相结合的森林公园开发典范。

1. 一轴

结合凤凰岭“最优化发展”与“旅游合理化开发”两大诉求，综合考虑区内主题文化战略，形成“一轴两心”的空间布局意象，以“爱情文化观光休闲”为主题，以服务中心和前后山的栈道中心线为轴心，构建“前山浪漫爱情文化观光旅游，后山高端社交休闲”的空间格局，前山后山相对独立但又可进行有机组合。在此基础上，针对景区未来发展及不同人群的消费需求，打造“双廊五区”。

2. 两核

其中，双廊为“凤凰文化天街”（由原有的九曲桥和360° 木栈道两部分组成，围绕凤凰爱情主题打造一系列的爱情文化景观节点：从凤凰爱情崖壁了解凤凰文化开始，到牵手玻璃栈桥上观景和海誓山盟台上宣誓，再到夫妻携手同走的爱转角风雨同舟路）及“地下艺术廊道”（将景区内现有的防空洞进行改造，利用其分布的各种小屋，改造成五大板块，分别为爱情真话屋、爱意红酒屋、3D艺术馆、爱情宝藏、爱情记忆屋；该区域融入了很多现代版的爱情活动节点，是对凤凰天街主题爱情文化的一个补充，其中3D艺术馆是借助当下流行的3D绘画技术打造的一组三维立体景观，画面栩栩如生，立体感十分逼真，置身其中，有种身临其境的感觉）。

3. 五区

五区分别为“凤凰文化祈福区、主题社交体验区、云中浪漫体验区、雨林野奢休闲区、山顶综合服务区”。

（1）凤凰文化祈福区

凤凰文化祈福区将在凤凰岭最好的观海处打造三亚山顶的建筑地标——凤凰之冠。展示凤凰文化和爱情文化，用全息数字技术呈现多彩的世界、加入最新动力学成果——永恒“心”装置艺术，提供360° 观景的建筑顶端平台，大师打造，将成为传世精品。主题祈福区内以凤凰文化和观海为主要内容，提供文化展示、主题购物、观景休闲、主题祈福等多种功能。

（2）主题社交体验区

主题社交体验区是为夜间来凤凰岭参与凤凰交友派对而设的区域，除了设置凤凰慢道，还建有后山的地标景观——水晶教堂，不仅可以作为一个地标景观供游客参观，还可以定期举行婚庆仪式活动。

（3）云中浪漫体验区

云中浪漫体验区引入刺激的探险体验项目——高空热气球。在凤凰岭的山顶，采用系留飞的形式开展热气球的浪漫体验，可在高空观赏三亚全景，享受空中的浪漫，同时也可围绕爱情主题开展与热气球相

1.凤凰岭山顶鸟瞰图

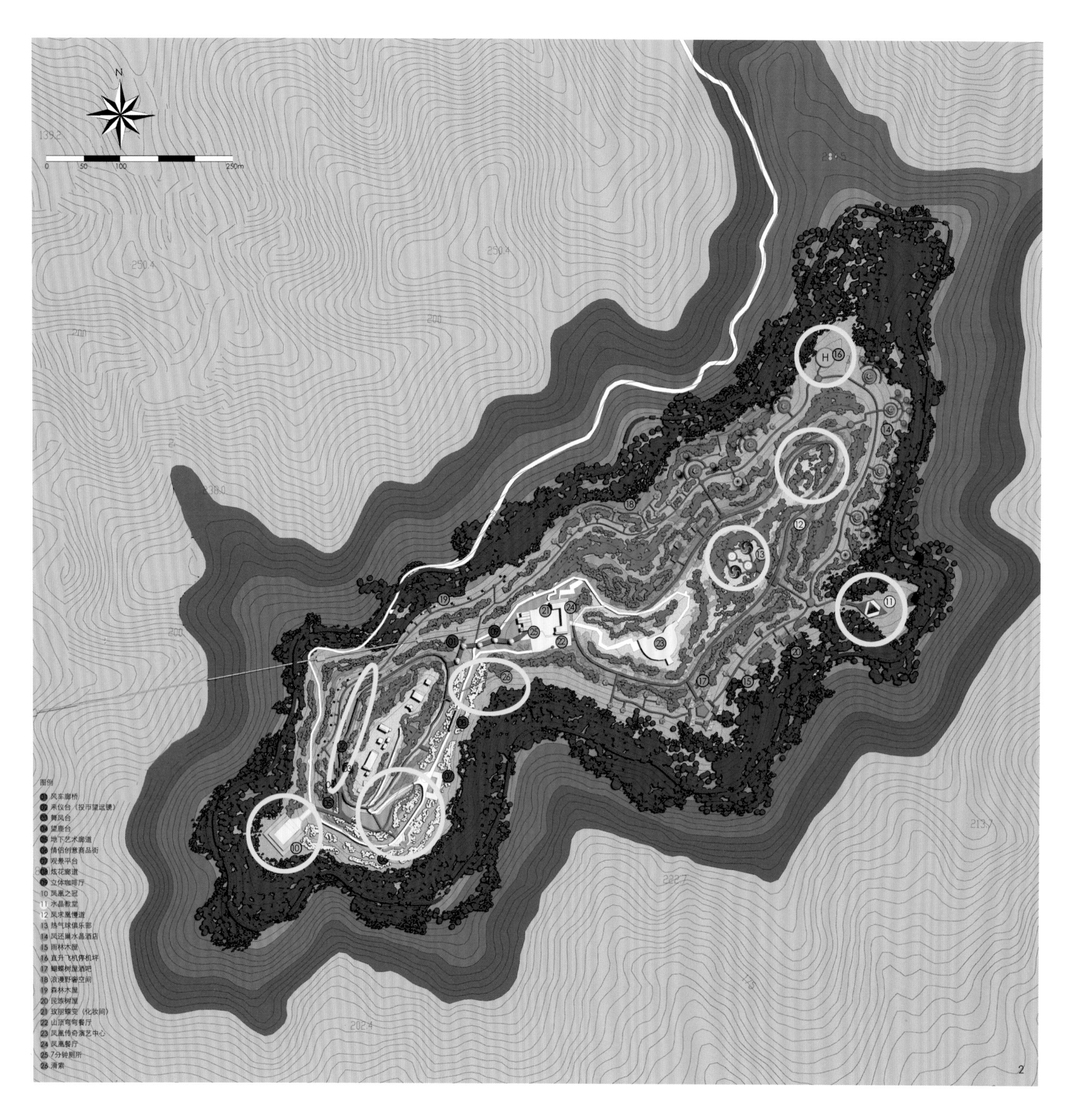

2

关的浪漫仪式活动。

（4）雨林野奢休闲区

“野”：与大自然完美统一；“奢”：享受豪华舒适的物质享受。

雨林野奢休闲区位于景区的后山位置，定位高端消费人群。以热带雨林山野为基础，采用原生态的天然建材，建筑外观凸显生态特色并具有鲜明的热带风情，质朴又显低调奢华，或依山面海而建，或栖居于丛林之中，打造出优美、浪漫而私密的环境，浪漫木屋、野奢平台、浪漫水晶屋等建筑都以组团的形式散落在各个小环境单元里，每个组团配备一个服务中心。

（5）山顶综合服务区

山顶综合服务区是一个休闲调整、欣赏娱乐节目、用餐的综合服务片区，设置凤凰传奇演艺中心、最美餐厅、山顶弯弯餐厅、玫丽蝶变等功能分区。其中凤凰传奇演艺中心作为景区的一大核心景观节点，白天将滚动演出非洲歌舞表演、夜间举行各种交友派对活动。

三、创新打造观光休闲旅游夜生活模式

三亚旅游市场以热带海岛和森林产品为主，凸显三亚的自然风光，但是其夜间旅游产品主要集中于休闲场所和开放式旅游景区内，如酒吧、茶座、保健场所、海滨等，以观光休闲为主的旅游景区形态的旅游夜生活还处于空白开发阶段。

本项目凭借优越的观景视野，实现五大景观节点、四大景观带、三大景观片区，以“爱情＋社交娱乐”为主题，打造三亚夜间“邂逅最美意外”的休闲娱乐新地标。通过根据“3感2求5有”共性需求，针对性推出产品，丰富现有的产品结构，强化项目产品的核心竞争力；树立凤凰岭“最佳观景”和“凤凰浪漫文化”的双旅游价值主张，通过“精致化”“浪漫化”的整体景观设计要求，实现前山“绽放”灿烂凤凰，后山“留存”雨林原貌，创造一草一木皆有景、一花一叶皆有情的景观感受。

凭借凤凰岭公园与城市比邻的区位优势，俯瞰三湾的绝佳观景视野，规划组策划以凤凰微波传情、摇一摇微信交友俱乐部、SNS凤凰社交派对等时下流行社交工具和方式植入的以山顶互动交友类产品，以“凤凰岭上，有你最美的邂逅”这一核心宣传口号，势必使凤凰岭夜间活力四射，成为三亚观光度假青年游客夜间活动的不二之选，成为邂逅最美意外的首选场所。

作者简介

张　时，北京大地天工游乐产品发展有限公司，总经理；

梁　静，北京大地天工游乐产品发展有限公司，项目经理。

3

4

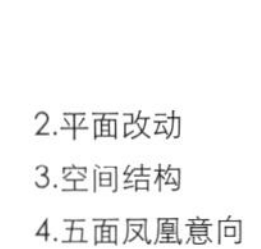

2.平面改动
3.空间结构
4.五面凤凰意向

文化体系构建——为旅游项目“找魂”
——以西安临潼国家休闲度假区文化专项策划为例

Build a Cultural System——for Tourism Project "Soul"
—In Xi 'an Lintong State Resort Culture Special Planning, for Example

衣 玮 刘武琼
Yi Wei Liu Wuqiong

[摘 要] 随着大众度假时代的到来，全国各级旅游度假区呈现快速发展的趋势。西安临潼国家旅游休闲度假区2010年启动，2014年基本建成。六年来，其度假区依托丰富的自然山水、历史文化、生态温泉等特色资源，坚持以文化为基石，以文化旅游市场和消费为导向，以“旅游＋”和产业融合为发展路径，以休闲度假布局旅游大产业为理念，引领出全新的休闲、度假生活方式。在构建国家全域旅游区和国家级旅游度假区等方面，取得了长足发展。其开发模式与发展路径，受到了全国各大主流媒体的广泛关注。
本文着重从文化体系重构的视角切入，结合西安临潼度假区文化策划思路，对文化体系重构的意义、方法和表现形式等方面进行研究总结，以期为通过重构文化体系，寻找核心吸引力的旅游项目提供方法论。

[关键词] 国家旅游度假区；临潼国家休闲度假区；文化体系；核心吸引力

[Abstract] With the age of tourism coming,the holiday restort at all levels throught the country present a repaid development.The national resort,Lintong Xi'an Provence,built at 2010.which constructed in 2014. This holiday resort relies on abundant natural landscapes,history cultures and ecological hotspring,whichtakeing culture as basic,leading by culture touris mmarket and taking “tourism+” or industrial restructing as development,the holiday resort industrial as an idea. Leading anew way of leisure and tour life. In the construction of national interest such as tourism and national tourist holidayresort has made considerable progress, the development pattern and hasbeen the development of the country's major mainstream media attention.
The artical from the perspective of culture reconstruction oriented cut, combined with the Cultural Planing of Lintong resort in Xi'an Provence. It concludes the aspect of cultural significant of reconstruction, methods and forms of study. Aiming to reconstruct culture system and provide methodology to a absorbed tourism projects.

[Keywords] National Tourist Vacation Areas; Lintong National Leisure Resort Area; Cultural System; The Core Attraction
[文章编号] 2016-74-P-036

1.项目分布
2.总分区
3.物语分布总图

一、项目背景

2009年10月23日西安市委、市政府批准通过《西安临潼国家旅游休闲度假区规划建设实施方案》。西安临潼国家旅游休闲度假区将建成集文化旅游、休闲度假、康体养生、温泉疗养、商贸会展为一体的具有国际影响力的国家旅游休闲度假区，成为陕西、西安文化旅游的国际新品牌。

度假区位于骊山之下，紧邻秦始皇陵与华清宫，处于临潼文化的核心区位。在本项目之前，曾做过策划、规划及总规，但都没有顺利通过政府的评审。一个很重要的原因就是忽视了规划区内的文化，梳理不够深入，总结过于简单，缺乏对文化独特性和相对唯一性的凝练提升。

于是甲方找到我们，想要做临潼国家旅游休闲度假区文化专项策划，深入解读临潼的文化内涵，从而调整指导度假区的规划。

二、项目难点

临潼的文化相当繁杂，从远古时代的女娲补天、西周的烽火戏诸侯、战国的商鞅变法、秦朝的兵马俑，再到唐朝的华清宫、清朝的慈禧出逃，直至民国时期的西安事变，很多文化都是独一无二的。对于本案而言，关键是要对度假区范围内所涉及的多种类型的文化资源进行总结梳理，找到自身独一无二的文化属性，进行文化重构，确定合理的文化结构体系，构建度假区的新文化品牌、文化旅游产品体系、文化展馆体系、文化工程习题，铸造度假区自身独特的文化特性。

文化，是旅游项目的灵魂，是项目成功塑造的关键因素，也是体现一个项目核心吸引力的不可复制的精髓。

三、技术路线

1. 寻求文化属性

（1）本底资源梳理

在“西安临潼国家旅游休闲度假区文化策划”中，我们经过梳理共提取骊山及其周边145 个文化资源点，其中三组资源尤为突出，一是以骊山行宫和温泉泡浴为核心的度假文化组团（约占45%），另一个是以各朝历史大事和传说故事组成的骊山传奇文化组团（约占30%），第三个是以自然资源为主的骊山山水组团。由此得出的三大文化资源体系，三大核心品牌，十一条文化脉络的文化体系结构，为寻找项目的文化灵魂提供了坚实的基础。

（2）未来市场分析

通过对临潼度假区未来市场结构及旅游休闲配套度假市场、商务与休闲度假市场、度假地产三个细分市场的分析，我们得出如下三个结论：

①兵马俑与秦文化，是本案重要的文化发展导向；

②温泉文化与丽人文化，是符合市场热点的唐文华发展导向；

③三秦民俗，本地化搭建特色消费平台。

（3）国家经典案例借鉴

我们对国际上开发已经很成熟的与本案有较大相似性的土耳其伊斯坦布尔、泰国华欣、印尼巴厘岛、新西兰皇后镇等项目进行了分析，认为文物遗存与顶级休闲度假可并存，且具有代表民族特质的顶级度假区，更具旅游吸引力，但需与自然资源搭配，并深化独特的文化特质。

2. 重构文化体系

通过对文化的梳理、市场的分析、案例的借鉴，我们加入“骊山未来”大项，并着重从兵马俑与秦文化、三秦民俗文化两大角度进行了文化的延伸和重构。

3. 文化产品策划

针对经过重构的临潼新文化体系，按照“产品线—核心项目—辅助项目”的架构，依托三大文化资源体系，构建临潼三大产品线、依托四大核心品级资源，打造六大核心项目。依托临潼特色文化脉络，打造一系列辅助项目，最终形成临潼“3612”的文化产品体系。

4. 城市家具体系的文化应用

（1）城市色彩

文化色彩是构成临潼度假区特色的一个重要依据，基于重构的新文化体系，确定临潼不同文化空间结构下的文化色彩基调，并保证整体的颜色协调。

尊重骊山地脉文脉，“抑阴扬阳”：骊山阴气过重，宜选用暖色系、明亮色系。基于对骊山地域自然、建筑及人文色彩的理解和认知，度假区的色彩应以土黄、赭石为主色调。

衔接西安，传承古都人文色彩：作为西安古都的一部分，本项目的色彩规划应延续西安城市色彩：灰色、土黄色、赭石色。

借鉴顶级文化旅游度假区，凸显国际化度假氛围：作为休闲度假区，其城市色彩应采用或温馨、或浪漫、或阳光的人性化度假色彩符号。

（2）城市家具

城市家具作为城市环境的重要内容，它的设计应反映本案的文化特点。

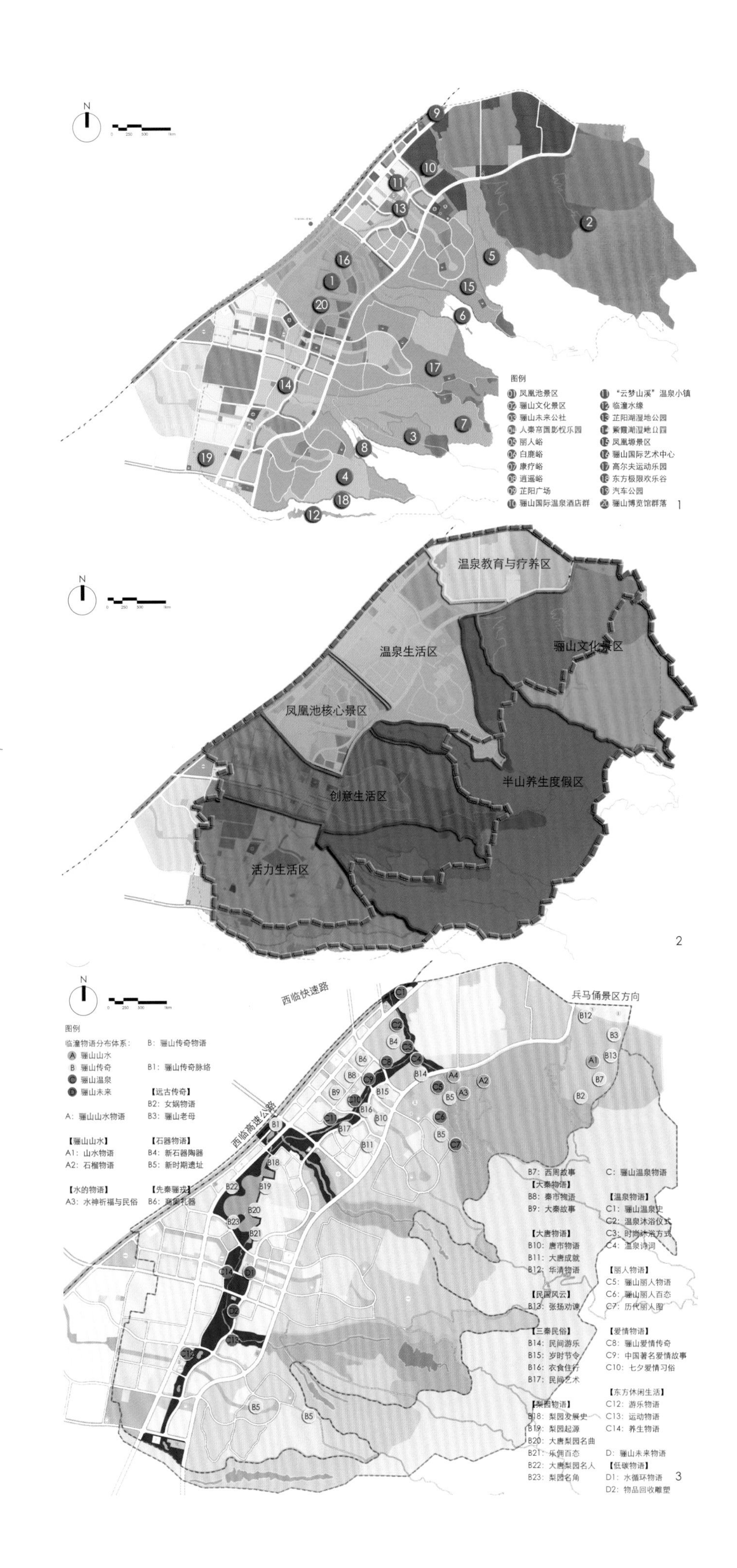

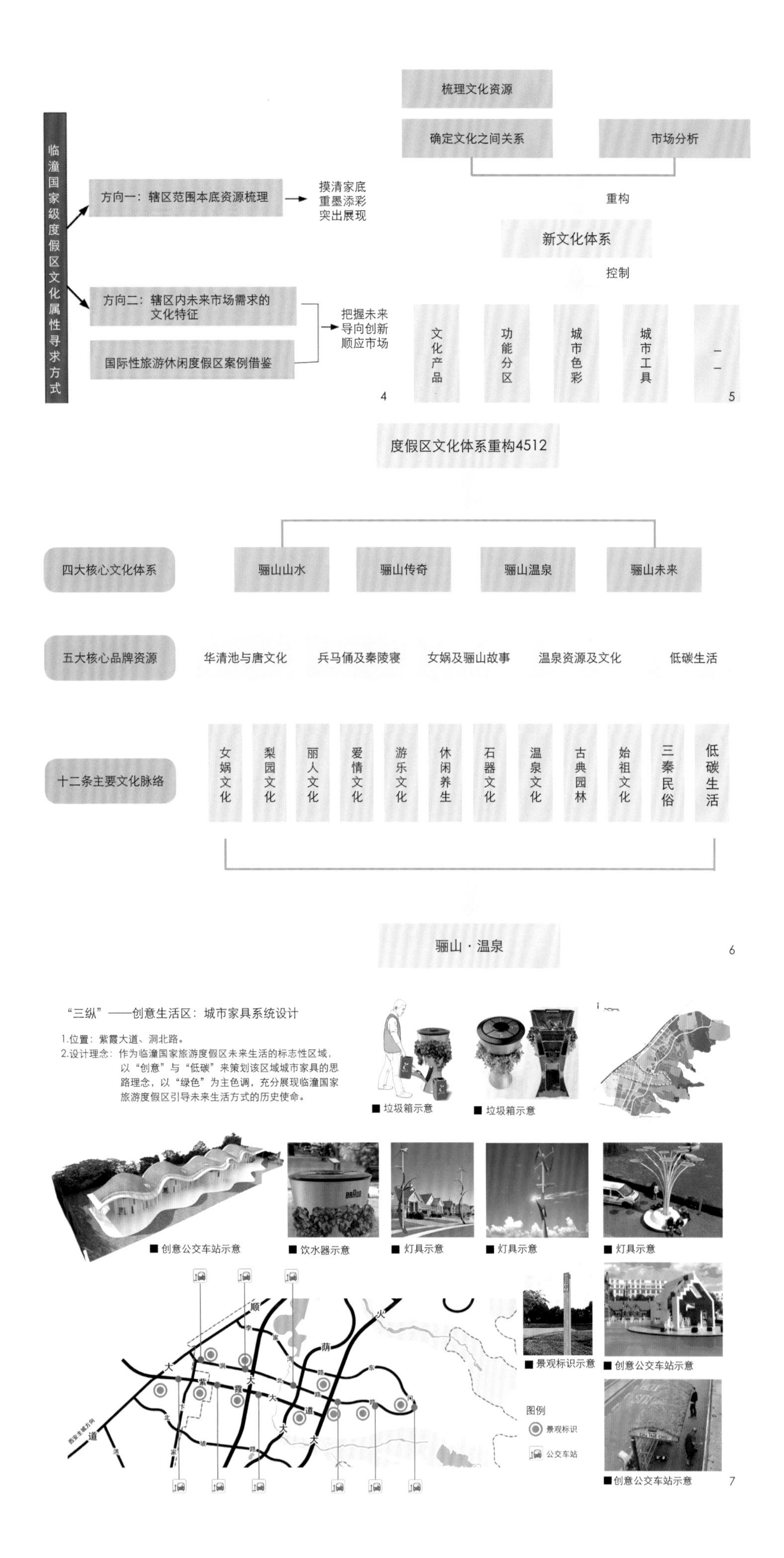

在布局上，我们依托总体布局规划，从横向和纵向两个角度进行布局与策划，形成了“一横四纵”（一横：骊山大道、凤凰大道所在的横穿度假区的轴线；四纵：温泉疗养与教育区、温泉生活区、创意生活区、活力生活区）的体系。

在内容上，我们从度假区的核心文化体系中，抽取必然表达的文化符号与内容，作为城市家具体系设计的文化基础与参考。

四、项目总结

1. 文化分析体系

在本项目中，形成了一套文化分析体系，这套分析体系作为以后旅游项目中文化分析的范本。

（1）梳理文化资源

任何一个区域的文化元素都具有多样性，首先要多角度、多时代的全面梳理项目地的文化资源，并做简要的特征总结及评价。

（2）确定文化之间的关系

繁杂的文化结构中，最重要的是分析各种文化之间的关系，有没有可以融合的、互相冲突的。例如，本项目中从市场的角度来审视各种文化之间的关系，从而确定出主导文化，剔除那些跟市场或主导文化不相容的或关系不大的，从而在原有文化基础上重构出新的文化体系。

（3）新文化体系指导实践

一旦新文化体系确定后，项目以后进行的无论是产品策划、功能布局抑或是城市家具和城市色彩的设计，都要围绕这一体系来进行。

2. 文化活化

重构新文化体系的过程中，本项目在原有两大文化资源体系的基础上，又加入了“未来骊山”的文化概念。这一概念使骊山文化不仅仅停留在远古时代的传奇文化和唐朝的温泉文化上，而是赋予了其生命，让他可以一直发扬和创新下去。这样就为过去文化与未来文化之间的对接，建立了通道。

参考文献

[1] 衣玮．为临潼搭建文化资源体系—对话临潼度假区文化专项策划[J/OL]http://www.lwcj.com/w/ FocusReport110810001_1.html．2011－08－11.

[2] 衣玮，刘武琼，王征征．重构文化体系，塑造核心吸引力：临潼度假区总体策划[J]．旅游运营与地产开发，2015（30）：32－34.

[3] 陕西省临潼县志编纂委员会．西安市志，临潼县志[M]．西安：西安出版社，2012：136－278.

[4] 曲江新区．临潼国家度假区：以文化为基石向国家级旅游度假区迈进[N]．西安晚报，2016－04－28．

作者简介

衣　玮，旅游管理专业硕士，工学学士，北京绿维创景规划设计院，副院长，文化产业分院院长；

刘武琼，人文地理专业硕士，工学学士，北京绿维创景规划设计院，高级策划师，院长助理。

4.临潼国家级度假区文化属性寻求方式
5.文化体系分析
6.文化体系重构图
7.三纵——创意生活区
8.文化资源梳理评价图
9.色彩架构思路
10.骊山温泉物语

文化小城镇的特色旅游空间营造
——以巴河镇生态文化旅游片区为例

Characteristic Tourism Space Construction of Cultural Townlet
—Bahe Town Eco-culture Tourism

孙艺松
Sun Yisong

[摘 要] 小城镇是我国城乡体系中的重要的组成部分。随着我国旅游业的快速发展，旅游产业成为小城镇发展的重要方向之一。浠水巴河镇具有悠久的历史积淀和良好的生态资源。本文以巴河镇生态文化旅游片区规划为案例，探讨小城镇旅游空间的规划经验。

巴河镇是著名爱国主义诗人闻一多的故乡，规划以闻一多故居为核心旅游资源。将巴河镇的名人文化、历史文化、民俗文化、生态文化融入城镇建设中，使规划区成为小镇旅游的起步区和展现小镇文化的入口区。规划区北接城镇入口，南至闻一多故居，沿望天湖水岸设置滨水仿古商业街，重塑古镇风貌，形成主要游览廊道。透过这一滨水廊道游客可以了解巴河镇悠久的历史文化，体验望天湖良好的生态环境。

本文结合巴河镇旅游片区的规划特点，提出以抽取与提炼的方法整合小镇文化资源，以生态与文化融合的思路构架小镇旅游产品，以多空间模式的对比与修正的方式探讨空间的建设方案的工作思路。从旅游的视角，提出小城镇旅游空间设计的方法和经验。

[关键词] 小城镇规划；旅游度假；文化；闻一多

[Abstract] Townlet is an essential part in national urban and rural system. With the rapid development of tourism in China, the tourist industry is regarded as one of the important orientations. Bahe town of Xishui county has a long history and ecological resources. Take the case of Bahe town ecological cultural tourism planning, townlet tourism space planning is proposed and discussed.

Bahe town is the mother town of Wen Yiduo, a well-known poet and scholar, whose former residence is planned as the core tourism resources. Town construction involves in celebrity culture, historical culture, folk culture and ecological culture. Regional planning develops into a priority of town tourism and the entrance of culture development. Planning area borders entrance on the north and directs to Wen Yiduo's former residence on the south. Along the Wangtian Lake, a main sightseeing corridor is constructed as a regenerated ancient town. The design sets a waterfront archaized commercial street. Through the corridor, tourists can understand the history of Bahe town and experience good ecological environment of Wangtian Lake.

The case study presents the methods of extraction and conclusion to integrate town cultural resources according to the characteristics of Bahe town tourism. Tour products could be manufactured in the mode of ecology and culture fusion. Space planning is explored and discussed into multi-space model with comparison and correction scheme. From the view of tourism, tourism space design methods and experience of the small towns are put forward.

[Keywords] Townlet Planning; Resort Landscape; Culture; Wen Yiduo

[文章编号] 2016-74-P-040

1.高程分析
2.坡度分析
3.坡向分析

一、引言与综述

小城镇是我国城乡体系中的重要的组成部分，是我国城镇化发展的重要一环，起到吸纳乡村富余劳动力和拉动乡村产业升级的重要作用。而我国的小城镇数量多、分布广，在高速的城镇化的浪潮中，许多小城镇的建设出现了特色不突出、文化缺失、生态环境倒退等不良现象。基于以上问题，我党在十八大中提出了建设“美丽中国”的宏伟目标，在2013年的中央城镇化工作会议又进一步提出了“望得见山、看得见水、记得住乡愁”的具体要求，我国小城镇的建设重点从规模阔张转变为品质的提升。

近年来我国旅游业蓬勃发展，统计显示，2015年我国国内旅游突破40亿人次，旅游收入过4万亿元人民币。随着我国旅游业的快速发展，小城镇旅游正迅猛壮大，涌现出凤凰古镇、黄龙溪、平乐古镇等众多知名旅游小镇。2014年8月，国务院正式发布《关于促进旅游业改革发展的若干意见》。旅游市场的蓬勃发展及中央政策的引导使得旅游成为小城镇发展的重要方向之一。

我国目前共有19 369个镇，数量众多，其中许多的城镇具有悠久的历史积淀和良好的生态资源。闻一多故里巴河镇正是其中的代表。巴河镇位于湖北省黄冈市浠水县，是著名爱国主义诗人闻一多的故乡。小镇东临望天湖，生态景观环境良好。

本文以巴河镇生态文化旅游片区规划为案例，结合小镇旅游特点，提出小城镇旅游空间设计的方法和经验。

二、研究背景

巴河镇生态文化旅游片区位于湖北省黄冈市浠水县巴河镇，片区东临望天湖，南至闻一多故居遗址，生态景观环境良好。为配合黄冈市生态文化小镇建设，贯彻“科学规划、统一管理、严格保护、永续利用”的方针，确保巴河文化小镇健康有序地开展观光、游赏、度假、休闲等旅游活动，推动巴河镇镇区建设，进而开展此次研究。

1. 研究范围

本次巴河镇生态文化旅游片区位于规划镇区的北部地段，东邻望天湖、西靠状元路、南至闻一多公园、北临葛洲坝大道，距离大广高速出口仅3km，是巴河镇的门户片区，也是文化小镇建设的起步区，片区总面积约118.3km^2。

2. 主要问题

（1）闻一多故居被破坏，历史建筑荡然无存

巴河镇为著名爱国主义诗人闻一多的故里，闻一多对故乡的依恋也是很深，从其《二月庐》《故乡》《大暑》等诗歌作品中可见一斑。但由于历史原因除故居位置有据可查外，其建筑已不复存在。

（2）小镇历史悠久，但无实物遗迹

巴河镇历史悠久，曾经发生过五水蛮、天完国建都、苏轼泛舟等重要的历史事件。巴河人杰地灵历史上曾经走出过明代首府姚明恭、清代状元陈沆、近代民主斗士闻一多等著名历史人物。但小镇现状保留的历史遗存较少，旅游区内无传统建筑遗留。

（3）总规用地布局未能充分考虑滨湖旅游功能

在巴河镇总体规划中，滨湖的用地以居住和商业为主，对旅游功能考虑较少；且规划滨湖道路割裂了城镇水面的联系，不利于组织良好的滨水游憩空间。本文在保障城市规模和总体布局不变的前提下，从研究层面上对上位规划进行局部调整以适应城镇旅游空间的要求。

三、设计原则

1. 统筹开发，科学定位

综合考虑规划区与巴河、黄冈、鄂州、武汉等城镇之间的关系，协调城镇发展与生态文化小镇建设，形成联动式的发展；结合现状资源，从市场、客源、交通等角度出发，对规划区所负担的各项功能进行科学的定位，合理安排。

2. 生态优先，合理利用

小镇东部望天湖水域开阔、水质优良，且盛产河鲜、莲藕。规划区各项开发建设和旅游活动的展开，都必须建立在对自然资源资源保护的基础之上，并通过统一的规划布局和合理有序的开发利用，来更有效地促进对资源的保护。

3. 文化传承，彰显特色

巴河镇历史久远、文化底蕴深厚，不但是近代民主斗士闻一多先生的故里，而且拥有巴人文化、清代状元、明代首府等重要的文化资源。建设文化小镇需要挖掘本身所具有的文化资源特征，吸取当地文化的精髓，在建筑风格、空间序列与环境营造等方面体现

鲜明的地域文化特色。

4. 宜居益游，旅游富民

生态文化小镇的建设应联合周边的社区居民，通过生态、文化建设提高居住环境，通过旅游发展带动社区致富。从而实现社区、环境和文化的协调发展，实现居民拥护旅游发展、爱护自然环境，保护文化资源的目标。

四、资源与市场定位

1. 资源禀赋

旅游资源是开发旅游业的基础，巴河镇历史悠久、名人辈出，是著名爱国主义诗人闻一多的故乡。同时小镇东临望天湖湖光田韵生态环境优良。本文按照《旅游资源分类、调查与评价》标准，对规划区旅游资源进行评价和梳理。区内共有21项旅游资源，闻一多故里以其较高的知名度、独特的历史文化价值及不可复制的独特性成为规划区最重要的旅游资源。

2. 市场定位

巴河镇100km辐射圈内有武汉、黄冈、黄石和鄂州四座城市，四市的总人口近2 000万。巴河望天湖背靠武汉及“黄、黄、鄂”广阔的旅游市场，在起步阶段立足本土，远期依托闻一多等文化资源吸引全国游客。

现浠水县城的闻一多纪念馆年均游客量约为10万人次/年，参考其游客规模，结合旅游区的发展规律，预测至2020年小镇年游客量将达到10万人次每年，中远期2030年游客量将达到20万人次每年。

另根据世界休闲组织的预测及我国消费占GDP比重，地区人均GDP超过2 000美元，为大众型观光旅游；达到4 000美元，为休闲旅游；达到6 000美元时，度假需求规模化产生。武汉、黄石、鄂州的人均GDP均超过6 000美元，加之家用汽车的普及，未来短途休闲度假市场潜力巨大。巴河应结合自身生态环境的优势，紧靠市场发展方向，重点发展短途度假旅游产品。

4.推荐方案规划总平面图

5.方案一城镇方案总平面图

五、发展目标

巴河镇生态文化旅游片区是巴河镇新城镇建设的起步区，是集旅游、游憩、商业、居住、办公为一体的综合型城镇片区；是文化底蕴深厚、生态环境良好、区域交通便捷的生态文化旅游组团；是黄冈、武汉及周边市民短程休闲度假的优良场所，是望天湖整体旅游开发建设的重要组成部分。

规划依托地块自身良好的自然生态环境、便捷的交通区位，以及众多的文化资源，精心打造多项复合的旅游城镇空间，将规划区建设成为：

巴河镇旅游发展的起步片区；

黄冈市重点生态文化小镇；

武汉、黄冈及临近城镇居民休闲度假的重要场所。

六、空间布局与项目设计

1. 总体结构

规划总体结构呈现“一核、一带、三区、多点”的形式。其中：“一核”——围绕闻一多名人文化这一核心资源，将闻一多故居作为为核心节点；“一带”——由滨水风情商业设施构成休闲商业带，借助北临葛洲坝大道南接闻一多故居的区位优势，开展休闲商业活动；“三区”——规划区由生态游憩区、名人纪念区和城镇功能区三大板块构成。分别对应生态、名人和城镇这三大职能；“多点”——融合文化主题，打造生态度假、民俗展示、巴河新居等多处空间节点。

2. 产品体系

本次规划充分挖掘小镇的自身文化价值，以闻一多故里为核心打造名人文化、历史文化、民俗文化、生态文化四大旅游产品体系；传承地方历史文脉，弘扬爱国主义精神，展现乡土魅力，构建生态文明。

表7-1　文化资源分类评价列表

类别	资源名称
历史名人	闻一多
	明代内阁姚明恭
	清代状元陈沆
	清代将军王聪
事件传说	五水蛮建镇
	天完国建国
	王伯治水
	苏轼泛舟莲尔湖
	梳妆台传说
	伍州传说
	水司衙门
	曾国藩驻军
	三国孙权抗曹
	刘俊称帝
	黄巢调军
地方民俗	巴河和平抬阁
	巴河金灯
	巴河天狮

表7-2　文化资源分级评价列表

价值等级	资源名称	得分
四级	闻一多故里	77
三级	巴河天狮	67
	姚明恭	38
	陈沆	37
	巴河金灯	35
	巴河和平抬阁	35
	五水蛮	33
	天完国	33
	王伯治水	32
	苏轼泛舟莲尔湖	32
	梳妆台传说	32
	伍州传说	31
	水司衙门	30
	曾国藩驻军	30
	三国孙权抗曹	30
未获等级	刘俊称帝	25
	黄巢调军	24
	王聪	23

（1）名人文化——恢复故居，重现闻一多笔下美丽的家乡

巴河是伟大的爱国主义诗人闻一多的故乡，但可惜的是闻一多故居现已不复存在。规划借助绘画、诗词等历史资料重现闻一多笔下的魅力家乡。

规划原址恢复闻一多故居。借助闻一多之子、著名美术家闻立鹏所描绘的故居场景还原闻一多故居“五间三天井”的传统形制，并按照闻一多诗词对故居的描写恢复田园、竹林、池塘、水车等周边环境，充分展现闻一多故居当时的建筑格局与景观风貌。依托自然环境打造闻一多诗词园、二月庐农园、闻亭等纪念设施，缅怀先辈、弘扬爱国主义精神。

“悠悠巴河出大贤”，巴河镇历史悠久名人辈出。规划在北侧紧邻葛洲坝大道建设巴河历史名人馆，形成展现城镇历史文化的重要窗口。馆内介绍及陈沆、姚明恭等本土名人。

（2）历史文化——延续历史文脉，塑造古镇魅力

本次规划区是城镇的重要入口之一，规划建设古镇风情街来展现城镇历史文化，延续历史文脉。风情街以景观、雕塑等方式展现五蛮城传说、伍子胥渡江、苏轼泛舟、王伯治水等文献中记载的重要事件和传说。同时沿街建筑引入购物、餐饮、娱乐的旅游商业业态，形成北接城镇入口、南接闻一多故居的文化游憩长廊。同时突出本土文人辈出的文化特质，打造国学书院、魁星阁等文化设施，与闻一多爱国主义教育相结合打造国学文化教育基地。

（3）民俗文化——立足民俗传统，展现乡土风情

巴河的天狮、和平抬阁、金灯等民俗表演极具特色，其中，巴河天狮是黄冈市级非物质文化遗产。规划设置天狮广场作为民俗表演和居民日常休闲的活动场地。同时，结合风情街的仿古建筑群落设置巴河

6.方案一城镇方案总鸟瞰图
7.推荐方案总体鸟瞰图

民俗风情展览馆，展现巴河独特的本土民俗文化。利用滨湖农田，延续本土农耕文化，种植油菜、棉花、水稻等本土常见作物，同时在田间开展踩水车、榨油、插秧、采棉等趣味体验性活动。

（4）生态文化——游湖、垂钓、品藕，打造生态度假小镇

巴河东临望天湖，水产丰富，是湖北著名的渔业之乡，巴河特产的九孔藕、荷叶茶远近驰名。规划利用望天湖美丽的景色和丰富的特产打造藕香荷塘、荷香茶斋、渔家小岛等生态旅游项目，开展游湖、垂钓、挖藕、品茗等旅游活动，为游客提供亲近自然、回归乡土的生态休闲体验。

同时面向短途度假的市场需求，打造天湖度假酒店、垂钓浮屋、人工沙滩等度假接待设施，为游客提供包括高品质休闲度假体验。

七、思路总结

1. 文化的抽取与提炼

巴河镇历史悠久，文化资源众多。如何在浩瀚的历史长河中找出重点、重塑小镇历史形象是本次工作的重点内容。规划采用分类分析法整理小镇文化资源，使之形成体系；采用特尔斐法进行资源的评级与判断，找出核心文化资源。从而形成以闻一多为核心的文化旅游产品体系；同时在空间层面以闻一多故居为核心吸引游客到访，以历史文化为引领带动游客了解小镇历史，形成的“一核、一带”的游览模式。

2. 生态与文化的双重融合

旅游小镇较游客居住的大城市具有比较性的生态优势。作为本文案例的巴河镇更是具有望天湖、农田景观、特色水产等突出的生态旅游资源。小镇将二者同时作为重点旅游产品，在巴河镇生态文化旅游片区构建“文化＋生态”双重游线，以文化陶冶游人的精神，以生态给游客带来愉悦的体验。游客沿城访古问今缅怀闻一多的家国情怀，滨湖垂钓品藕体验湖光田韵的自然生活。

3. 多空间模式的对比与修正

小城镇的空间建设具有一定的偶然性和不可控制性。本文所举规划案例更加注重于对旅游空间形式的研究和探讨，采用多方案对比的工作模式，通过论证、比选与修正形成推荐的空间方案。同时多种发展模式的研究也为小镇旅游空间建设提供了有益的借鉴和参考。

八、结论

本文以巴河镇生态文化旅游片区规划为例探讨小城镇旅游空间的设计方法和经验。该规划以闻一多为核心旅游资源。将巴河镇的名人文化、历史文化、民俗文化、生态文化融入城镇建设中，使规划区成为小镇旅游的起步区和展现小镇文化的窗口。

规划在设计思路上以抽取与提炼的方法整合小镇文化资源，以生态与文化融合的思路构架小镇旅游产品，以多空间模式的对比与修正的方式探讨空间的建设方案，力图以旅游的视角和思路促进小城镇旅游空间建设。

参考文献

[1] 曾博伟．中国旅游小城镇发展研究[D]．中央民族大学，2010．

[2] 吴松涛．旅游取向的城市设计研究[C]．中国城市规划年会，2010．

[3] 邵琪伟．正确处理旅游小城镇发展中的六个关系[J]．城乡建设，2006．7．

[4] 仇保兴．小城镇发展的困境与出路[J]．城乡建设，2006．1．

作者简介

孙艺松，北京清华同衡规划设计研究院旅游与风景区规划所，项目经理。

1.鸟瞰图
2.功能分区
3.云漫湖国际度假区总平面图

在东方遇见瑞士——云漫湖国际休闲旅游度假区
——东方瑞士、大美自然

Meeting Swiss in the Orient——Yunman Lake International Leisure Tourism Resort —Oriental Swiss, Grand Beauty

刘志强 蒋 燕
Liu Zhiqiang Jiang Yan

[摘 要] 本文以贵州省贵安新区风景绚丽的云漫湖国际旅游度假区为例，分析了与瑞士有相似自然和地理条件的贵州，如何发挥自身生态基底特色，借鉴瑞士生态文明发展经验，为本省的生态文明建设探索新的道路、树立新的典范。

[关键词] 东方瑞士；生态；度假

[Abstract] Take the fantastic Yunman lake Tourism Resort at Guian New District of Guizhou province as example, to analyze the Guizhou that has the similar natural and geological conditions with Swiss and how to take advantage of the eco characters, refer to the development experience of Swiss ecological civilization, to discover the new way and set up new model for the ecological civilization construction of our province.
Townlet Planning; Resort Landscape; Culture; Wen Yiduo

[Keywords] Orient Swiss; Ecology; Resort

[文章编号] 2016-74-P-046

三大板块·六大小镇

构筑云上贵州新生活

项目主要划分为云漫湖国际社区、云漫胡国际度假区、瑞士风情区三大板块，以乡愁小镇、欢乐小镇、健康小镇、风情小镇、创客小镇六大小镇为核心功能区，打造云上贵州生态城镇

01 展示中心	10 有机农业产业园	19 滨水商业街
02 云漫湖	11 亲子乐园	20 金融小镇
03 花海世界	12 足球场	21 时光湖
04 创客小镇	13 风情小镇	22 洛桑酒店管理学校
05 湖滨湿地	14 旅游度假设施	23 人文学院主题社区
06 快乐农场	15 欢乐小镇	24 世界花园主题社区
07 岩石公园	16 乡愁小镇	25 主题树林区
08 健康小镇	17 总部绿洲	
09 瑞士手工艺村落	18 国际娱乐世界	

2

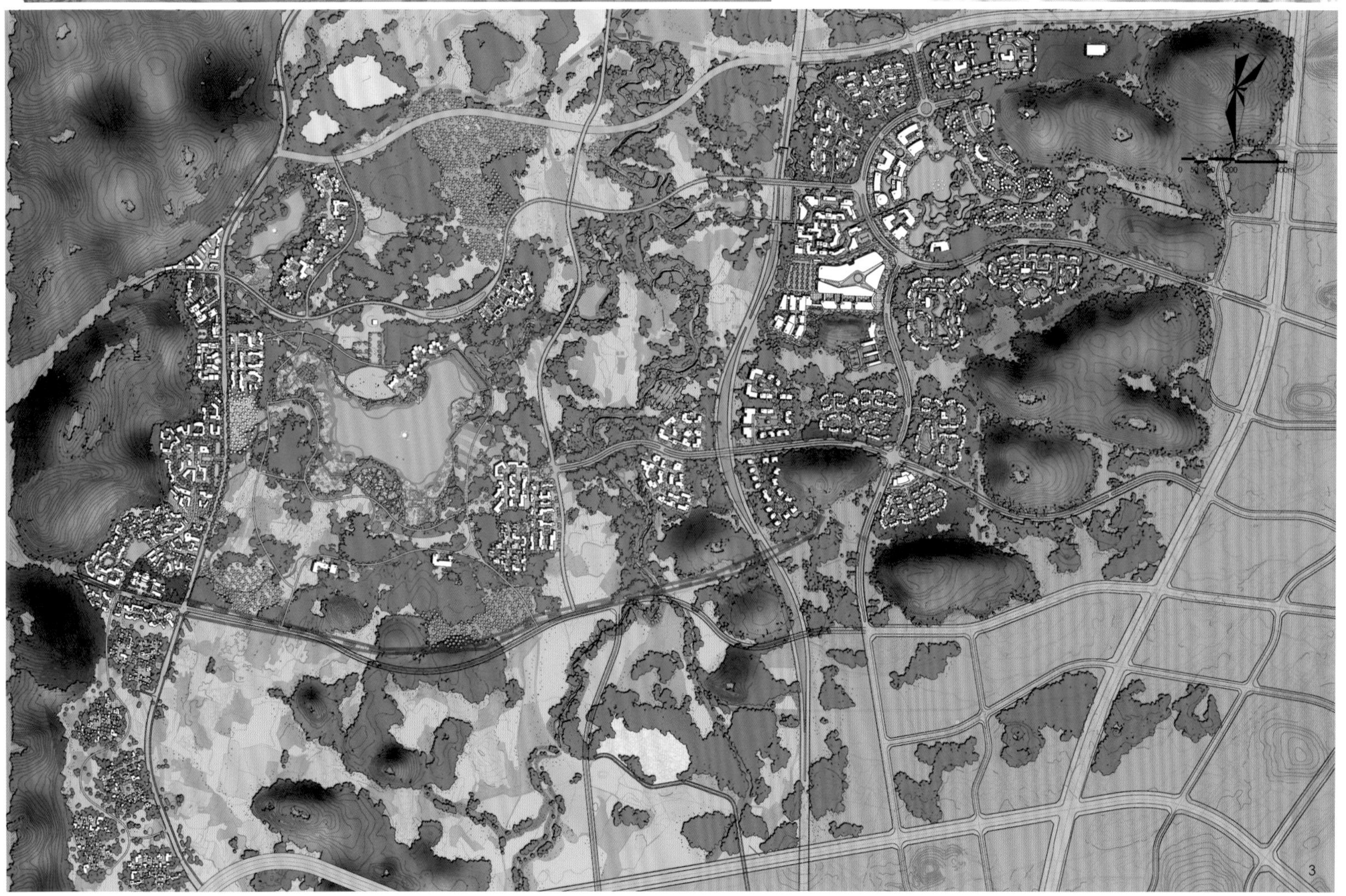

3

一、引言

2013年7月，习近平总书记在访问瑞士期间发表谈话讲道：“中国正在加强生态文明建设，致力于节能减排，发展绿色经济、低碳经济，实现可持续发展。贵州地处中国西部，地理和自然条件同瑞士相似。希望双方在生态文明建设和山地经济方面加强交流合作，实现更好、更快发展。”

一个是被誉为世界上最绿色的国家，一个是致力于建设“东方瑞士”的中国西部省份——在加强生态文明交流合作、推动可持续发展的共同信念和追求下，远隔万水千山的瑞士与贵州紧紧拥抱在一起。

习近平总书记短短几十个字的讲话，为贵州省生态文明发展指明了方向和道路。在两国领导人的关心和推动下，“美丽瑞士”与“多彩贵州”携手走上了合作之旅。本项目作为“东方瑞士”战略的排头兵项目，为贵州的生态文明建设和山地经济发展迈出了实践的一步。

广场手绘图

广场手绘图

湖畔手绘图

二、正文

1. 项目缘起

2013年7月，习近平总书记在访问瑞士期间发表谈话讲道："贵州地处中国西部，地理和自然条件同瑞士相似。希望双方在生态文明建设和山地经济方面加强交流合作，实现更好、更快发展。"2014年在生态文明贵阳国际论坛年会上，贵州省委领导明确表示，贵州有可能通过学习借鉴努力建设"东方瑞士"。

但在本项目开展之前，贵州"东方瑞士"战略的实施并不理想，没有树立极具影响力的标杆项目。棕榈集团的领导们看到了这个机遇，决定顺势而为，做一尝试。于是有了本项目的诞生。

2. 项目自身优势

说归说，做归做，如何一招命中打响"东方瑞士"品牌，同时还不能丧失贵州的特色文化？首先我们要明确自身优势和特色，围绕优势找突围点。

项目优势一：生态和产业优势——云漫湖国际休闲旅游度假区位于贵州省贵安国家级高新区（以下简称贵安新区）腹地，马场科技新城组团。贵安新区作为中国第八个国家级新区，西部大开发的五大新区之一，拥有重要的战略地位。国家层面给予高度的重视并大力发展。为项目带来良好的政策机遇、产业基础和人口基础。项目位于水脉林盘群落与马场科技新城之间的连接地带，在城市规划定位中承载产业发展与生态保护协同发展的重要任务。

项目优势二：良好的交通区位——基地有快速路直达清镇市及红枫湖景区，未来轨道交通6号线直达贵阳市区，区位良好，交通便利。为项目的可持续发展提供了广阔的市场空间。

项目优势三：项目周边，时光贵州小镇、红枫湖风景名胜区、高峰山风景名胜区发展已相对成熟，区域知名度较高，同时与本项目之间有便利的交通联系，可与为本项目联动发展，间接提供一定的客源来源。

项目优势四：自然基底——项目基地位于马场科技新城组团边缘，是城镇向田园过度的区域。基地身依马场河、怀拥云漫湖、头枕高峰山，山水相依、农田环绕、林盘错落，拥有与瑞士相似的绝佳环境，为项目提供完美底图，为借鉴瑞士经验提供了良好的生态基础。

项目优势五：多彩民族风——贵州民族历史悠久，文化源远流长、底蕴深厚、特色鲜明，各民族文化交相辉映，民族风情独特，绚丽多彩，成为贵州的一块绚丽的瑰宝。贵州少数民族节日种类繁多，内容丰富，形式多样，千差万别。多民族的风情元素，鲜

4-6.风情小镇效果图
7.风情小镇鸟瞰图

明的气质特色为本项目提供了良好的文化氛围。

3. 瑞士建筑景观元素提炼

自身优势和特点明确之后，既然要做东方瑞士，那瑞士的典型风光都有哪些元素构成？哪些特点是跟基地资源禀赋暗合的？

瑞士联邦，简称“瑞士”，有德语、法语、意大利语、罗曼什语四中官方语言。是中欧国家之一，全国划分为26个州。瑞士北邻德国，西邻法国，南邻意大利，东邻奥地利和列支敦士登。全境以高原和山地为主，有“欧洲屋脊”之称。瑞士旅游资源丰富，有世界公园的美誉。

建筑风格：以语言为分区分为德语区建筑风格，法语区建筑风格和意大利语区建筑风格。

德语区，以策马特小镇为代表，呈现的是阿尔卑斯山区建筑风格，特点是明快，简约，木制，高坡度屋顶；法语区，以蒙特勒小镇为代表，建筑平面呈长条形，盔状屋顶，有天窗，多用石材，法式围合式街区；意大利语区，以卢加诺小镇为代表，建筑为地中海风格，立面复杂，采用艺术装饰，色彩明艳，一层一般较高，处理成连廊等形式。

景观风貌：瑞士标志的风貌是高山、湖泊、大草甸、成片的密林，花海，农田，有河水川流而过，小镇建筑散布在山脚下的草甸上或湖边。

通过以上对自身优势的分析及瑞士典型建筑、景观风貌的总结，本项目的景观风貌塑造应该以山河湖泊，草甸花海的瑞士风光为基底，布局自然生态，简约明快的风情建筑，使建筑、景观与自然融为一体！打造山、田、镇、城联动的发展模式，创造多样化的景观风貌，完成从自然到城市的完美过渡！

4. 案例研究

在明确了景观风貌发展方向之后，项目的旅游发展该走怎么样的道路，我们通过对瑞士对标案例的分析来寻找方向：瑞士图恩湖区——少女峰脚下的小城与小镇。

图恩，瑞士西部城市，坐落于图恩湖的南端。沿湖分布着施皮茨、因特拉肯、布里恩茨等世界知名的美丽小镇，这里是人们到瑞士旅游的必游之地。

8-11.风情小镇效果图

（1）由城市到山峰，这里是最自然的度假之地——从图恩到小镇再到阿尔卑斯山脉，一路由城市风光向田园风光过度，形成了度假旅游最自然的观光线路。绵延秀丽的山峦，一望无垠的村落，因特拉肯充满魅力的城镇环绕在图恩湖周围。

（2）这里是山地田园活动的四季娱乐天堂——山地活动：乘坐便捷的缆车可到达周边全景观山脉，从各峰开始美丽的徒步旅行、具有挑战性的自行车环赛和惊险刺激的高崖跳伞。夏季泡浴：湖边散落着大小不一的各色浴场，都等待您到湖中尽情一游，驱走夏日的炎热。冲浪运动：水手们和冲浪运动员们踏浪前行，享受一阵阵微风的清凉。冬日滑雪：滑雪和滑雪赛跑是这里冬季极致的体验项目。

（3）这里有多样的游览交通，使这里成为备受青睐的度假胜地——通往乡野的探险小径、通往圣贝尔斯石钟乳石洞的圣雅各布小径、田园风光小径等等，充满了趣味，吸引无数徒步攀行者的到来。畅游在山脉与小镇间的全景观光火车，是能够让旅客融入自然、欣赏壮观风景的线路，为旅客提供独特体验。水陆空立体观光环线，湖上的观光游船、小镇间的观光火车、到山顶的直达缆车，各种丰富的观光路线，让度假更有乐趣。

（4）每个小镇特色突出，打造不同度假体验——施皮茨小镇，阿尔卑斯山脚的童话王国，施皮茨城堡和具有千年历史的城堡教堂、怀旧经典的蓝色小火车。每年夏季的古典音乐节、浪漫的葡萄园，传奇的西门塔尔家族生活场景。因特拉肯小镇，少女峰门户、欧洲著名的度假胜地、运动胜地：丰富的冬季与夏季运动，如山间游览，爬山，驾驶帆船，冲浪，游泳，网球及高尔夫球等；冬季的滑坡，越野滑雪，冰上滑石，轮鞋溜冰等，还有舟船游湖。这里还是旅游枢纽地：不止45条山间铁路、缆车吊椅和滑雪索道通过200km的滑雪道和密集的徒步旅行路线网。布里恩茨小镇，木雕之乡艺术小镇。瑞士木雕学校制成人物或路标的木雕遍布全村，拥有160年历史的木雕作坊。巴伦伯格露天博物馆：民宅和传统工艺的露天演示、露天剧院定期丽办活动。

案例借鉴：（1）瑞士风情打造：打造城市、小镇、山地层次特色突出，过渡自然的综合度假胜地。（2）丰富度假活动：利用山地田园资源营造丰富的四季度假体验项目。（3）特色交通游览：形成水路空特色交通游览系统，制定专属游览龠式。（4）特色主题小镇：打造不同主题特色的小镇群，并形成小镇间、小镇与山地田园的互动游览线路。

5. 规划理念

云漫山湖成大美、贵安山水乐旅心：以生态、环保为理念，以自然景观和瑞士风情为特色，铸就东方瑞士之心。

海绵系统、绿色示范：云漫湖国际旅游度假区在开发中坚持以生态保护为前提，通过对原生山田资源的保护、空气环境的提升、废弃物污染的防治、声音环境的管理及水环境的治理与保护，实现生态全保育。 四大理念，引领 360° 旅游生活方式：大健康——展示生态魅力，着力构建环境、城市人的和谐健康；大农业——坚持绿色发展、推进特色农业；大旅游——结合瑞士经验、发挥自身山水人文优势；大数据——建立互联网＋平台，推进数字、金融产业集群化发展。

八大维度，缔造全球领先度假生活：自然生

态——缤纷花海、农田观光、蔬果采摘、山湖观光、动物喂养；国际人居——国际社区、世界博物馆、多种语图书馆、国际学校、国际医院；养生游乐——滨河商业街、亲子度假村、运动高地、健康管理中心、高峰禅修；国际交流——世界旅游论坛（夏季峰会）永久会址、与瑞士卢塞恩缔结友城关系、中瑞文化交流、中瑞商品展示、瑞士洛桑酒店管理学校落址；智慧服务——智慧旅游平台、智慧信息平台、大数据服务平台；活动庆典——一会、一展、一赛、一节；人文风情——民间技艺体验、各国美食体验、欧式建筑风情、浪漫生活方式、多彩人文演绎；酒店集群——国际星级酒店、温泉主题酒店、庄园精品酒店、高端别墅酒店、亲子主题酒店、舒适商务酒店、主题客栈。

6. 总体定位

瑞士风情、 国际体验。项目根植于马场河流域及高峰山景区本底资源特色，结合瑞士发展模式，打造以田园休闲、家庭教育、生态度假、生态商务、国际居住等为主要功能的贵安E时代“国际休闲旅游度假区”核心区和海绵城市样板示范区。

7. 规划目标

（1）改变中国度假断式的时光隧道；（2）创写东方瑞士风情度假第一篇章；（3）中国最具国际风情的避暑度假胜地；（4）贵州高端度假的首选之地。

8. 规划功能：三大板块、六大小镇

第一大板块为云漫湖国际度假区，以STAR PARK亲子主题游乐园为核心，包含具有家庭客房、亲子游乐等多种配套设施的亲子度假村欢乐小镇；创客小镇是依托绿色田园，利用线下孵化载体和线上网络平台，将金融机构、有机农业种植、有机产品配送等融为一体，为农业领域的创客提供一站式综合服务的公社。这其中，还将打造以生态的主题概念，融入时尚与艺术元素，集餐饮、多功会议厅等于一体的庄园精品酒店。

此外，在云漫湖国际度假区中，还将打造乡愁小镇和健康小镇两大主题小镇。“乡愁”主要位于深呼吸田园区中。田园区占地面积1 900亩左右，以农田观光、生态果蔬种植采摘等为主，未来这些果蔬将供应给园区内酒店、居住区使用。乡愁小镇正是在深呼吸田园区中，打造集山水田园、生态美食、田园民宿等于一体，满足人们的乡土情怀，让人看得见山，望得见水，记得住乡愁的绿色田园小镇。健康小镇主要引入高品质健康管理企业打造健康管理中心，以健

9

10

11

12-15.风情小镇效果图

康体检、康疗住宿为载体，打造一流的理疗酒店及保健设施齐全的生态养生体验地。

第二大板块是高峰山脚下瑞士风情区，未来将打造成集居住、生活、工作、休闲等多功能风情小镇。在这里，有人居住、有人生活、有人工作，聚集名人艺术工作室，各类手工艺、文创艺术设计制作机构。在风情小镇中，还以万华禅院为载体，打造集高端度假酒店、禅修、山地运动基地等。在这个区域中，将整合优质的跨国教育资源，建立洛桑国际酒店学校，引进先进教育理念，为贵州培养更多具备国际视野的高级旅游人才。

第三大板块为云漫湖国际社区。主要是打造集绿色人居、国际教育、国际医疗、国际文化休闲街区等为一体的成熟国际化社区。这其中，我们以大数据服务平台等为核心产业打造的金融小镇，主要借鉴瑞士经验，以互联网金融服务为突破口，搭建集监管平台、服务平台、金融数据管理与交换平台于一体的金融大数据平台，为马场科技新城提供服务配套。

9. 运营落地

（1）市场化运作，政企合作运营

以“农民安置先行、土地流转先行、生态保护先行、市场运作先行”的“四个先行”为运营根本。

创新“市场化运作为主、政企合作运营”模式。

“统一规划、统一管理、统一推广、统一经营、统一招商、统一促销”的“六个统一”为管理运营模式。

通过塑造“一会、一展、一赛、一节”的运营手段打造充满活力的5A级国际休闲旅游度假区。

（2）农旅双链，可持续发展模式

以“农旅双链”的产业发展思路，将旅游产业结合当地农业，扩大产业发展空间。使农业借助旅游增长活力，使旅游依托农业获得根基，相互借重，实现共赢，在提高旅游和区域知名度的同时，实现多元产业的可持续双赢模式。

（3）农创工厂，实现梦想的乡村创业平台

农创工厂，由创业中心和农创基地组成，以集约化管理为原则，集合交通、资源、人流等出众优势，打造农民创业孵化器，助力农民创业梦想扬帆起航。

度假区依托生态农业，结合“衣、食、住、行、游、购、娱”的生活消费需求进行开发，通过互联网+，打通线上、线下，形成商业闭环，实现全民创业共赢局面。

（4）土地优化利用，促生态民生全保育

土地利用现状：区内地势平坦，属浅丘台地，以水田和旱地为主，土地构成主要由一般农用耕地、园地、林地、农村宅基地、水域和水利设施用地及特殊用地构成。耕地常年种植水稻、玉米、辣椒等，零星种植葡萄和茶树，产出不高，农民增收能力弱。

土地结构优化手法：项目建设中，充分借鉴瑞士城镇乡村与生态景观交相辉映的经验，以保育为前提，以耕地保留、林地扩大、草地培育、水域扩展、宅地集中等为具体实施手法。最终实现生态保护的同时，改善农民的居住条件。同时，项目还将与周边地区联合开展生态旅游业、生态种植业和多种旅游经营活动。提供大量的就业机会，实现“土地集中、资金集中、产业集中”的集约化发展目标，拉动新型城镇化、带动传统农业向高效农业转变，产业农民向产业工人转变，合理解决三农问题，实现区域价值和农民收入的双效提升。

10. 结语

项目自2015年起步区建成以来，便受到了党和国家各级领导人及国际友人的重视和关注。贵州省委书记陈敏尔，省委副书记、代省长孙志刚，省委常委、常务副省长、贵安新区党工委书记秦如培，世界旅游论坛主席马丁巴尔特，瑞士苏黎世前市长、瑞中协会会长托马斯瓦格纳博士都亲自前往视察，并给予高度评价和殷切期望。

作为本项目规划阶段的主创设计师和实施阶段的主要负责人，我们看到项目如此快速实施落地并产生良好的评价，感到由衷的高兴。在此也希望能把我们对本项目的一些理解和思考过程跟大家分享，同时把此项目推荐给大家，仅做探讨之资。

作者简介

刘志强，HZS汇张思建筑设计咨询（上海）有限公司，项目经理；

蒋　燕，贵安新区棕榈文化置业有限公司，部门副主管。

RANT
Master
Farrow
RANT
RESTAUR
13
14
15

地域建筑语言抽象化：南京椏溪慢城小镇

Critical Regionalism and Abstraction: Nanjing Yaxi Citta-slow Village

James Brearley

[摘　要]　慢城小镇的规划设计探索了地域主义和建筑抽象化，对传统旅游业的短期消费理念提出质疑；该项目兼具居住、商业和办公等功能，区别于单以酒店为依托的旅游度假区；同时强调美好的绿色环境对人们的重要性，景观与建筑的融合、基地景观与周边自然环境的融合，与夸张的建筑形式本身相比，更能打动人心。

[关键词]　慢城；居住办公混合式社区；灵活的功能组合；宜人的空间尺度，楔形建筑模块体系；建筑空间可塑性强；多样化空间布局；景观融于建筑；丰富的绿化

[Abstract]　The Citta Slow Village explores regionalism and abstraction, challenges traditional tourism of short term consumption, and champions vegetation over heroic architecture.

[Keywords]　Citta-slow; Complex Live-work Community; Flexibility; Human Scale; Modularity, Permeability; Diverse Space Sequences; Connections to Landscape; Productive Landscape

[文章编号]　2016-74-P-054

1.鸟瞰图
2-6.可连接性的系统图

在本项目的设计上，南京椏溪旅游新镇将成为中国首个国际慢城的住宿、休闲及商业核心。“慢城”是1999年由意大利最先提出的一种新的城市模式，其理念在于通过借鉴传统的生活、工作及学习模式，提升现代生活品质。

“慢城运动”从全球化均一化的另一面，提倡保护当地特有的自然环境、促进文化多元化、打造地域特色，鼓励人们追求更为健康的生活方式。

慢城小镇位于高淳近郊，邻近南京市主城区。政府为开发旅游稳固当地人口制定了一系列极有影响力的发展措施，而慢城小镇是先锋。该小镇希望打造的并非是一个单一的主题商业园区，它兼容工作居住社区等混合功能。小镇五十多栋建筑中，大部分在底层的空间和功能设置上较为灵活、多变，而上层空间则大多用于居住，功能组团包括儿童娱乐区、艺术区、手工艺区、生产区及会议区等。

在本项目的总体规划上，我们将保留传统小镇宜人的空间尺度，但在建筑设计上，我们并非简单地模仿镇上现有的建筑，也不是再现任务书最初所要求的欧式建筑。为了能够使本项目的建筑在具有多样性的同时而不失关联元素，我们在建筑设计上引入了灵活多变的楔形模块化系统，同时保留不同体块的灵活尺度空间，为未来商业发展中不同的潜在需求留有分割变化及渗透余地。各种露台依据日照方向安置，保障了每个露台拥有良好的采光。此外，晒台区域有墙体遮掩，方便用户人们晾晒衣物的同时而不影响建筑的美观性。

楔形建筑模块既可独立，又可三两成团构成相互连接的建筑群。建筑的屋顶根据楼宇功能进行变化：商业休闲类建筑及居住类建筑在屋顶层都设置了多个露台，而酒店、会议中心、购物及娱乐建筑则采用了坡屋顶。鸟瞰整个基地，各建筑之间的空间也形成了一个个楔形模块，不但确保了本项目内拥有足够的公共空间，也使得建筑空间尺度更为宜人。灵活多变的建筑模块也创建出一系列不同尺度的广场及街道，以满足人们不同的使用需求。这一模块化的建筑设计策略使得建筑极具商业灵活性，今日的咖啡馆、小店铺，在未来可能就发展改变成工作室或是公寓。

在景观的设计上，我们也力图将其完美地融入各建筑中，各露台、墙体上都将被爬藤覆盖，公共空间将有植大量的绿化植物，树种选择上大部分为果树。该区域的规划设计上，也考虑到了景观结构的延续性，新增了数个绿色步道可通往周边山谷中的茶园。

This new tourism village is the primary accommodation and activity hub of China's first Citta-Slow. Citta-Slow is a movement founded in Italy in 1999. Citta-Slow's goals include improving the quality of life by learning from traditional living, working, and learning patterns.

The movement seeks to resist the homogenisation and globalisation of culture around the world, protect the environment, promote cultural diversity, cultivate the uniqueness of places and provide inspiration for healthier lifestyles.

The Citta-Slow district is located in the rural municipality of Gaochun near the city of Nanjing. This new village is the first of a number of sensitive and responsive developments aimed at sustaining the rural population through the development of tourism. This new village seeks to provide the basis for the emergence of a complex living, working community, not simply a commercial theme park with hotels. The majority of its fifty buildings are designed with flexible ground floor use and spaces suitable for living above. Initial programmatic initiatives are organised in clusters and include: children's programs; art programs; craft programs; produce related programs; and conference programs.

The project aims to maintain the human scale typical of the traditional villages of the area. It does not attempt to mimic the architecture of the villages. Nor does it attempt to represent European architecture as the brief had initially stipulated. The buildings are based on a flexible modular system. In order

1
2
3
4
5
6

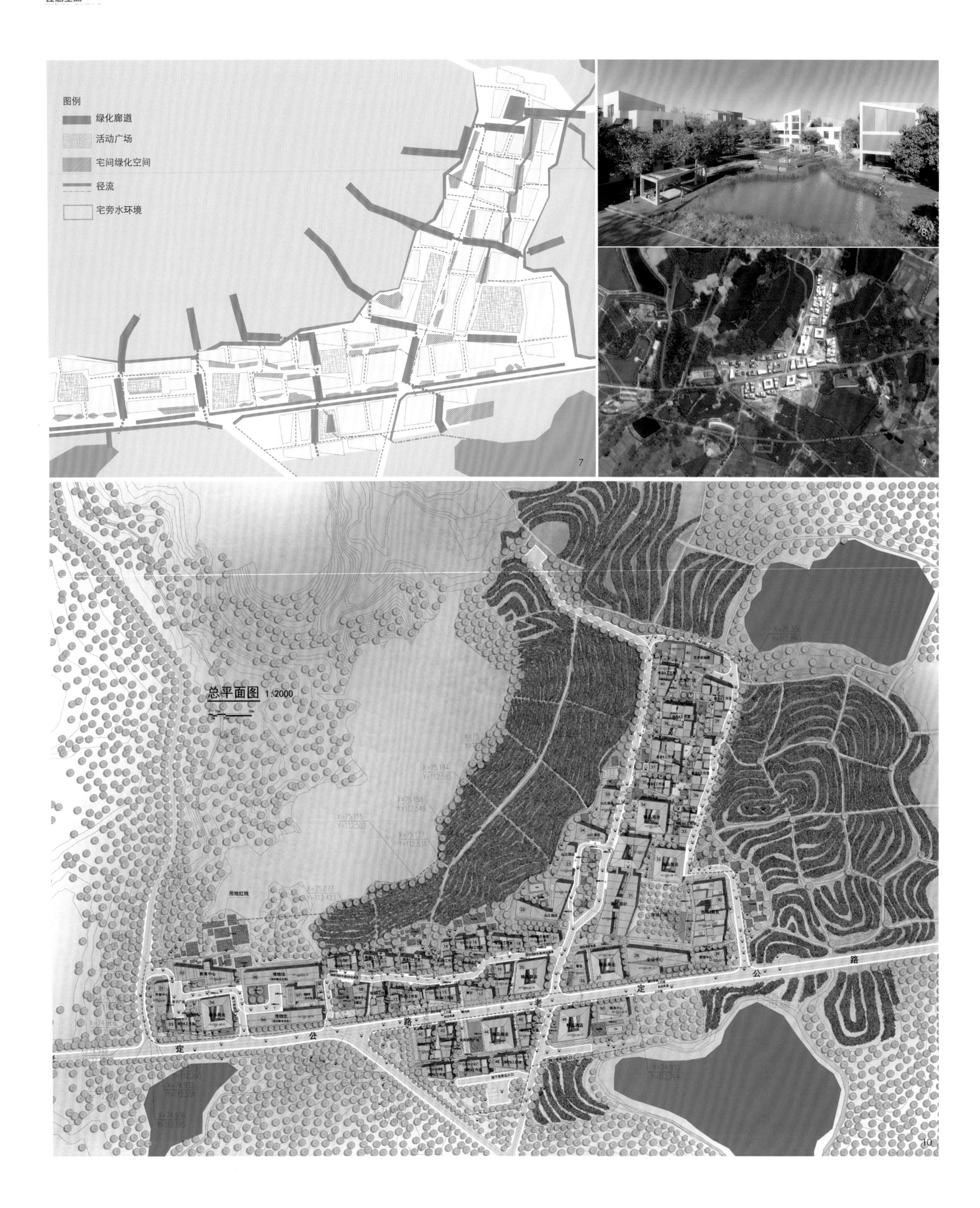
图例
绿化廊道
活动广场
宅间绿化空间
径流
宅旁水环境
7
8
9
总平面图 1:2000
用地红线
定
公
路
老
定
公
路
10

11

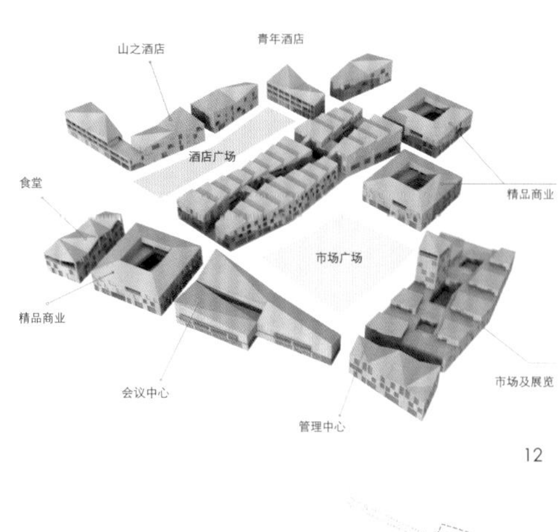

12

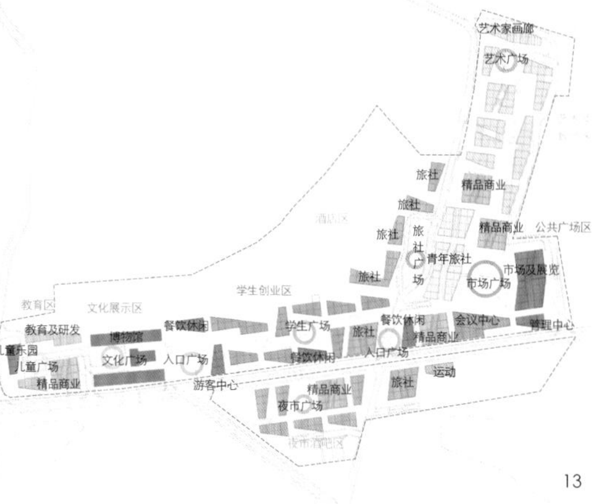

13

to create unexpected situations in the project, the module has a wedge plan. The module is flexible and ranges from being very solid to very permeable to suit differing programs. Depending on the orientation, the terraces are positioned for sun access, and are sometimes enclosed with walls to allow for drying clothes out of sight.

Single modules sometimes form independent buildings and other times are connected as two, three, four, or more modules. The roofs of each building are modified depending on the building's program. Some have numerous terraces for commercial leisure and residential programs; others have pitched roofs for hotel, conference, shopping and entertainment programs. The space between the buildings is also part of the modular system, ensuring adequate public space and creating a human scale. The buildings are organized to create diverse space sequences with plazas and streets of different sizes, allowing different uses. This system is extremely flexible, allowing for easy changes of future uses. What is now a cafe or store tomorrow could be a workshop or an apartment.

The landscape is designed to merge with the architecture, literally covering terraces, walls and the spaces between the buildings. The majority of trees in the project are fruit producing. The urban design allows the continuity of the existing landscape structure, with many of the new circulation paths connecting with the existing tea plantation paths in the adjacent hills.

作者简介

James Brearley，B.A.U.Brearley architects + urbanists公司的创始人，现任澳大利亚皇家墨尔本理工大学客座教授，系澳大利亚规划师协会会员及澳大利亚皇家建筑师协会会员。

James Brearley Adj. Prof., BArch, MPD (Urb.Des.) is the founding director of B.A.U.Brearley architects + urbanists. James is Adjunct Professor at RMIT University, Melbourne, and a member of the Planning Institute of Australia and the Australian Institute of Architects.

BAU项目组成员：

建筑组：James Brearley，Manuel Sanchez Vera，黄骅，夏文，李冬冬，邹红飞，吴佳，Alex Thonissen，王晓坤。
景观组：Alexander Abke，熊娟，王粲，陈燕玲，王晨磊，黄俊彪，Amelia Souter，方旭杰。

BAU Project Team:

Architecture: James Brearley, Manuel Sanchez Vera, Huang Hua, Xia Wen, Li Dongdong, Zou Hongfei, Wu Jia, Alex Thonissen, Wang Xiaokun
Landscape: Alexander Abke, Xiong Juan, Wang Can, Chen Yanling, Wang Chenlei, Huang Junbiao, Amelia Souter, Fang Xujie.

7.蓝绿景观结构图
8.效果图
9.现场照片
10.总平面图
11.首层平面图
12.模式分析图
13.功能分析图

城市规划更需工匠精神
——对上海国际旅游度假区规划历程的回顾

More Spirit of Craftsman for Urban Planning
—Review of the Planning Process of Shanghai International Tourist and Resort Zone

蒋莹莹 蔡 超
Jiang Yingying Cai Chao

[摘 要] 上海国际旅游度假区规划历程十余年，覆盖多层次规划。针对具有本土特色的几个代表性问题，规划从业者始终把握住建设“欢乐的体验”和“高标准的品质”两个核心目标，通过多专业协调，综合解决了包括减少周边城市建设区的环境干扰、减少大客流对城市脆弱的骨干交通网的压力，在很不理想的现状环境中建设一个安全高品质度假区等具有上海地方特色的问题，体现了规划工作中的一种“工匠”精神。

[关键词] 规划“工匠”；欢乐的体验；高标准的品质

[Abstract] Shanghai international tourist and resort zone takes more than ten years to plan, which covers multiple elements. Based on several typical problems in local features, the planners of the resort zone grasp the two core goals all the time, “the joy experience “ and “the high quality”. Through coordinating different professions, we have solved the issues of Shanghai local characteristics, including reducing the environmental interference of surrounding urban construction regions; reducing the traffic pressure on the vulnerable backbone transportation network from the large passenger flow; building a secure and high quality resort in the unpleasant existing environment, and it reflects "craftsmen" spirit in the work of planning.

[Keywords] Craftsman for Urban Planning; the Experience of Joy; High Standards of Quality

[文章编号] 2016-74-P-058

1.控详规划中的“两环一湖”
2.主题游乐区与后勤区的关系
3.周边生态绿化环和度假区高架路
4.周边地区高度控制
5.度假区核心区位置图
6.上海国际旅游度假区结构规划

一、度假区规划历程回顾

2013年《上海国际旅游度假区结构规划》编制完成，度假区总面积24.7km^2，包括核心区和外围五个片区。其中核心区面积7km^2，以三个主题乐园为主体，包括配套的酒店、零售餐饮娱乐、绿化景观和交通市政配套设施。

说到度假区的项目，最早要从20世纪90年代的选址规划开始，最初主要涉及核心区及南部的配套发展区域（即现在所说的“南一片区”），2005年结合谈判启动规划前期研究，2008年编制完成了《布宜诺项目[①]及周边地区规划》（下简称“地区规划”），完成了总体层面上的规划布局，对项目与周边区域的功能和空间关系进行了协调，从市域甚至更大层面研究合理的交通引导组织，为项目的落地提供了各方面的基础保障。

2011年《上海国际旅游度假区核心区控制性详细规划》编制完成（下简称“核心区控详”），明确了核心区的功能布局、各类设施配置和建设控制要求，为核心区一期启动建设提供了规划层面的依据。

2012年就其中的一期主题乐园91hm^{2}范围编制完成了《上海国际旅游度假区核心区A-1地块控制性详细规划实施方案》，为乐园中各项目的建筑和景观设计起到了总体控制的作用。

度假区的规划历程很漫长，回顾起来也亮点众多，本文仅就其中几个具有中国或者说上海特色的代表性问题如何在规划中获得解决来谈一下。

二、如何从喧嚣的市区迅速进入童话的世界

度假区所处的位置紧邻上海中心城区的东南角，20世纪90年代项目最初选址之时，上海集中建设的区域尚集中在浦西，浦东仅有少量的建设区域，因此在当时的城市建设看来，度假区的选址可谓是距离城市较偏远，周边仅有少量的镇区、村落，在21世纪中作为上海创新发展先锋的张江高科技园区当时仅有极少的几幢楼宇，因此选址方案认为，主题乐园作为人间的童话世界，可以较少受到城市的干扰。

但是进入21世纪后，上海的城市建设速度完全超出了大家的预期，城市集中建设区域迅速蔓延扩展，早就在多个地方突破了原本总体规划确定的建设范围，在近郊地区尤为突出。度假区周边的各类建设区也逐渐发展壮大，连绵成片。西北的张江高科技园区已经两侧扩区，西侧的康桥工业区、周浦镇区和西南的国际医学院区也基本连绵成片，南侧和东侧不远处分别为鹿园工业区和川沙工业区。

由于游客们到达乐园之前，都必须穿越这些外观与“童话”无关的产业区，这就为乐园带来了一个之前选址时未曾考虑过的问题，即如何在紧邻城市集建区的地方建设一个让人们忘却烦恼尽情欢乐的童话世界？为了减少周边产业区对乐园游客的心理影响，通过各层级的规划层层落实，一方面逐步让游客沉浸到童话的氛围中，另一方面通过视觉保护，削弱周边建设的影响。

1. 生态廊道和高度控制保证大区域范围内的整体视觉保护

在第一层面的地区总体规划中，通过控制好西部和北部的两条宽阔的生态廊道，让主要从市区过来的游客（西北方向）能够在穿越了密集的城市建设区

和工业厂房后，能够获得一段时间的视觉净化，再进入度假区核心区内；同时，规划设置了专用的度假区高架路，高架路从华夏路高架直接接入核心区的主入口，基本路线均在S2西侧的生态林带上方，保证了开车游客在进入核心区之前可获得约8~10min的纯绿视觉体验；通过轨道交通进入的游客在乘坐地铁11号线时，由地面线转入地下线的约1km的坡段两侧的护栏上，均设置立体绿化，让游客在到达之前即能体会到度假区生态绿色的理念。

在地区总体规划中，对于周边地区的建筑高度进行了比较严格的控制，以规划中的三个乐园为中心逐层向外放射，距离乐园越近高度控制就越严格，确保乐园中尽情游玩的游客放眼望去看到的是纯净的蓝天，而不会有身在城市中的感觉。地区总体规划批复后，周边区域的控详规划均需按照该建设高度实施控制。

2. 双环设计重重包裹，让游客进入乐园前多次获得情绪沉淀

在核心区的控制性详细规划中，主要通过两个环来将周边地区的开发影响减至最小。核心区外围通过设置一条总长约9km的围场河有效减少了周边地区的出入干扰，避免过境交通穿越核心区，为核心区创造了一个安静的空间环境；核心区内部设置了一条环路，有效分离机动车交通和主要的游客步行交通区域，除公共交通以外的停车设施均布置在环路以外，环路内着力打造了一个以星愿湖水体为核心景观的慢行交通区域。

在这个慢行交通区域内，围绕星愿湖集聚布局两个乐园、多个酒店，尤其是湖泊北侧在东西两个公共交通枢纽和地铁站之间，是一条长约2km的公共通道广场（PTC），期间散布着如童话小镇的零售餐饮娱乐建筑群和小型绿化景观，无论是哪种交通方式到达的游客，均必须经过PTC和小镇，这为游客到达乐园前营造了充足氛围，通过绿化、建筑和广场小品进一步感染了游客，让游客立刻体会到一种“度假”的氛围。

3. 后勤区进一步隔断道路干扰，游乐区氛围得到再次提升

在针对乐园地块的控制性详细规划中，乐园地块被划分成了向游客开放的主题游乐区和为员工工作和设备检修服务的后勤及备用区，后者呈C字形围住主题游乐区，加之主题游乐区南侧的PTC及星愿湖，主题游乐区基本与所有的机动车道路之间都有着一定距离的隔离，又进一步提升了游乐区内的环境氛围。

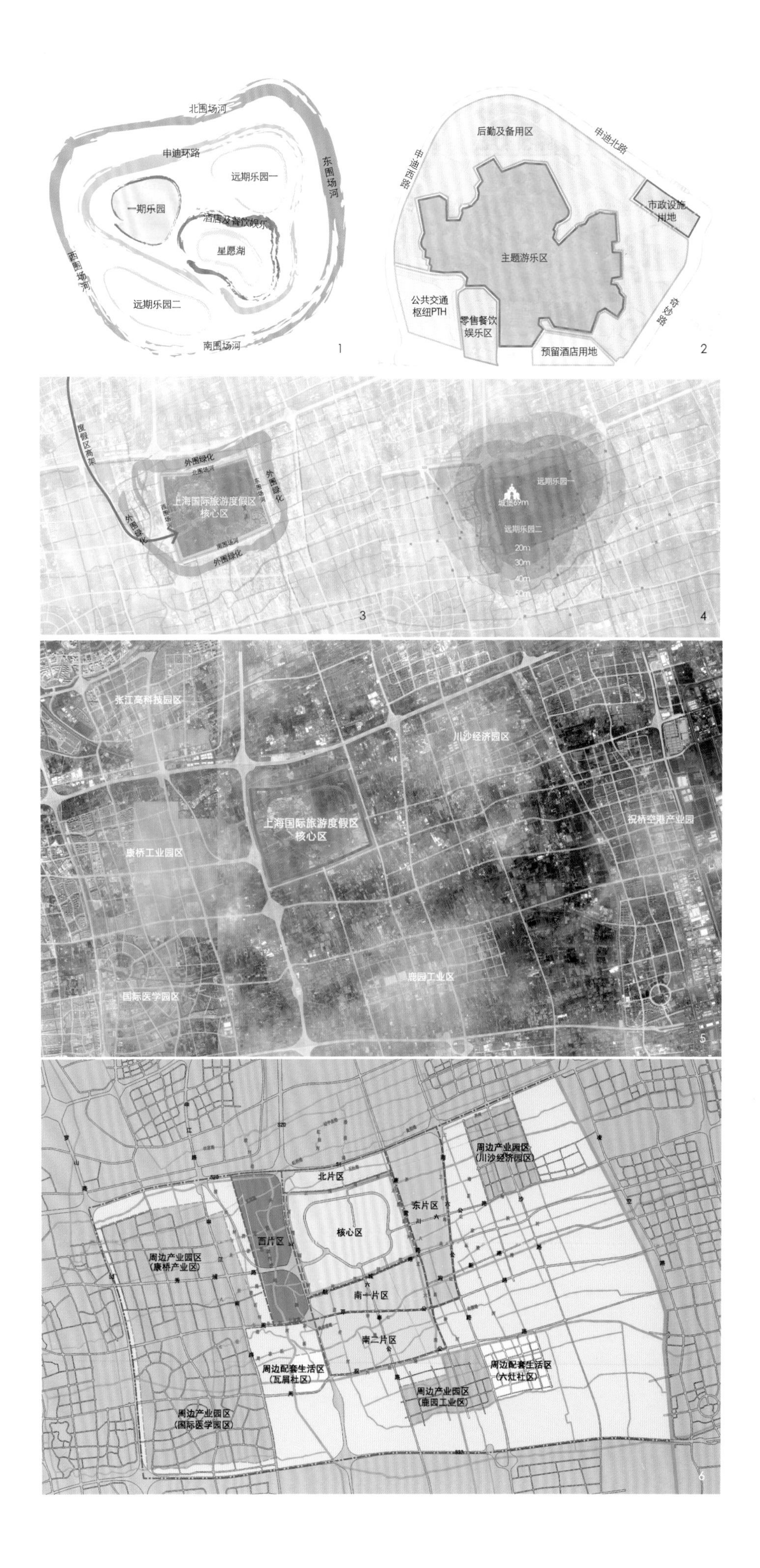

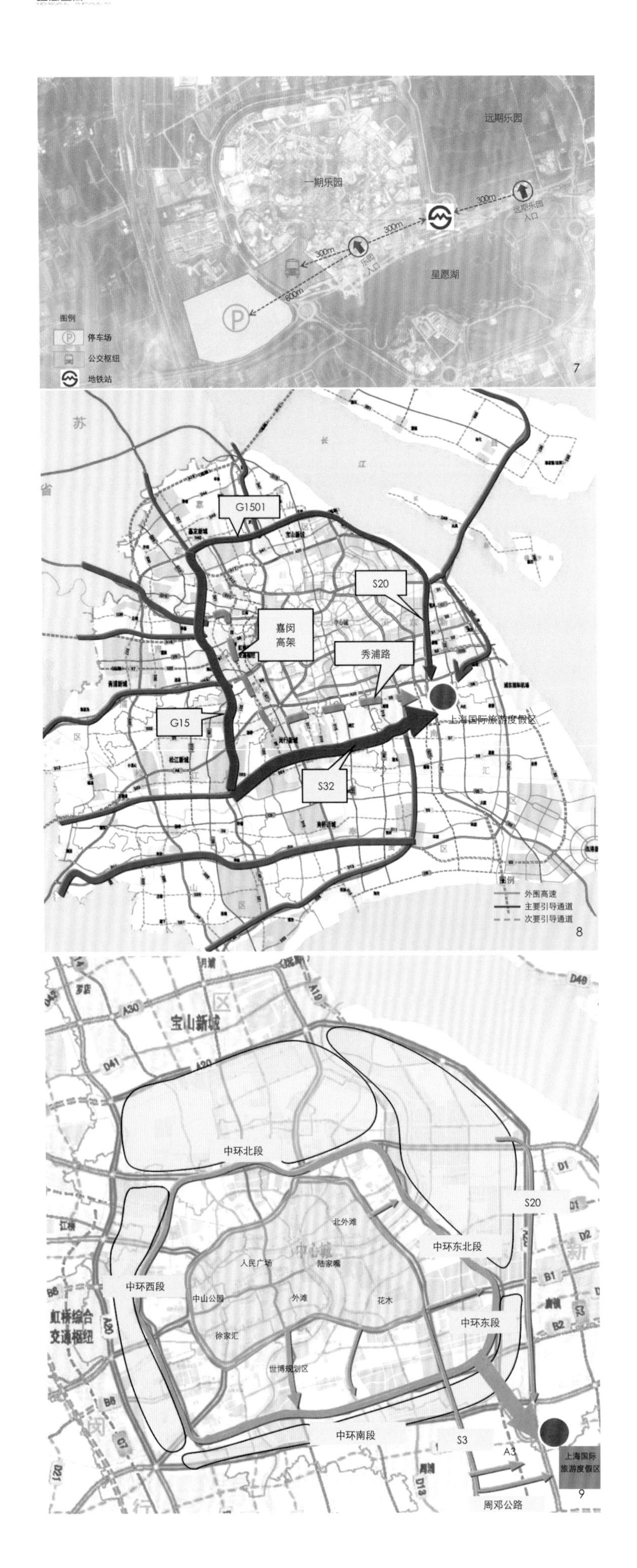

三、如何通过有限的城市交通运力解决大客流的项目需求

根据地区总体规划的预测，等核心区内三个主题乐园均建成后，远期核心区的年客流量达到5 100万，日客流量远期可达33.7万，上海之前没有一个旅游项目的客流达到这一规模级别。而上海的城市交通压力本来就非常之大，骨干路网不堪重负，在这样一个已经喘息重重的城市交通网络中再压上如此一个重担，是该项目规划一直以来的关注点，因此，在长期的规划历程中，通过多重的交通引导模式，提倡公交出行，保障大家便捷到达童话王国。

1. 倡导公共交通出行，优化设施布局

度假区高度倡导公交出行，规划目标中提出应充分提高公交出行比例尤其是轨道交通出行比例，轨交出行比例近期规划达到45%，远期达到50%。

为了达到公交出行高比例的目标，一方面规划中充分考虑了公共交通设施的配置，根据客流需求近远期分别引入了两条轨道线；另一方面，通过交通设施的布局，保证采用公交方式的乘客更便捷地到达乐园，轨道交通车站距离乐园入口最近，公交枢纽次之，保证80%以上客流迅速到达乐园；由于停车场均在环路以外，因此采用私人小汽车到达方式的游客到达乐园的步行距离最远。

2. 建立周边交通疏导环，多方向引导入园

为避免项目对城市骨干交通路网产生过大不利影响，规划针对不同来源的客流，合理选择路径，分别引导，以分散交通压力。

对于长三角地区的外省市客流和各郊区新城的客流，规划提出通过外围高速公路绕过中心城，避免对中心城造成过多压力，其中南部（浙江省及江苏省南部）客流通过G15截流后，再通过S32－南六公路路径到达核心区东入口，北部客流通过郊环G1501（北段）截流后，再通过S20（东段）－S2/S1到达度假区。

对于中心城区内的客流，规划主要引导通过中环线一度假区高架专用通道进入，同时考虑S20－S2和S3－周邓公路－六奉公路这两条区域路径作为补充路径。

四、如何在不理想的环境现状中实现高标准度假区的目标

度假区在开始建设之初，各类环境条件并不理想，区域的现状水体环境基本为劣五类，土壤环境也由于受到农药污染和乡镇企业污染，距离主题乐园提出的人体安全标准相差甚远；此外，核心区四条围场河的布局基本截断了原本的区域水系，对排涝防洪也提出了挑战。如何在这样的现状条件下结合本地的技术能力，达到世界一流的安全设计标准，是一个大规模且长期的工作。

1. “二合一”的综合水厂同时实现了水资源的超高标准和集约利用

星愿湖是核心区最重要的景观因素，在中美双方的技术协议中，对其水质提出了极高要求，创造了国内人工景观湖泊水体标准之最，某些

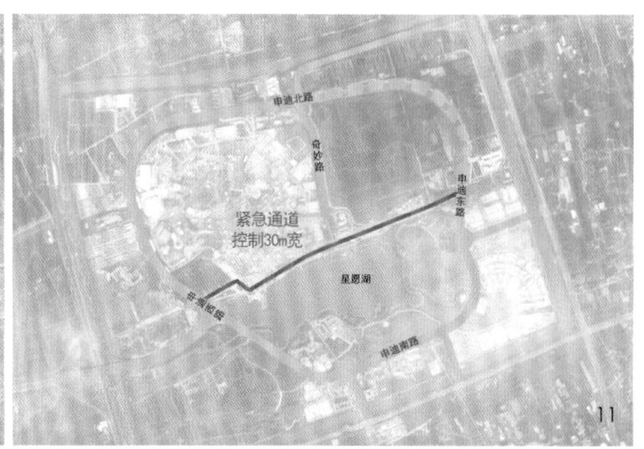

指标比我国一般景观水质要求严格得多，甚至比上海自来水出厂标准都要严格好几倍。

但是星愿湖为超大容量封闭的人工湖泊水体，现状外围河道水质较差，只能依靠围场河作为星愿湖补充水源，面临富营养化及藻类滋生的威胁，为此，需要设置一处湖泊水处理厂。同时根据美方的技术要求和经验，度假区内还需要设置一处绿化灌溉水的处理厂。因此在核心区控详中，灌溉水厂、湖泊水处理厂按照主题乐园公司的经验惯例设置两个厂，分别占地2hm^{2}和1hm^2。

但是在两个水厂项目审批过程中，基于两厂制水水质指标标准各不相同，但主要处理工艺相同，且经过中试的试验数据论证后，中方提出对两个水厂用地进行合并，成为一处综合水厂，将处理星愿湖水的设施结合了核心区的绿化灌溉水处理设施结合在一起，当园区绿化需灌溉时，通过水厂增压泵房从湖中抽取湖水，此时湖水水质中氨氮等主要指标已能满足灌溉水的要求，故只需经过滤器过滤及消毒后，经增压泵将灌溉水打入园区环路上的灌溉水总管，减小了湖水“独立”循环处理规模，大大节约了运营成本。同时，对湖水而言，因灌溉水从湖体中抽走，新鲜河道补充水经处理后注入，可避免湖水中某些物质如硝酸盐和药剂的富集，有利于湖水水质保持。2014年完成的核心区控详规划调整中，即反映了这一变化，这个调整充分发挥现有自来水处理厂处理设施的工程效能，节约土地2hm^2，提高了水的利用率，年利用再生水量达230万t。

2. 表土收集处理后的绿色安全土壤

经专业机构前期勘探，发现由于受到乡镇工业污染，该区域原有土壤中的坤、铬、铜、镍、锌和多种苯化物含量超标，对于乐园中大量的游客尤其是儿童产生安全隐患，对于大面积的绿化种植也形成挑战。为此度假区建设了国内首条精准计量的土壤生产流水线，收集地面表土。经流水线处理后可大规模提供改良过的土壤，不仅重金属指标被控制在了最低限度，且改善了原土偏碱偏湿的状态，大大提高了土壤中植物的成活率。网上有人形容这是“可以吃的泥土”，虽然是夸大其词，但是确实儿童如果不慎吞食后对人体没有伤害。

3. 初现“海绵城市”雏形的乐园排涝系统

乐园的防洪排涝体系由低影响开发、排水系统、地表涝水通道、调蓄设施（存蓄河道）、雨水泵站和围场河组成。其中，主题乐园后勤区外围的雨水存蓄河道对于将乐园防洪标准提高到50年一遇起到了重要的调蓄作用。雨天时，来自乐园的雨水径流流入存蓄河道中，对雨水峰值径流进行调蓄—即“削峰蓄洪”，确保乐园区实际能抵御暴雨重现期达50年的雨水径流，保证了人流高度密集区域重要地块的防汛安全；同时由于存蓄河道的调蓄功能，大大地节省存蓄河道下游的雨水管道和雨水泵站的规模，控制了工程投资，可以说，这是我们国家目前大力倡导的海绵城市的雏形。

4. 应急通道是游客密集区的“生命线”

如上文所述，申迪环路以内不设置机动车交通通道，但是，这其中集聚了核心区主要客流，大量商业餐饮娱乐建筑密布，如发生紧急情况仍需通行机动车交通。为解决保障游客人身安全和保护核心景观的矛盾，控详规划中结合轨道交通控制线设置约30m宽的紧急通道，作为环路以内区域的救援生命线，保障救援车辆快速到达其中的各功能区内，在这条通道上对其后期绿植、景观小品等均有严格限制；同时，在乐园的主题游乐区内，结合主要客流通道也设置6m宽紧急通道，救援车辆可迅速到达所有建筑物。

五、结语

度假区规划历时10余年，覆盖多层次，涵盖多专业，且有些专业是一般规划中不会涉及的，如水处理、土壤分析、场地处理等，始终贯彻了对于“欢乐的体验”和“高标准的品质”这两大终极体验的实现，对于规划从业者而言是一次职业生涯中极好的受教机会，学习到了非常多之前从未接触过的知识，对于本来难以实现平衡的多种需求的综合处理手段。

反思我们前面十几年快速城市发展阶段的绝大部分规划作品，大多过于教条和宏观，限于对规范的遵从和指标的控制，限于对大场面的后期表达，却很难在规划阶段即深入考虑到后期落实层面的各种因素，如地块与建筑方案的结合、市政设施是否更集约、能否提供更安全美观的环境等……这实际上来说也是我们规划行业目前转型中需要去思考的一些问题。

如果规划也有“工匠”，那么度假区规划可说是个初步体现，即对于看似和规划无关的事情多问专家几个问题，多探讨一下方案的可变性灵活性，多考虑一下后期建设的可实施性和经济性……长此以往，我们的城市规划可以步下高大上的神坛，实实在在地为城市转型发展带来更好的策略和建议。

注释

① 由于项目谈判保密需要，该项目名称当时定义为“布宜诺项目”

作者简介

蒋莹莹，上海申迪建设有限公司，规划助理；

蔡　超，上海申迪建设有限公司，规划总监。

7.各类交通设施距乐园的距离
8.长三角地区和郊区新城地面客流的引导方向
9.中心城区地面客流引导通道
10.水厂“二合一”的变化
11.紧急通道

传统文化与主题游乐联姻，成就淹城春秋大传奇
——中国淹城春秋乐园

Traditional Culture Marriaged to Theme Amusement, Achieved Yancheng Chunqiu Legend
—China Yancheng Chunqiu Paradise

衣 玮 林 峰 陆晓杰
Yi Wei Lin Feng Lu Xiaojie

[摘 要] 文化是旅游的灵魂，旅游是文化的重要载体。近年来，国家层面先后对文化产业、旅游产业提出了一系列利好政策，在新形势下促进文化与旅游深度结合，是文化和旅游部门的共同责任。中国古代文化如何转化为现代人喜闻乐见的、拥有市场吸引力的、新型游憩方式的旅游产品，是中国旅游界一直在探索的课题。

作为中国传统文化旅游创新典范——淹城春秋乐园，不仅系统地展现了春秋文化，同时通过文化主题游乐化设计手法，让游客在欢乐和刺激中“阅读”春秋历史，品位春秋故事，全方位展现了中华文化魅力，真正讲好了中国故事，传播好了中国声音。

文章以常州淹城春秋乐园为例，从文化旅游项目开发策划规划设计视角，全面解析淹城春秋乐园项目开发的核心问题、策划思路、项目定位、文化产品创意、游憩方式创新等内容。

[关键词] 春秋淹城；中国传统文化；主题游乐；创新典范

[Abstract] Culture is the soul of Tourism, Tourism is the important carrier of Culture. In recent years,the National level have put forward a series of positive policy for the cultural Industry and the tourism Industry.Under the new situation, promoting the depth of the combination between the culture and the tourism is a ommon responsibility of culture and tourism departments. How the ancient Chinese culture Convert into attractive tourism products, is China's tourism industry has been exploring topic.

As the Chinese traditional cultural tourism innovation model , The Yancheng Chunqiu Paradise ,not only shows the Chunqiu period of culture,but using Amusement design technique, Let visitors learning Chunqiu history in joy and stimulate, Showing the charm of Chinese culture.

The article takes the Yancheng Chunqiu Paradise as an example, from the perspective of cultural tourism development, Comprehensive analysis the Core issue, Planning ideas, Position , Product innovation, etc.

[Keywords] Chunqiu Yancheng; Chinese Traditional Culture; Theme Amusement; Innovation Model
[文章编号] 2016-74-P-062

一、项目开发背景

中国春秋淹城旅游区是一处国家级文保单位，占地300hm^2，距今已有2 500多年的历史，是目前我国保存最为完整的春秋时代的地面城池，“三城三河”符合“三里之城，七里之廓”的古城建制，属全国目前发现第一例，有着极高的城建史研究和旅游开发价值。

同时，也是武进区城市发展规划六大板块之一，承载着淹城、武进甚至常州市旅游发展的引擎使命，但它的社会、经济及旅游价值却没有凸现出来。2006年建成的仿古商业街，规模宏大，人气不足，影响了商业的开展；淹城博物馆建筑体量宏大，馆藏文物丰富且档次较高，野生动物园曾在2007年“十一”期间吸引了6.5万名游客，但都因整个旅游区没有开发到位，这两个项目的作用没有得到充分发挥。另外，常州市和武进区政府希望淹城依托春秋遗址建成5A级旅游区，打造世界文化遗产和“文化遗产型”旅游目的地。在这一背景下，2007年底，受春秋淹城管委会的委托，绿维创景对淹城遗址公园与其周边土地共计275.5hm^{2}旅游区进行了总体策划、总体规划与一期春秋文化体验区修建性详细规划及主题公园设计工作。

二、核心问题解读

如何彰显淹城遗址，“三河三城”格局的唯一性价值，并转化为核心旅游价值?

地面遗存物较少，且关于淹城的史料记载匮乏，淹城做什么，怎样的发展方向，才能异军突起，形成巨大的影响力与关注度?

怎么做，才能跳出遗址旅游，传统文化旅游静态观光、缺乏生命力的现状与市场认知，形成独特吸引力?

如何谋划布局，使得整个区域机成为一体，并通过新吸引力的塑造，实现小手拉大手的旅游带动效应，盘活整个区域?

三、策划思路与项目定位

1. 核心思路

“唤醒历史记忆，再现人文情景，弘扬传统文化，发展休闲经济”。

通过对国内外一些相似的遗址公园、主题公园及文化旅游地产类项目进行分析研究，针对策划淹城要解决的核心问题，我们从旅游区整体统筹考虑，形成了新的策划和规划构思，提出了“唤醒历史记忆，再现人文情景，弘扬传统文化，发展休闲经济”的开

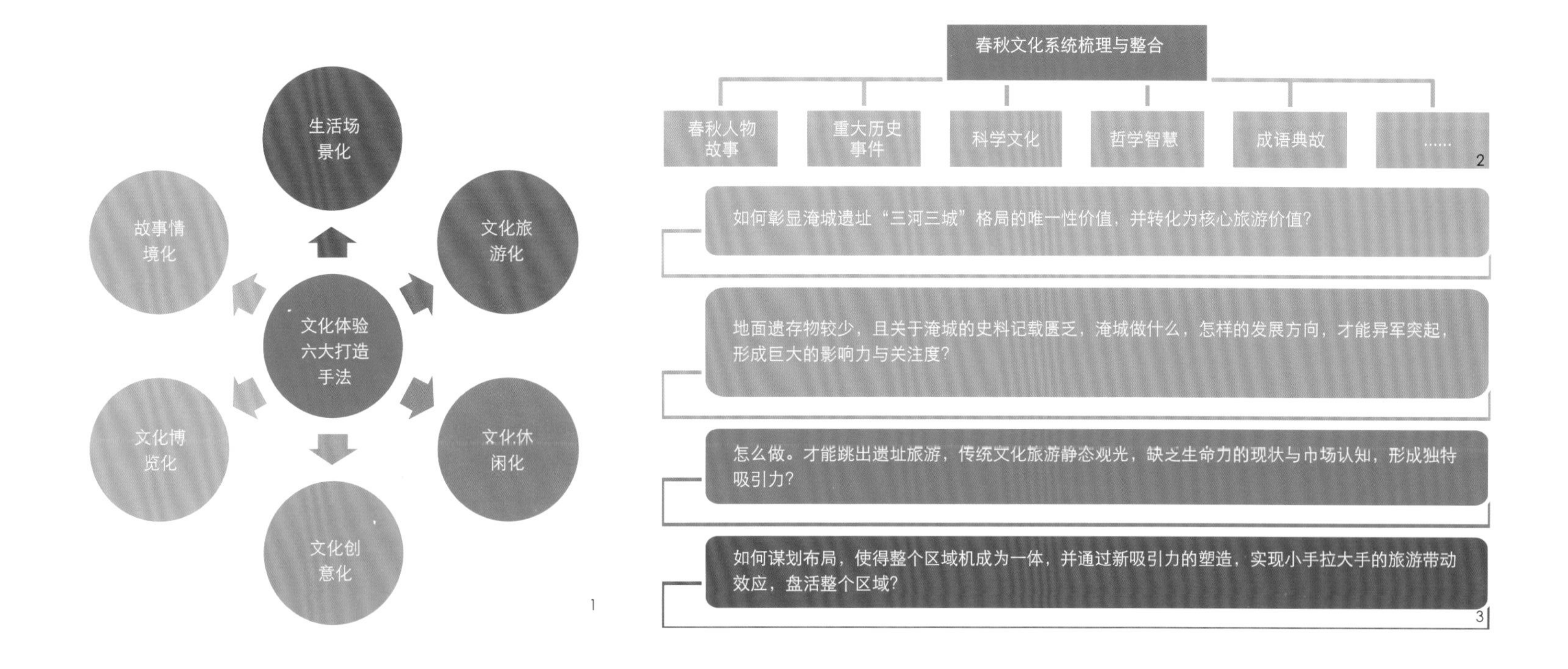

1.文化体验打造手法
2.春秋文化梳理图
3.核心问题解读

发思路，认为打造一个穿越时空的文化体验景区，将能迅速打开淹城发展的局面。

（1）立足小淹城，演绎大春秋

立足小淹城：淹城遗址是我国目前为止保存最为完整的春秋城池，其“三城三河”的结构在世界上也是独一无二的。另外，其作为“文化原点”所蕴含的春秋历史文化和风水文化特质，是其他旅游区无法复制的，也是淹城旅游区构建自身核心竞争力和旅游吸引力的根本。因此，其旅游开发建设应当立足于淹城遗址，挖掘遗址所蕴含的春秋文化。

演绎大春秋：淹城本身文化历史遗存不多，当年古淹国留下来的可去描述、可去凸显、可去发掘的故事并不多。绿维提出，做淹城不能局限在淹城遗址及淹国本身的文化，因为对于广大中国人民和世界人民来说其广泛性、认知度和表现力都不够。通过对全国传统文化项目梳理，绿维发现，做春秋时期某个片段或节点的项目很多，但做整个春秋时期的项目尚未有，因此，我们提出立足淹城，演绎整个春秋文化的思路，并对春秋文化进行了系统梳理与整合，提炼春秋文化中最有特色最灿烂的部分，支撑整个项目的开发与产品创意。

（2）空中看淹城，凸显淹城价值

淹城作为春秋遗址最大的价值在于两个方面：一是三城三河的大尺度城市轮廓的形态遗存；二是发掘出来的春秋时期的古物遗存。但无论是形态遗存还是古物遗存，直观性和可看性不强，给人视觉上的震撼力不够。我们经过研究后发现，淹城最大的震撼力在于，从空中鸟瞰时呈现的三城三河布局。所以，空中看淹城是凸显淹城价值的重点。

（3）春秋文化活化，促进遗产保护与文化传播

文化的保护不能是传统意义上的“死”保护，我们希望将传统文化变成可触摸、可观赏、可消费的项目和产品，而主题乐园就是一种很好的聚集模式。由于淹城旅游区因物质遗存的欠缺，并不具备采用文化遗产类（博物馆）展示和观光模式的客观条件，且传统博物馆模式缺乏旅游吸引力和市场影响力；因此要通过创意化手法，构筑具有吸引力的文化展示和传播载体。绿维通过六大文化体验打造手法，将春秋文化活化，动静结合，景观、场景、文化主题游乐设施等多维度的产品创意，让游客在这里感悟春秋时期诸子百家思想的博大精深，亲临春秋时期的金戈铁马，中华文明在这里传播开来。

2. 项目定位

（1）“国内首家以春秋文化为表现内容的文化休闲型旅游目的地”的总体定位凸显独特性与唯一性。

（2）“明清看北京，汉唐看西安，春秋看淹城”的形象定位将淹城的价值、影响力和高度提升到了全国乃至世界层面。

四、文化产品和游憩方式全方位设计创新，铸就时代典范

1. 文化情景化——春秋文化与载体自然结合，全面营造主题意境

在春秋乐园设计中，假山流水、亭台楼榭、殿堂厅室、塔舫桥关、景区大门、演艺舞台、游乐设施等，以春秋文化为表现内容，蕴含着丰富的历史文化信息，使得当游客在园区内游历体验时，随着空间和时间的转换，春秋时期诸侯争霸、百家争鸣的历史宏卷将徐徐展现在游客的面前。

（1）景区大门——文化建筑化，塑造第一印象的震撼性，成就常州城市名片

设计思路：景区大门是入口服务区域中最重要的部分，也是旅游区的第一印象展示区，本着“原创性、唯一性、标识性”等几大原则，用春秋文化元素铸造一个特色主题文化之门，打造中国最大的雕塑景观艺术大门（高22m、宽80m，投资1 000万元，气势恢宏，充分展现了春秋文化的伟大，一边为春秋五霸，一边为诸子百家，竹简雕饰，中间为巨型饕餮纹）。

（2）诸子百家——文化情景化，画卷式展现春秋诸子百家思想精华

春秋战国，是一个思想和学术上百家争鸣的时代，诸子百家的学说言论至今都在深深地影响着我们

4

5

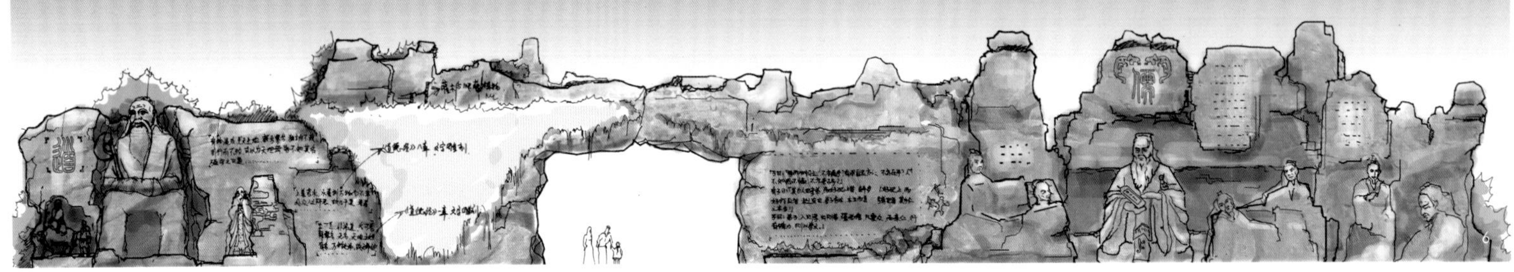
6

的观念，因此这一内容是我们必须要表现的。于是我们挑选了诸子百家中最有人气、最能够吸引游客、最能够与游客实现交流的部分作为展示内容。

设计思路：利用石窟的自然之美、精神互通、意境深远，结合壁画、彩塑、石刻、石雕、建筑、彩画等造型艺术，来表达诸子百家中的各位圣贤及其思想。其蕴藏的美对游客的视觉乃至心灵，可产生强烈冲击和震撼，同时也大大提升了本区域的旅游价值。

2. 文化游乐化——游乐设施的主题化包装

春秋乐园作为一个以历史文化为主题的游乐园，园区内的一切建筑、设施和景观都应该围绕这一主题来进行设置，凸显春秋文化，决不能有现代化的、裸露的、钢铁结构的建筑和设施出现在园区内。因此，我们在游乐设施的包装中，运用了主题化设计手法，设置了春秋文化意境下的互动型游乐项目，通过与春秋文化的“零距离接触”为游客提供全方位的愉悦感和体验感。

（1）歌舞升平——利用春秋歌舞文化包装传统的旋转木马项目，形成中国春秋文化模式下的旋转游乐

设计思路：春秋乐园是以春秋文化为大背景的，给人印象更多的是战争，思想教育等内容，爱情故事少之又少，而旋转木马轻松、欢快的游乐方式又注定它不适合战争等主题。但春秋与爱情两条线路仍给予我们灵感，任何时代的任何人，无论贵族还是百姓，都向往欢乐，所以我们想到古代的宫廷宴会，莺歌燕舞，歌舞升平，帝王百姓齐欢乐，在春秋时期自然也有这样的场景，而旋转木马本身也具备这些元素，再将外形加以改造，把装饰物换成有中国特色的喜庆物品（如红灯笼），外形以中式建筑语言加以变形，色彩以中国红为主色调，勾勒金线，突出华丽，当夜幕降临，音乐响起，充满东方色彩的旋转木马转起，在游客的轻声笑语中，一片歌舞升平的气氛，将主题完美展示出。

（2）伍子胥过昭关——利用伍子胥过昭关的故事包装传统的漂流项目，大大提升了游乐项目本身的刺激性、文化性与互动性

设计思路：这个项目是峡谷漂流游乐，设计重点是把该游乐进行包装设计，融入春秋文化，由于设备体量较大，并属于轨道类，此种游戏方式非常适合以故事手法进行主题创作。漂流本身的过程就充满惊险和刺激，设计师套入春秋时期伍子胥过昭关的故事加以包装，在漂流轨道中增设若干节点，以伍子胥过关的情节作为创作灵感，在本身单调的设备环境中加入溶洞、城门、异木、巨石景观，使游客的视觉感受不再单调，而最精彩的是在节点中设置突然机关、水炮、火炮、声光电技术，使游客的体验感得到满足，而每个机关和节点都与伍子胥过昭关的主题相融，这种形式和造型是其他地方所没有的。

（3）空中看淹城——利用孙武点将台的历史主题包装大型空中观览设备，实现了空间架构和遗址观光模式的创新

设计思路：我们选定大摇臂为空中看淹城的大型观览设施，是游乐设备的一部分，主要功能是观光游乐，游客踏上平台，被举至50m的高空，俯瞰整个景区及古淹城遗址。其设计分为设备本身和基座两部分。设备本身的包装设计主要考虑到设备的特殊性，只是局部做了青铜的纹饰和造型。基座部分采用了孙武点将台的典故，中间基座部分是点将台的中心，正好也是设备亭子的部分，两侧用古城墙装饰。点将台本身采用六边形为土建基础造型，由上而下慢慢突出一点，更显点将台的气势和雄伟，正面有两个兽头立于城楼之上使得主体建筑更加突出、威严。

3. 文化创意化与休闲化

（1）烟雨春秋——文化创意化，打造大型春秋题材视觉盛宴

设计思路：“烟雨春秋”作为春秋乐园里最大的大型户外演艺项目，设计中我们根据春秋的战争、人文、艺术提出了三大表演内容：展示残酷战争的金戈铁马；展示人文复兴的万家灯火；展示江南情调的江南春雨。此项目设计充分利用现有的博物馆为背景，在现有博物馆后方搭建梯形台阶并延伸到博物馆边缘，给湖对面的游客海市蜃楼般的梦幻，一个

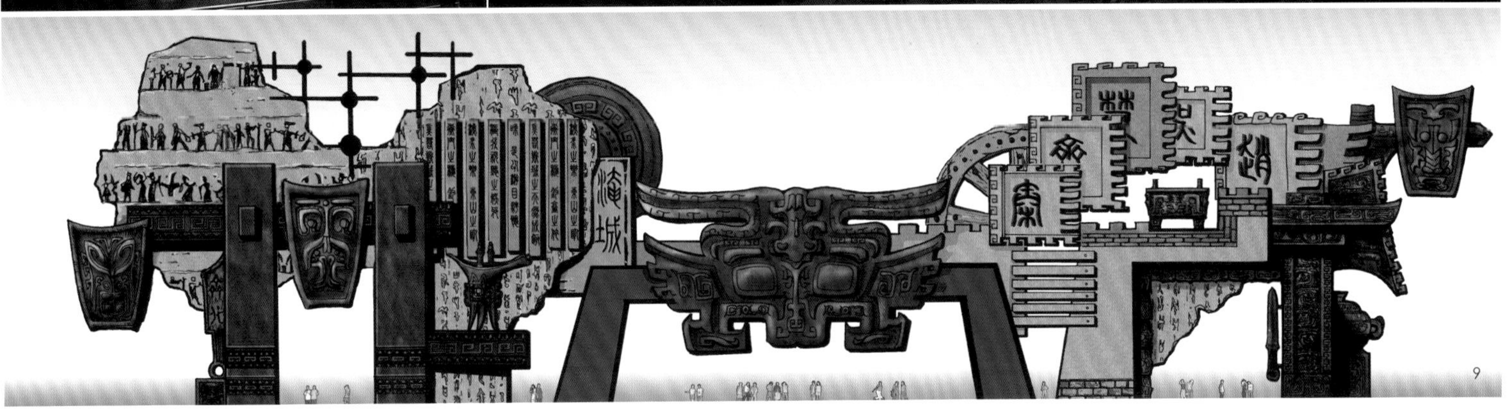

2500年前的宫殿被影射到了这里，结合春秋文化命名为“吴王宫”。

（2）春秋九坊——文化休闲化，体验春秋生活百态

设计思路：春秋九坊沿水而建，地处我国的江南，采用古代春秋时期建筑的形式和材质加以亲水的步台，给游客展示一个春秋文化意境下的古江南水街，和一个具有春秋味道的古代市井，各种春秋的古作坊林立，游客可以体验春秋时期人们劳作时的过程环境，承载游客休息、餐饮的需求。

五、耀世开园，广受好评

作为中国首个春秋文化主题的梦幻乐园，淹城春秋乐园自2010年五一开园后，就得到了社会各界的赞誉并斩获诸多大奖。

广受各界好评：2010年5月江泽民总书记到淹城春秋乐园考察说，“淹城是中国的，更是世界的，大家要做淹城的使者，宣传淹城让世界人民都知道淹城”，并留下“春秋淹城”的墨宝。在2015“旅游＋互联网”大会上，国家旅游局长李金早也对其生态保护、智慧旅游给予了高度赞赏。

斩获诸多奖项：常州春秋乐园于2009年获取联合国LivCom环境可持续发展项目金奖，2010年被国家旅游总局授予4A级旅游景区、荣获中国休闲创新奖·主题公园创新奖，2011年获得江苏省服务业名牌，2012年被评为全国低碳旅游实验区和江苏省文化产业示范基地、常州市质量管理奖，2013年荣获“中国文化旅游新地标”称号，2014年国家质检总局批准筹建“全国春秋文化旅游知名品牌创建示范区”，荣获“2014年国内最佳主题游乐园”称号、“2015中国最佳中国文化主题乐园奖”和“2015中国主题乐园最佳活动创新奖”等多项殊荣。

六、结语

穿越百家春秋，寻梦千年淹城。北京绿维创景规划设计院、紧紧围绕“小淹城，大春秋”的设计原则，以游乐化设计手法，从春秋时期的政治、军事、经济、文化等方面取材，将古老的春秋文化与现代高科技游乐设施巧妙对接，缔造了淹城之于中国的“明清看北京，隋唐看西安，春秋看淹城”的文化传奇。实现中国旅游景区文化产业转换升级的创新实践，已成为中国传统文化与西方现代主题乐园结合的典范。

参考文献

[1] 北京绿维创景规划设计院．策划淹城·规划淹城·设计淹城：创新打造中国传统文化的现代主题乐园[J]．旅游运营与地产开发，2012（12）：2－12．

[2] 北京绿维创景规划设计院．设计淹城：设计春秋主题乐园，解决特色落地问题[J]．旅游运营与地产开发，2012（12）：13－32．

[3] 王小莉，衣玮，王志联．“情境再现”：文化体验模式创新的“六幕”[N]．中国旅游报，2009－01－17．

[4] 代莹．文化为魂、创新为王、迈向5A、超越标准：中国春秋淹城旅游区[J]．旅游运营与地产开发，2015（28）：35－38．

作者简介

衣　玮，北京绿维创景规划设计院，副院长；北京文旅时代景区规划设计有限公司，总经理；

林　峰，经济学博士，旅游专家，国际休闲产业协会副主席，北京绿维创景规划设计院院长；

陆晓杰，北京北京绿维创景规划设计院，文化旅游中心主任。

4.伍子胥过昭关效果图
5.吴王宫鸟瞰图
6.诸子百家立面彩
7.歌舞升平夜景效果图
8.水影秀《烟雨春秋》
9.景区大门效果图

从文化角度重新审视主题公园

A Cultural Perspective for Theme Park

杨 明 王 萌 潘运伟 付志伟
Yang Ming Wang Meng Pan Yunwei Fu Zhiwei

[摘　要]　一提到主题公园，人们往往将其与商业运营、机械设施、大众娱乐联系起来，但从本质上来说，主题公园是一种文化创造。它经历了从中世纪的集市，到游乐园，再到主题公园的演变。本文系统梳理了主题公园演变和形成的过程，并以迪士尼为典型案例，阐述了文化对于主题公园的核心作用。进而提出了针对我国的严格意义的主题公园和泛主题公园的概念划分，以期对我国未来“主题公园”的发展有所借鉴。

[关键词]　文化；主题公园

[Abstract]　When it comes to the theme park, people often associate it with commercial operations, mechanical rides, mass entertainment, but in essence, the theme park is a kind of cultural creation. It experienced from fair and carnival, to amusement park, and to theme park. Firstly, this article analysis the important role of culture in history of theme park, and take Disneyland as a cases study. While it is put forward new concept for China's theme park, in order to its future development.

[Keywords]　Culture; Theme Park

[文章编号]　2016-74-P-066

一、主题公园的源起：一种文化创造

关于主题公园的讨论和研究兴起于1955年美国加州迪士尼乐园的创立。尽管有人将荷兰马都拉丹微缩景观公园（1952年）作为主题公园的先祖，但作为一种独特的娱乐模式，并不断地被后续大量地模仿和推广，无疑只有迪士尼乐园能够担当起主题公园的滥觞。一提到主题公园，人们往往将其与商业运营、机械设施、大众娱乐联系起来，但从本质上来说，主题公园是一种文化创造。它经历了从集市（Fair），到游乐园（Amusement Park），再到主题公园（Theme Park）的演变。

1. 从“集市”（Fair）到“游乐园”（Amusement Park）

主题公园的起源可以追溯到欧洲中世纪的“集市”（Fair）——这种集市常于宗教节日在教堂附近举行，以农产品的贸易交换为主，并常伴有民间自发的娱乐活动。直到17世纪后半叶，集市仍然是宗教节庆期间，贵族、神职人员、手工业者、农民等传统阶层参与的物资交流和人际聚会。从传统的“集市”到“游乐园”的转变，经历了几百年漫长的历程，涵盖了新阶层的兴起、社会经济的发展、科技和交通变革及工业革命后“工作”和“休闲”时间的剥离等诸多因素。首先，16世纪前后，随着资产阶级、中产阶级和新兴知识分子（比如哥白尼）等社会阶层的出现和兴起，他们使“集市”的内容和面貌都发生了变化。新兴的社会阶层既希望将传统集市的“自娱自乐”变为商业化的资本运营，也为了凸显其跟传统贵族和平民阶层不同的社会身份而寻求全新的休闲环境和形式。于是，中世纪的剧院被拆除了，取而代之的是新时代的新建筑，传统集市的“街道娱乐”则只在马戏团中得以保存。其次，科技的进步、人口的增长和市场的发展使得娱乐的大规模“生产”成为可能。18世纪工业革命所带来的机械变革、电力发明，使得“机械制造”的娱乐成为一种新的娱乐方式。铁路和公路交通的发展则使得人们的跨区域旅行变得方便快捷，为机械制造的娱乐提供了更大的市场支撑。最后，工业革命带来了人们时间的革命——“8h工作，8h休闲，8h睡眠”的全新生活方式使“工作时间”和“休闲时间”开始剥离。工人大众的娱乐作为文化现象和社会问题成为那个时代的焦点。18世纪末和19世纪初，在工会的促进下，为工人大众提供娱乐服务的“游乐园”（Amusement park）开始出现在欧洲和美国。

在18世纪的集市上，“娱乐”主要是指歌者、舞者、魔术师、杂技演员、音乐家的街头演出和剧院表演，以及动物展演等，是人们在“共享”（Share）彼此的体验。而19世纪的“娱乐公园”则是在“制造”（Manufacture）体验。到19世纪末，人们提到“娱乐场”，不再指跟市场和宴会相关的“集市”了，而是转变成跟公共场所和娱乐相关的“公园”（Park）。20世纪的前十年，是美国游乐园发展最快的时期，其中最典型的就是纽约的康尼岛乐园。奥地利维也纳的普拉特游乐园成为欧洲游乐园的典型。20世纪三十到五十年代，游乐园开始衰败，1929年的经济大萧条和二战是其最直接的原因。

2. 从“游乐园”（Amusement Park）到“主题公园”（Theme Park）

从“游乐园”向“主题公园”转变的过程中，世博会和影像媒体到了至关重要的作用。首先，世界博览会的开展，向人们展示了极具想象力的一个梦幻世界，人造地形和大型娱乐设施带给人们前所未有的全新娱乐体验。Adam（1991）认为，1893年召开的芝加哥世博会是“游乐园”向“主题公园”转变的源泉。芝加哥世博会向人们展示了一个新古典主义风格的梦幻般的城市——白城，并以电气铁路和移动人行道作为园区的交通方式。世博会上，上流社会的高雅文化主宰了建筑和艺术，而以米德路（Midway Plaisance）娱乐公园为代表的流行文化也引起了

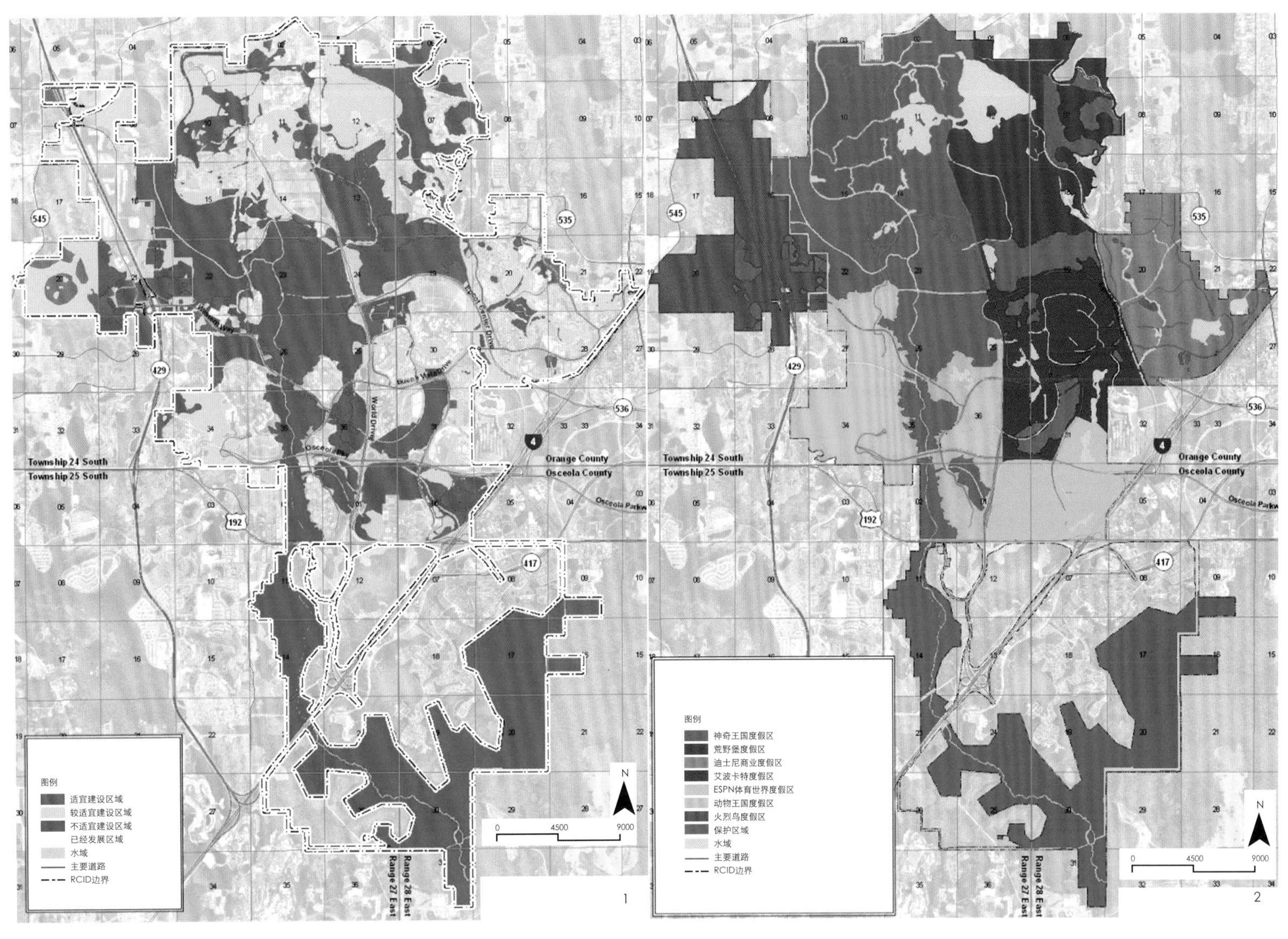

1.用地适宜性分析图
2.区域划分图

广泛的关注。19世纪末期，跻身世界强国的美国开始兴起消费主义，流行文化逐渐在社会盛行，美国主流社会的生活价值观向娱乐享受倾斜，由此产生的娱乐业经营阶层迅速壮大，他们强烈要求在世博园区有经营空间，于是便有了芝加哥世博会的米德路娱乐公园，它向人们呈现出一种全新的娱乐方式：世界上第一座摩天轮——菲利斯轮盘、艳舞女郎小埃及的“胡奇库奇舞”表演，中国村、德国村、马戏团、啤酒大厅丰富多彩的娱乐节目和特色消费……这也启发了米老鼠的设计者沃尔特·迪士尼，迪士尼主题公园的设想就来自这座乐园。1939年纽约世博会上梦幻般的空间和娱乐氛围的营造被认为是主题公园形成的最后的里程碑。纽约世博会的主题为“建设明天的世界”，造型颇具现代感的角尖塔和圆球成为此次世博会的形象标志。

其次，影像媒体对主题公园产生了重大影响。一方面，1915年美国环球电影公司成立之初便推出了买门票参观电影制作棚的服务，开创了将电影和公园结合的先河。1964年建成了环球影城主题公园。电影和公园的结合，使公园可以像一部电影般有一个明确的主题，并将电影舞台的手法及为人们创造刺激和惊险体验的能力应用到公园的建设中。主题公园的范畴拓展到通过电影般梦幻的场景和高科技的动画来吸引人，并产生互动的交流。沃特·迪士尼恰巧也是电影人和电视动画制作人，他通过主题公园这种形式将虚幻的影像转化为人们能够碰触的现实。另一方面，电影和电视在西方的普及改变了人们日常娱乐的方式，甚至形成了全新的消费习惯和文化——三分钟文化（Three-Time Culture）；即越来越多的人在电影、电视等媒体的影响下，倾向于不断地变化休闲和获得快乐的方式；同时倾向于马上见效的短时间快乐。主题公园恰恰是顺应了这种新的文化习惯而建立起通过众多设施不断变化娱乐方式，使人能够迅速获得快乐的场所；它提供了一个存在于现实中的电影和电视中的梦幻世界。

二、迪士尼乐园：迪士尼文化、流行文化的现实化

说到主题公园，就不得不提迪士尼乐园。作为世界上最成功的主题公园，迪士尼乐园首先是以风靡全球的迪士尼文化作为基本支撑的。这里有两个关键

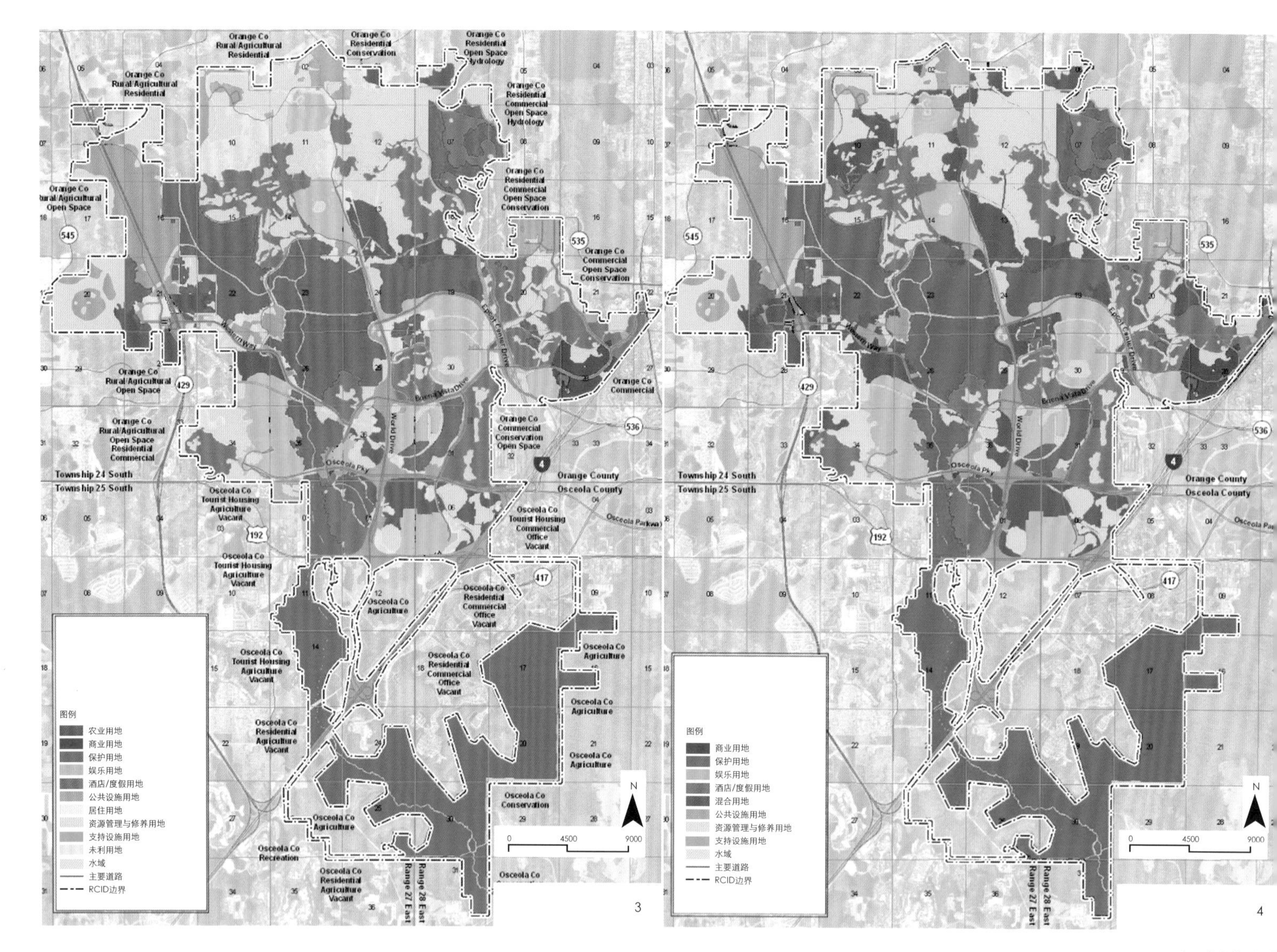

3.现状土地利用图
4.规划土地利用图

的要点：第一，迪士尼文化；第二，迪士尼文化是一种颇具影响力的流行文化。

1.迪士尼乐园是“迪士尼文化”的现实化

在第一座迪士尼乐园建立的30多年前，沃特·迪士尼创办了“欢笑动画公司”（1922年）。1928年，米老鼠系列剧之一《汽船威利》一上演便引起了轰动。之后，迪士尼又创造了很多脍炙人口的动画形象，像唐老鸭、三只小猪等。1937年，《白雪公主和七个小矮人》的长篇动画电影把迪士尼的动画艺术事业推向了时代的顶峰。沃特·迪士尼一生曾32次获得奥斯卡金像奖，7次获得格莱美奖。迪士尼文化，伴随着电影和电视中米老鼠、唐老鸭、白雪公主、小飞象、小飞侠彼得·潘等栩栩动人的卡通形象而风靡全球。

首先，迪士尼乐园是迪斯尼文化的产品化。在迪士尼乐园里，人们可以亲眼见到电影电视上虚幻的卡通人物，跟米老鼠、唐老鸭拥抱、拍照，坐过山车、乘海盗船去体验动画片中的冒险经历，购买喜爱卡通人物的纪念品……其次，迪士尼乐园是迪士尼艺术的具体化。迪士尼将他构思设计和拍摄制作动画电影所运用的色彩、魔幻、刺激、娱乐、惊栗与游乐园融合起来，游乐园以一种戏剧性、舞台化的方式表现出来，用主题情节和贯穿园区内的游乐项目形成了一个模拟的乌托邦世界。第三，迪士尼乐园是迪士尼理想的现实化。迪士尼乐园是一座以灰姑娘城堡中心的童话世界，它超越了年龄的限制，将人们引导到那幻想与魔法的王国。园内的舞台和广场上，随时都有变化丰富的化妆表演和各种趣味性游行。从而成为以美和奇观为特征的博物馆，融集市、博览会、游乐场、社区中心和活动为一体，把人类世界的成就、喜乐和希望充分展示，以戏剧化的方式表现了创立伟大国家的理想和艰辛的过程，进而激励人们奋发、乐观、向前。

2.迪士尼文化是全球化的流行文化（Popular Culture）

在工业革命之前，上流社会和底层民众的趣味大相径庭，不同的社会地位决定了他们有各自的文化趣味。在中国传统社会里，阳春白雪和下里巴人也有着明确的界限，两种文化有着截然不同的对应群体。文化和教养联系在一起，它意味着只是属于少数人即上流社会贵族们享用的东西，即所谓的“高雅文化”（High Culture）。而传统意义上，底层民众的“通俗文化”（Low Culture）只是低级的、粗俗的文化，往往被忽略不计。然而工业革命以来，迅速发展的科技使之发生了巨变。印刷摄影技术使原创的“高雅”作品可以被大量复制，通讯技术的发展使普通大众可以很容易接触到以前少数人引以为豪的高雅文化。而且这些高雅文化被经过大众有选择的摒弃，变得越来越没有生存的空间，不得不一步步走下曾经的神坛，高雅与通俗的界限终于不可避免地变得模糊。在“市场”这一推手作用下，传统的高雅文化和通俗文化呈现出“去分化”和各自“分化和重构”的特点——高雅文化如果缺少足够的市场经济支持，势必难以为继，于是不得不根据多数受众的审美需求和趣味作出调整，变为商品化的文化产品；通俗文化中一些早期的感官的、浅薄的、无深度的文化也会逐渐被淘汰，广大受众自身知识和文化素养的提高，也意味着通俗文化的品位提升。19世纪末20世纪初，流行文化（Popular Culture），或者称之为大众文化（Mass Culture），首先在西方出现，并在20世纪30年代盛行于欧美发达国家，流行于整个20世纪，成为今天一种世界性的文化思潮。流行文化产生于现代工业社会，以大工业和现代科技为基础，以大众传播媒介为手段，以文化工业为营利目的，以都市普通市民为主要受众，按照商品市场规律的运作进行批量生产，从而使普通大众获得感性愉悦的日常文化形态。

迪士尼文化无疑是受大众欢迎的流行文化。迪士尼的电影和动画片本身就是流行文化的产物。因为迎合了市场的需求，迪士尼动画电影赢得了可观的票房，迪士尼公司得以不断发展。而奥斯卡和格莱美的奖项又肯定了迪士尼动画的艺术成就。在时空压缩的全球化时代，迪士尼文化成为西方强势文化的重要代表，风靡世界。

三、中国的“主题公园”

主题公园的形成历程和迪士尼这一典型案例为评述中国的主题公园提供了坐标系。我国“主题公园”的发展呈现出“泛主题公园”的特点，似乎有个主题的园区就可以叫作“主题公园”。这对主题公园的发展极为不利，毕竟主题公园和非主题公园有着不同的发展规律和路径。本文提出“严格意义的主题公园”和“泛主题公园”两个概念，以适应西方主题公园的发展和我国主题公园的国情。

严格意义的主题公园，即以迪士尼为代表的主题公园，必须满足两个基本条件：一，有发达而强势的文化支撑；二，以游乐园（Amusement Park）作为物质载体。迪士尼乐园、环球影城无疑是主题公园，而美国的六旗、韩国的爱宝乐园恐怕究其本质还是游乐园，只是这些现代游乐园充分吸取了迪士尼等主题公园的文化主题模式，赋予了游乐园一定的主题，算是高级阶段的游乐园。由此推之，北京欢乐谷、桂林的乐满地、大连的发现王国、华强的方特也属于有主题的游乐园范畴。中国的文化产业与美国相比差距还非常大，没有强大的文化产业做支撑，恐怕在短时间内我国还难以形成像迪士尼那样具有全球影响力的主题公园。但西方主题公园的发展历程和思路无疑为我国游乐园的发展和未来主题公园的发展指明了方向——赋予游乐园一定的主题会增加园区的吸引力，而文化和文化产业的发展才是游乐园和主题公园的未来之路。

我国目前所谓的“主题公园”多是有主题的园区或旅游区，可以称之为“泛主题公园”。从我国“泛主题公园”的发展历程看，仍然呈现出明显的社会文化变迁和发展的倾向。20世纪80年代末90年代初，“锦绣中华”和“世界之窗”的出现和繁盛一时，究其根本是我国特定历史时期和特定空间的文化产物。届时，我国刚经历了改革开放带来的经济恢复和增长，钱包刚鼓起来的中国人虽然普遍还不具备出国旅游和周游全国的经济能力，但却有强烈地走出家门看世界的旅行意愿。于是，深圳这个与香港一河之隔的经济特区，一个集中了中国各民族特色和全世界微缩景观的园区，恰恰迎合了当时国人的出行需求和经济能力。时过境迁之后，整个90年代所涌现出的大批诸如“西游记宫”“三国城”等所谓的“主题公园”，既不符合真正“主题公园”的发展模式，也不符合旅游景区的发展规律，一股盲目的热潮后的全面崩盘也就在所难免。21世纪前后，新兴起的泛主题公园，除了北京欢乐谷、华强的方特、桂林的乐满地，算是有一定主题的游乐园之外，其他的大致是历史仿建（大唐芙蓉园、杭州宋城）、文化荟萃（锦绣中华、主题文化园）、影视基地（无锡三国城，横店影城）、自然动物园（海洋公园）等。这些“主题公园”实质上是旅游景区，其发展之所以成功是因为遵循了突出地域特色、差异化开发等旅游景区的发展规律（而非主题公园的发展规律），这不失为这些“泛主题公园”的发展之路。

参考文献

[1] Adams，J.A，The American Amusement Park Industry: A History of Technology and Thrills. 1991.Twayne Publishers, Boston.Botterill, J. The ‘fairest’ of the fairs: a history of fairs, amusement parks and theme park. Master of Arts Thesis, 1997,Simon Fraser University, British Columbia.

[2] Anton Clavé, Salvador, Global Theme Park Industry, 2006, CABI Publishing

[3] 约翰·斯道雷．文化理论与通俗文化导论[J]．南京大学出版社，2001．

[4] 从文化消费者的视角看高雅文化与通俗文化，张洪涛，东方论坛[Z]．2008．4．

[5] 惠敏．西方大众文化研究评述[Z]．山东外语教学，2010．4．

作者简介

杨　明，高级工程师；

王　萌，国家注册城市规划师；

潘运伟，工程师；

付志伟，工程师。

“海阔山幽”——旅顺天门山休闲养生度假区规划设计

Planning for the Tianmen Mountain Leisure and Health Care Resort

于润东 熊明倩
Yu Rundong Xiong Mingqian

[摘　要]　通过旅游策划及定位，确定休闲养生的度假主题，并策划丰富多元的功能构成，在此基础上规划充分尊重场地及地域特色，运用设计结合自然的理念，利用山谷的清幽和临海山坡的开阔，打造“海阔山幽”的养生度假区，并配套风情小镇商业街、消夏长廊、养生度假会议酒店、游艇俱乐部、金色沙滩、灯塔广场等一应俱全的度假设施。

[关键词]　养生休闲；海岸线细分利用；设计结合自然

[Abstract]　According to the tourism positioning, the planning formulates the theme of leisure and health care with a diversity of function composing. The concept of “design with nature” is applied in the whole planning, in which the tranquil valleys and the open coastal slopes are well integrated into the resort. Besides, there are also complete resort facilities, such as commercial style street, summer promenade, resort hotels, yacht club, golden beach, lighthouse square an so on.

[Keywords]　Leisure and Health Care; Sorted Using of the Coastline; Design with Nature

[文章编号]　2016-74-P-070

1.总体鸟瞰
2.卫星遥感图片（开发区）
3.高程分析
4.总平面图

一、规划概况

1. 区位交通

本次“天门山休闲养生度假区”项目位于大连市西部，距旅顺口城区10km，是大连西部临港新城的重要组团，对外交通十分便捷。

从正在建设中的开发区沿着景色秀丽的滨海景观路驱车向北，自然的山体犹如天然的屏障，将都市的拥挤、喧嚣隔绝在后，使人迅速置身于一片纯净的山海之间，这便是本案的所在地——天门山区域。

2. 现状概况及基地条件

规划范围内用地共约250hm^2，均在林地控制范围以外。项目基地内部呈现出山、海交融的地形地貌，绵长的海岸线提供了开阔、外向的滨海景观；而植被丰茂的山谷则因自然山体的环抱形成幽静、内敛的山地景观，正可谓是一块“海阔山幽”的山海宝地。

二、产品定位、目标客户群及规划原则

1. 项目定位

产品定位为：以休闲养生度假为主题的高端综

合旅游地产开发项目。

2. 目标客户群

大连，由于其在辽东半岛和环渤海的独特地理位置和优越的港口条件，成就了它作为东北亚区域性国际城市的重要地位。在这样的国际名城所进行的高档休闲度假产品开发，其所辐射服务的客户群，在空间上也将是由近及远的。

首先，产品服务于旅顺西部临港新城和旅顺城区的高端客户群，不足10km的距离将使本项目成为二者真正意义上的后花园；

其次，产品服务于大连市区的高端客户群，项目到达市区不足1h的车程，将使其成为大连市区理想的第二居所；

最后，产品服务于东三省、环渤海乃至东北亚的高端客户群，四季分明，夏无酷暑，冬无严寒的宜人气候，优美的山海环境和便捷的海陆空交通网络，将使项目成为休闲度假、康疗养生、投资置业的理想产品。

3. 规划原则

针对“国际休闲养生度假城”的定位，规划应该具备国际标准和本土特色。

在国际标准方面，规划应按照国际高端度假标准，运用“可持续发展”的理念作为指导，采取设计结合自然的方式进行规划建设，在保护的基础上进行开发。并且通过新建的人文建筑和新引进的名贵树种，再造、优化原有的自然景观，进一步提升该区域的综合环境品质。

在本土特色打造方面，规划挖掘场地自身的特点和价值，使其成为具有地域性和可识别性的独特产品。通过规划，进一步强化海滨和山谷的景观特质，使二者互为补充、相得益彰。

三、规划方案

1. 综合的功能策划

规划以休闲养生度假为主题，策划丰富多元的功能构成，主要包括：风情小镇商业街；度假会议酒店；游艇俱乐部；金色沙滩；休闲广场；休闲养生度假别墅；原住民还迁住区等。

2. 明确分区、动静分离的整体布局

规划将公共与私密属性，热闹与幽静特性进行明确分区。

公共沙滩、休闲广场、风情小镇商业街、消夏

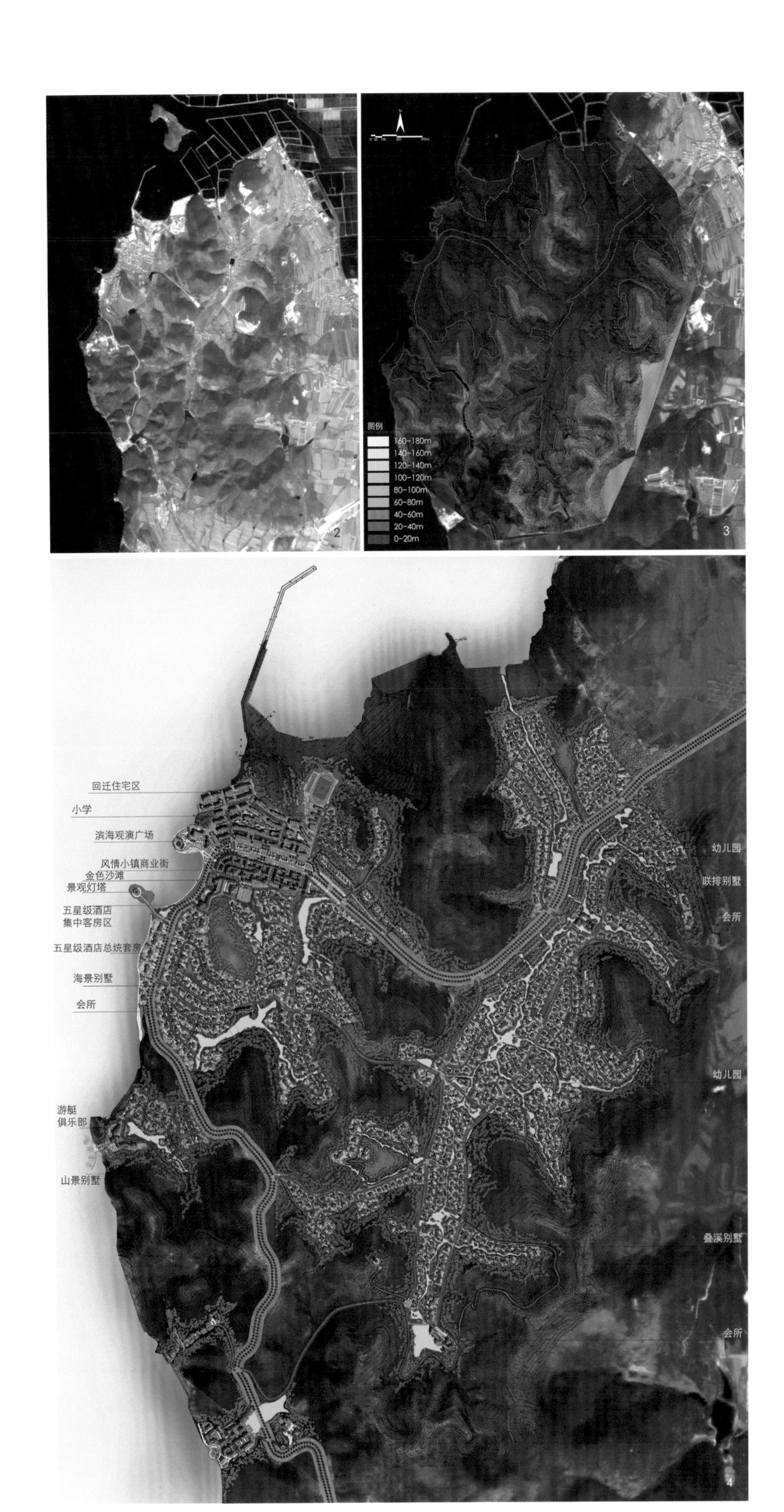

5

6

5.沙滩酒店效果图
6.渔港改造效果
7.游艇活动区方案
8.渔港改造方案

长廊等相对集中，打造一个热闹，充满人气与活力的中心区。

高端的休闲度假别墅、游艇俱乐部、私人会所等与中心区适度分离，封闭管理，使其成为私密、幽静的若干度假组团。

3. 海岸线规划细化分区利用

纯净蔚蓝的海岸景观是场地内最为宝贵的景观资源，规划将场地内的海岸线划分为公共海滩、私家海滩和游艇活动区域三部分。

将现状渔港改造成为一个公共沙滩浴场，使人们能够尽情地享受细腻的海沙。在沙滩与景观路之间设计木平台休憩区，提供休憩躺椅、阳伞等设施，并且规划一处人工淡水景观泳池，提供更全面的休闲服务。在海滩的两翼分别规划景观灯塔和休闲广场，增加海滩的围合感和文化性。

在规划的滨海景观总统别墅部分，设置私家海滩，提供私密、独享的海滨生活。

规划的游艇俱乐部的临海悬崖下，设置游艇码头，码头通过观景电梯与俱乐部联系。码头周围海域划为游艇活动区，与公共沙滩浴场和私家海滩保持足够的安全距离。

4. 海阔山幽不同调性的休闲养生度假别墅区

首先，通过地价分析辅助规划设计，在景观视线条件较好、土地价值较高的位置，规划户型较大的独栋别墅；在社区边缘的景观道路旁，则规划联排别墅。使得土地价值能通过规划得到比较合理的体现。

其次，充分挖掘场地特性，海景别墅与位于山顶、山坡位置的山景别墅充分发挥“旷”的特性，保障其视野的开阔度；位于山谷内的别墅则通过规划谷底的溪流湿地，栽种浓密树木打造山林野趣，发挥“幽”的特性。这样也同时丰富了产品的类型，为客户“仁者乐山，智者乐水”的不同喜好提供了选择的可能。

规划还充分利用现有冲沟，设计跌落式浅水水景，夹水布置叠溪别墅，既可获得高山流水的意境，又可作为山地的汇水排水和防灾减灾的预留。而在冬季，阶梯状的落水将凝结成为冰雪的台阶，跌落的冰溪景观将成为一道独特的风景。

而每一栋精心设计的养生别墅都能使人感受到冬季的纯净，春季的烂漫，夏季的丰茂和秋季的缤纷。

5. 五星级配套的养生度假会议酒店

养生度假会议酒店包括集中客房区和滨海景观总统别墅套房两部分。集中客房区将满足中高档的消费需求，在获得一线海景的同时，还可以便捷地享受到沙滩、景观泳池、休闲广场、风情小镇商业街、消夏长廊等设施。

滨海景观总统别墅部分采用国宾馆级别，每栋别墅都是相对独立的小型宾馆，内部设有小型宴会厅、会议厅和多间不同级别的客房，并拥有私家海滩，具备接待重要宾客的能力，同时也可作为企业会所使用。

6. 慢生活休闲的风情小镇商业街、消夏长廊及景观大道

商业街采用院落单元组合的方式，形成院街，将度假的情景风情与中国传统的院落格局融合在一起，获得具有特色的休闲空间。

将景观大道在商业街和回迁区之间的部分进行道路断面变化，使道路中间出现一个岛状的绿化空间，在其中规划设置广场和室外休闲区，作为消夏餐饮的长廊。

贯穿项目基地，串联各个功能片区的景观大道是感受项目品质和环境氛围的重要动态路径。通过精致的树种植物搭配室外环境设计，打造道路两旁

9
10

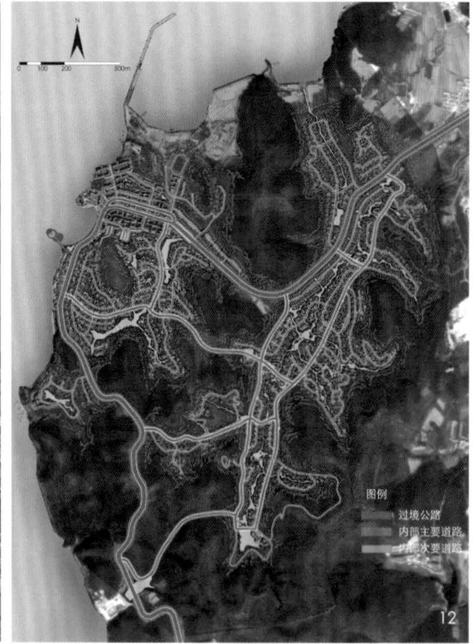

9.叠溪别墅
10.院落式商街
11.回迁安置区
12.董家山沟分析图

各约30m的景观绿化带，并规划若干景观节点，给人以或惬意宁静、或开敞辽阔、或热闹繁华的不同感受。

7. 尊重原住民的还迁住区

规划中，原住民原址还建，在改善提升其居住品质的同时，体现了保护弱势群体，延续原有社会结构和地方文脉的理念。还迁区与规划中心区在空间上的“零距离”，也将保证对广场、商业服务设施的持续利用，促进中心区的繁荣。

8. 整体风貌控制及生态环境保育与提升

为保证对自然环境的影响，区域内的建筑高度绝大多数控制在2~3层，少量建筑最高不超过5层；在建设强度方面，除中心区范围的商业街等采取中等建设强度和建筑密度外，其他如别墅部分均采用极低的建设强度和建筑密度进行规划，从而使建筑掩映在绿树丛中，实现人工建筑与自然环境的交融，和建筑在一定程度上的消隐。

在现有较为良好的生态条件基础上，通过精心的景观设计，大幅提高绿化覆盖率，在保留谷底部分果树和山坡松树的前提下，引进新的树种林相，增加绿化植物环境观赏的丰富度，提升生态环境品质。

9. 设计结合自然的交通规划

（1）度假别墅部分的山谷社区与海滨景观路之间规划三条道路联系，使得从山谷社区能够迅速地抵达海滨，在便捷享受滨海景致的同时，也为山谷内的安全疏散提供了保障。

（2）山地道路主次分明，道路呈树枝状延伸抵达任何一栋别墅，并尽量将别墅进行组团化布置，使得绝大多数别墅从次路进入。

（3）山地道路随形就势，在尽量减少土方量的原则下进行规划设计，并且使其满足道路坡度的设计要求。

（4）社区内部道路在保证交通通行的前提下兼顾景观性，通过设置环岛和道路中央绿化岛等增加在道路上行驶的观赏性，提升环境品质。

10. 公益优先的开发时序

首先进行回迁安置区的建设，其次进行市政、道路等各类基础设施的配套建设，其中重点是滨海景观路的局部改造及其两侧绿化带的打造，最后，适时启动别墅和商业服务设施的建设。

四、总结

“天门山国际休闲养生度假区”项目，将作为一个具有国际标准及大连地域特色的顶级休闲养生度假场所进行建设，规划利用山谷的清幽和临海山坡的开阔，规划打造“海阔山幽”的养生度假区，并打造滨海浴场、度假酒店、商业小镇、养生公馆等一应俱全的度假设施，项目对补充大连的高档休闲养生度假接待能力、提升旅顺口区和旅顺开发区的城市品质，带动地方经济的发展都将产生积极作用和深远影响。

参考文献

[1] 北京清华同衡规划设计研究院有限公司．大连旅顺天门山休闲养生度假区概念规划项目组[Z]．2010．

[2] 伊恩·伦诺克斯·麦克哈格，芮经纬，译．设计结合自然[M]．天津大学出版社，2006．

作者简介

于润东，硕士，注册规划师，国家一级注册建筑师，北京清华同衡规划设计研究院有限公司，详规四所，所长；

熊明倩，硕士，注册规划师，国家一级注册建筑师。

项目总控：尹稚、袁牧

项目负责人：于润东

项目组成员：戴莉、宝音图、赵楠、韩瑜、熊明倩

1

生态休闲&体育康养
——旅顺黄渤海岸度假区规划设计

Eco Leisure & Fitness
—Planning and Design of Lvshun Huangbo Seashore Resort

于润东 熊明倩
Yu Rundong Xiong Mingqian

[摘　要]　规划采取“生态主导”“体育健康为主题”的发展策略，走生态保护、生态旅游和保护性开发相结合的道路，打造以丘陵休闲体育运动、山地自行车健身运动、海上游艇帆船运动、滨海慢跑栈道、温泉健康疗养休闲等为依托，海洋世界、温泉度假酒店、商业步行街及温泉度假别墅等为载体的体育康养主题的生态休闲综合度假区。

[关键词]　体育康养；生态休闲；设计结合自然

[Abstract]　Under the development strategy of "ecological dominance" and "sports and health as the theme", the planning takes the way of the combination between ecological protection, ecological tourism and the protective development. Based on the mountain leisure sports, mountain biking, yacht sailing, seashore jogging plank road and hot springs spa, with varies projects of Aquarium, hot spring holiday hotel, Commercial pedestrian street and hot spring holiday villas, it is planned to be a comprehensive ecological leisure resort in the theme of sports and recreation.

[Keywords]　Sport and Recreation; Ecological Leisure; Design with Nature

[文章编号]　2016-74-P-076

1.总体效果图
2.生态分区
3.黄渤海岸区位分析图
4.黄渤海分界线
5.灯塔

一、项目概况

1. 规划背景

在大连市重点打造的旅顺西部临港新城仅一山之隔的老铁山区域，有着完全不同于城市的另一番景象。这里有逶迤的山峦，有丰茂的绿化植被，有曲折绵长的海岸景观，有条件良好的温泉地热，有黄渤海分界线的旅游资源，有辽东半岛最南端的灯塔，是打造国际级体育康养休闲度假目的地的理想之所，这就是本案“黄渤海岸国际生态旅游度假中心”的所在地。

2. 项目选址与规划范围

原大连市委书记夏德仁曾强调：“旅顺最有条件成为科学发展示范区，它既是大连历史文化的依托，又是国际级自然保护区，是大连的肺叶。一定要在保护的前提下开发，在开发的过程中注重保护，应形成三个开发梯次，确立优化开发区、限制开发区、禁止开发区，使旅顺成为大连最漂亮的地方。”

本次规划充分体现“科学发展示范区”的理念，规划将约18km^{2}的用地规划范围，分为生态缓冲区和生态试验区两部分。其中，生态缓冲区用地约7.8km^2，主要进行生态保护的研究和生态环境的培育与提升，属于限制开发区；生态试验区用地约10.2km^2，主要进行具有生态保护性的旅游综合开发，属于优化开发区。

二、项目开发战略

规划采取“生态主导”“体育健康为主题”的发展策略，走生态保护、生态旅游和保护性开发相结合的道路，开发建设一个环境生态一流、旅游配套一流、管理服务一流，代表大连乃至全国一流水平的综合生态旅游度假中心，即“黄渤海岸国际生态旅游度假中心”。

首先，要全面加强区域内生态环境的保护、培育与提升；其次，在缓冲区内，结合生态保护与生态研究，开展丰富多彩的生态观光旅游；最后，在实验区内，按照改善环境品质、提升旅游配套水平，以体育健康为主题，打造国际级旅游度假胜地的目标，适度进行低密度、低强度、高品质的生态综合旅游开发。

1. 生态保护与生态旅游为主导

（1）改善树种林相优化自然本底

规划范围内的现状条件，绿化覆盖率虽然较高，但其中有较大面积的杂草区，有树木覆盖的区域，树种也多为低矮果树、灌木与杂树，缺乏多年生的高大乔木，生态系统相对还是较为薄弱，生态环境尚待进一步改善。

本次规划在18km^{2}的全部范围内，将大量引进种植适宜本地气候的多年生高大乔木及各类名贵树种，改善现有的树种林相，丰富植物种类的多样性。

（2）设立植物研究所与植物园

在生态缓冲区中，将设立植物研究所，进行植物的培育研究与养护。另外，还将建设植物园，其中包括室内热带植物园及名贵中草药的种植研究基地，使这里成为植物科研、自然科普、生态体验的一个基地。

（3）规划现代农业果园观光体验区

依托于植物研究所的科研技术力量，在生态缓冲区中规划设置现代农业果园观光体验区，大面积种植各类精心培育的果树。这样，春季漫山遍野的烂漫山花和秋季的累累硕果将提供给游人踏青赏花、采摘丰收的乐趣，成为新的生态旅游园区，同时果树的种植养护收获，还能在一定程度上保障当地农民的经济收入。

（4）减少常住人口数量及密度

现状规划范围内有多个村镇聚落和这些村镇的村办企业，人口密度较大，建设强度较高，并且由于村民缺乏环境保护的意识和管理监督机制，因日常生活、生产而对生态环境长年累月所产生的负面影响是

编号	用地类型	用地面积（hm^2）	占总用地（%）	建筑面积（万m^2）
A	海景别墅区	402.82	39.26	201.41
A－Ⅰ		115.06	11.21	57.53
A－Ⅱ		131.69	12.83	65.845
A－Ⅲ		69.79	6.80	34.895
A－Ⅳ		15.68	1.53	7.84
A－Ⅴ		70.6	6.88	35.3
B	酒店	35.69	3.48	35.69
B－Ⅰ		17.13	1.67	17.13
B－Ⅱ		13.06	1.27	13.06
B－Ⅲ		5.5	0.54	5.5
C	18洞高尔夫球场	196.02	19.10	3.2
C－Ⅰ		110.07	10.73	2
C－Ⅱ		85.95	8.38	1.2
D	渔夫码头	1.52	0.15	1.05
E	商业休闲街	7.54	0.73	9.05
F	教育配套设施	1.18	0.11	0.94
G	生态绿地	381.35	37.16	0
总计		1 026.12	100.00	251.34

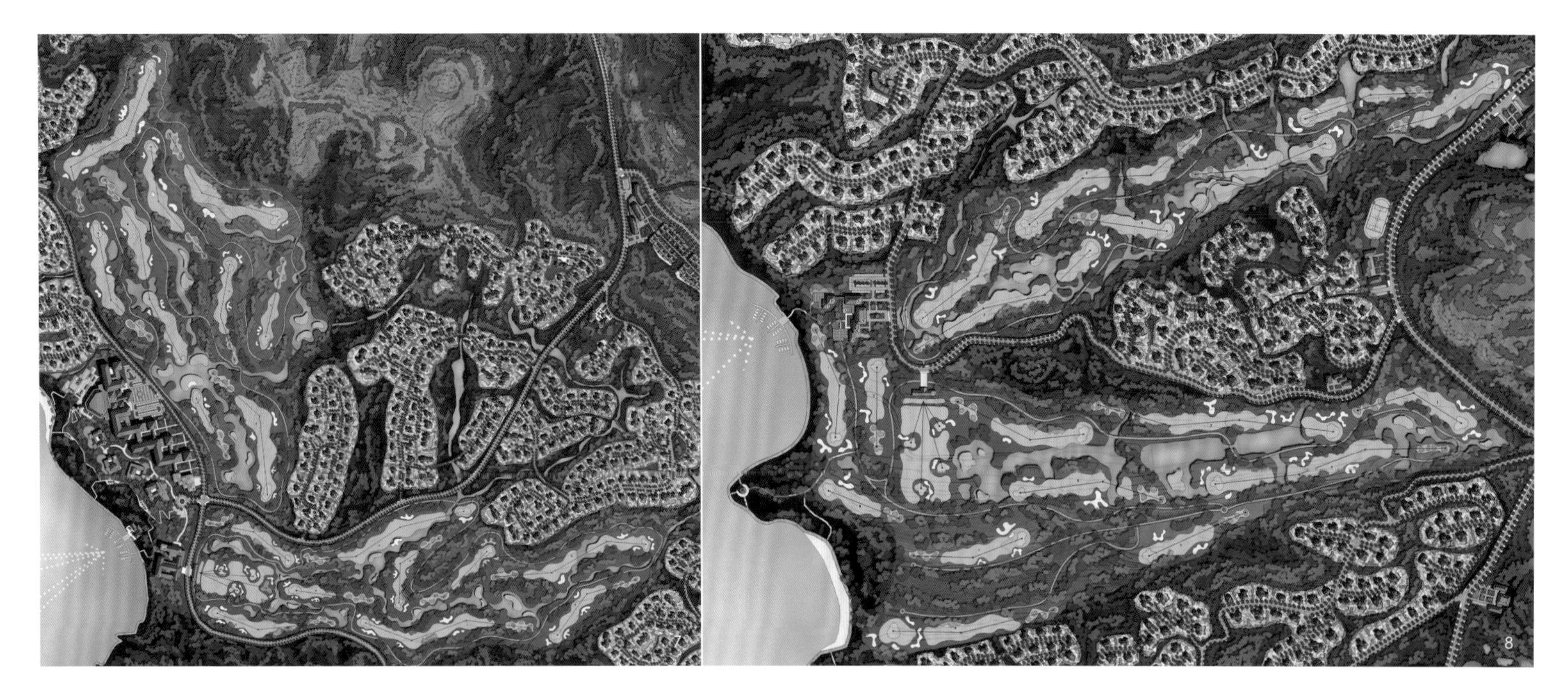

6.规划总平面
7.高尔夫北部18洞
8.高尔夫南部18洞

相当巨大的，因此，本次规划进行常住人口的有机疏解，将一部分数量的人口搬迁至“西部临港新城”中，而规划范围内则更多地为进行生态旅游和休闲的流动人口进行服务。

（5）提高基础设施的系统化及标准

现状村庄没有完善系统的基础设施建设，生活和生产排放的废气、废液、废物难以达到环保标准，本次规划将大力进行基础设施的建设，完善的地下管线系统及高标准污染物处理排放设施将为生态环境的保护提供强有力的硬件保障。

2. 体育健康为主题的综合旅游开发规划

在采取一系列的生态保护措施的前提下，规划在生态试验区约10.2km^{2}用地内，以体育健康为主题，进行具有生态保护性的综合旅游开发，希望成为生态保护与开发利用、人与自然和谐共生的一次有益探索与尝试。

三、规划方案

1. 规划功能构成

生态试验区规划用地约10.2km^2，主要包括：会议休闲度假酒店、健康温泉、丘陵体育休闲运动公园、黄金海滩、游艇及帆船俱乐部、木栈道景观亭观海阁、渔夫码头风情小镇商业街和休闲度假别墅区等。

2. 会议休闲度假酒店

规划三个不同主题的会议休闲度假酒店。其中，北部两个为五星级体育健康度假酒店，南部一个为海洋文化博览中心酒店。

五星级度假酒店将满足中高档的消费需求，在获得一线海景的同时，还可以便捷地享受到沙滩、景观泳池、休闲广场、高尔夫球场及俱乐部、游艇俱乐部等高档休闲服务设施。

海洋文化博览中心酒店将作为本项目的特色和亮点重点打造。规划借鉴阿联酋迪拜酒店建设的经验，将其建设成为集海洋生物观赏与会议、展览、餐饮、住宿等相结合的七星级综合生态文化博览中心，使人们尽情感受海洋的魅力。无论是在用餐的餐厅，还是在一个个独立的高档客房里，客人都感觉是在海底世界中，海洋生物自由的游弋在周围，人与自然无障碍地交融在一起，这种奇妙的生态体验将令人终生难忘。

3. 健康温泉

老铁山温泉是大连近百年的传统疗养资源，历史悠久，颇负盛名，但现状开发利用水平较低。规划充分利用当地温泉，采用公共温泉：室外森林温泉汤池、森林温泉汤屋、酒店集中温室温泉，与私家温泉的入户相结合的方式进行布置，打造健康温泉主题。

集中温室温泉位于生态缓冲区的山谷内，可融于植被繁茂的山林。它可以隔绝严寒，使得人们即使在冬季，也能享受到具有热带风情的高端温泉服务，并能在室内室外感受到巨大的情景反差。

森林和风汤屋是静谧独享的高端温泉，小巧的木屋散布在茂密的山林之中，兼具实用性和私密性。而掩映于林间的室外温泉，使人可以回归原始，与自然融为一体。同时通过改善温泉公园周边的树种，如种植耐寒的松竹梅等，增强观赏性，并且突出北方植物的特色和冬天的苍劲雄浑之美。使冬天的室外温泉与雪地自然环境相得益彰，获得如童话世界般的意境。

4. 丘陵体育休闲运动公园

规划了由两处18洞高尔夫球场所组成的丘陵体育休闲运动公园。利用自然冲沟及水渠形成的水系、修整地形形成草坡、果岭和沙地，使自然地形与球场规划巧妙融合。

北部高尔夫球场地势平缓，视野开阔，近海一侧可借山势欣赏海景。

南部的高尔夫球场，地势跌宕起伏，设计充分考虑地形，结合溪流、山谷、山坡、山顶、悬崖等设计出难易程度不同的球道，增添高尔夫的趣味性和刺激性。同时，在临海悬崖上打造果岭，坐享180°的海天景致。

5. 黄金海滩

结合别墅区、酒店、高尔夫球场规划多处公共

9

9.别墅
10.秋天
11.温泉
12.渔人码头

沙滩，使人们能够尽情地享受细腻的海沙。在沙滩周围设置休憩区，区内有躺椅、阳伞等设施，可提供全面的休闲服务。

6. 游艇及帆船俱乐部

规划的海洋文化博览中心酒店的山脚下设置游艇俱乐部及其码头。

游艇分为豪华游艇及冲浪帆船，为爱好体育健身的人群提供服务。

码头与商业休闲街及广场相连，为购物人群提供便利的海上交通。周围海域划为游艇活动区，与公共沙滩浴场保持足够的安全距离。

除码头之外，还沿海布置4处小型游艇码头，形成连续、完整的游艇航线网，方便游人往来于各个公共建筑群之间，进行各种海上体育健康娱乐活动。

7. 木栈道、景观亭及观海阁

连接滨海的悬崖、沙滩规划设置连续的木栈道，为人们提供散步、慢跑的场所，使人们最近距离地观赏海景、聆听海浪、享受海风。并在滨海一侧的地势高处规划多处观海亭，既为观海或在海边锻炼的人们提供了休息场所，又起到了标识和引导作用。

在场地东南角的高地上，规划设置观海阁，成为观赏黄渤海分界线的最佳场所，同时其自身也将成为标志性的景观节点。

8. 渔人码头风情小镇商业街

商业街采用院落单元组合的方式，形成院街，将度假的情景风情与院落格局融合在一起，获得尺度怡人的休闲空间，品尝海鲜，乐享生活。

9. 休闲度假别墅区

充分挖掘场地特性，将别墅分为五大组团。北部大部分为地势平缓的南坡，视野开阔，布置两个大组团，尽享极致海景。南部山峦起伏，地形丰富多变，故在山坡和山顶布置三个别墅组团，海景与山景兼得。

并且，所有别墅都布局在地势相对较高的位置上，充分利用地段观海的景观资源。每栋别墅均配有无边界泳池，使得别墅与大海在感官上实现“零距离”的沟通。

10. 重视山地自行车的道路规划

为突出体育健康主题，规划道路专门开辟自行车辅路，可以为山地自行车提供专门的预留路权。并且在道路规划设计上也尽可能地增强其景观品质与趣味性。

（1）度假区规划东西向三条、南北向一条道路与原有过境道路组成完整的道路网，使得从东部山脊能够迅速地抵达西部海滨。

（2）山地道路随形就势，在尽量减少土方量的原则下进行规划设计，并且使其满足道路坡度的设计要求。

（3）社区内部道路在保证交通通行的前提下兼顾景观性，通过设置环岛和道路中央绿化岛等增加在道路上行驶的观赏性，提升环境品质。

四、总结

“黄渤海岸国际生态旅游度假中心”项目，将作为一个具有国际标准及大连地域特色的顶级生态旅游度假场所进行建设，在生态保护、培育、提升的基础上，进行具有生态保护性的综合旅游开发，希望成为生态保护与开发利用、人与自然和谐共生的一次有益探索与尝试，成为一处生态体验、科普教育、休闲度假、康疗养生的基地，成为大连新的城市名片！

参考文献

[1] 北京清华同衡规划设计研究院有限公司，大连旅顺天门山休闲养生度假区规划项目组[Z]．2010

[2] 伊恩·伦诺克斯·麦克哈格．设计结合自然[M] 芮经纬 译．天津大学出版社，2006

作者简介

于润东，硕士，注册规划师，国家一级注册建筑师，北京清华同衡规划设计研究院有限公司，详规四所，所长。

熊明倩，硕士，注册规划师，国家一级注册建筑师

项目总控：尹稚、袁牧

项目负责人：于润东

项目组成员：杨超、韩瑜、赵楠、戴莉、宝音图、熊明倩

10
11
12

山水生态共享，民俗文化演绎
——贵州原野生态示范园概念性规划

Ecological Shared, Cultural Interpretation
—Concept Planning of Weald Ecological Demonstration Garden Pingba ,Guizhou

孙 漫
Sun Man

[摘　要]　在当前现代农业可持续发展与美丽乡村建设双重因子催化促进下，贵州原野生态示范园项目立足于现代设施农业发展，充分挖掘区域生态文化要素，在传统农业基础上植入田园梦工场概念，通过生态农业、文化休闲、体验度假等功能，构建人与自然和谐共生的生态休闲胜地。

[关键词]　现代农业；生态共享；山水人文；筑梦原野

[Abstract]　In the current, with the double factor catalyst promoter,Sustainable Development of Modern Agriculture and Beautiful Village Construction , The project Concept Planning of Weald Ecological DreamWorks ,Guizhou based on modern agricultural development, to explore the regional eco-cultural elements, implantation the concept of Weald Ecological DreamWorks into traditional agriculture, by the ecological agriculture, culture and leisure, vacation and other functions, to build harmonious coexistence between human and nature ecological resort.

[Keywords]　Modern Agriculture; Ecological Shared; LandscapeHumanities; Agricultural Dreamworks

[文章编号]　2016-74-P-082

1.总体规划布局

一、项目背景

2014年2月26日，贵州省《贵安新区总体规划（2013—2030年）》向社会进行公示并正式提请报批，规划提出贵安新区作为“西部地区重要经济增长极、内陆开放型经济新高地、国际休闲旅游的新兴基地、生态文明示范窗口”发展战略。

2014年《平坝县城乡总体规划（2014—2030年）》提出“建成国内知名的生态文化旅游基地；贵州省重要经济增长极、城乡统筹示范区、现代农业示范区”的发展目标；《安顺市邢江河流域分区规划（2015—2030年）》着力打造红枫湖—邢江河生态廊道，为安顺市国家级旅游养生度假基地、西南地区民族文化发展特色基地和丘陵山地城镇化发展提供重要支撑平台。

贵州原野现代生态农业示范园建设项目紧紧围绕贵州省现代高效农业发展需求和“四化同步”的要求，在充分完善自身现代农业精加工功能基础上，重新整合区域山水人文综合发展要素，形成一体化现代农业示范园区，打造原野生态农业旅游品牌，使项目融入到区域国际生态休闲旅游、民族文化发展基地建设体系之中，实现园区项目可持续发展。

二、总体发展研究

1. 区域旅游系统日臻完善

项目所在地贵州省安顺市平坝县，位于贵州省旅游黄金干线和贵安新区核心区域，贵安一体化区域为贵州省4A、5A级风景区最为集中的区域，随着各类交通设施的不断完善，区域休闲旅游系统性打造指日可待。

2. 山、水、田生态格局自成一体

明代夏言有诗云：“朝出城南村，策马入荆杞。村中八九家，烟火自成里。儿童候晨光，稍稍荆扉启。田邻务收获，时复披草语。昵昵何所云，但云好禾黍。”（《平原道中》平原即平坝）

规划区山水田要素兼具，山体为典型喀斯特地貌，山体相连而成环抱之势；邢江河从场地南侧蜿蜒而过，在东侧与其支流槎白河交汇，水量丰沛；山水形成山环水绕的态势，葱翠的农田、古朴的村落分布在山水之间，富于特色的自然环境奠定了规划区有山可就、有水可依、有田可赏、有村可游的旅游条件基础。

3. 多民族融合地域，历史人文底蕴深厚

汉族、苗族、布依族多民族混居发展成多元化的文化格局，民俗文化、建筑文化及饮食文化在这里相互融合，相互影响，形成区域独特地理人文风情。场地内部及周边分布有多处布依村庄，经过时代发展变迁，布依民族居住文化代表象征石板房依稀可循，“择水而栖、青山为靠、修竹在傍”悠然自得的生活画卷就此展开，“稻作文化、煮生食、六月六”民俗文化纵情演绎。

“不了解贵州进士，就不了解贵州文化。”当代贵州著名学者刘学洙先生一席话显示了进士文化在贵州的重要地位，“一门四进士”“父子两翰林”陈氏家族奋斗史为平坝文化增添一层厚重。

4. 总体发展定位

结合项目场地条件及区域发展特征分析，在对项目进行发展预判基础上对上海多利农庄、瑞士英格堡度假村、台湾清境农场、银川鸣翠湖国家湿地公园、四川龙门山国际山地旅游等相关案例进行产业、生态、文化融合发展研究探索。综合案例分析明确项目发展定位。

科技型农业生产观光基地——基于农业种植、加工项目立项之本，植入低碳环保、科技创新理念打造多触点现代农业体验园地。

生态型休闲健康养生胜地——依托山水环境，

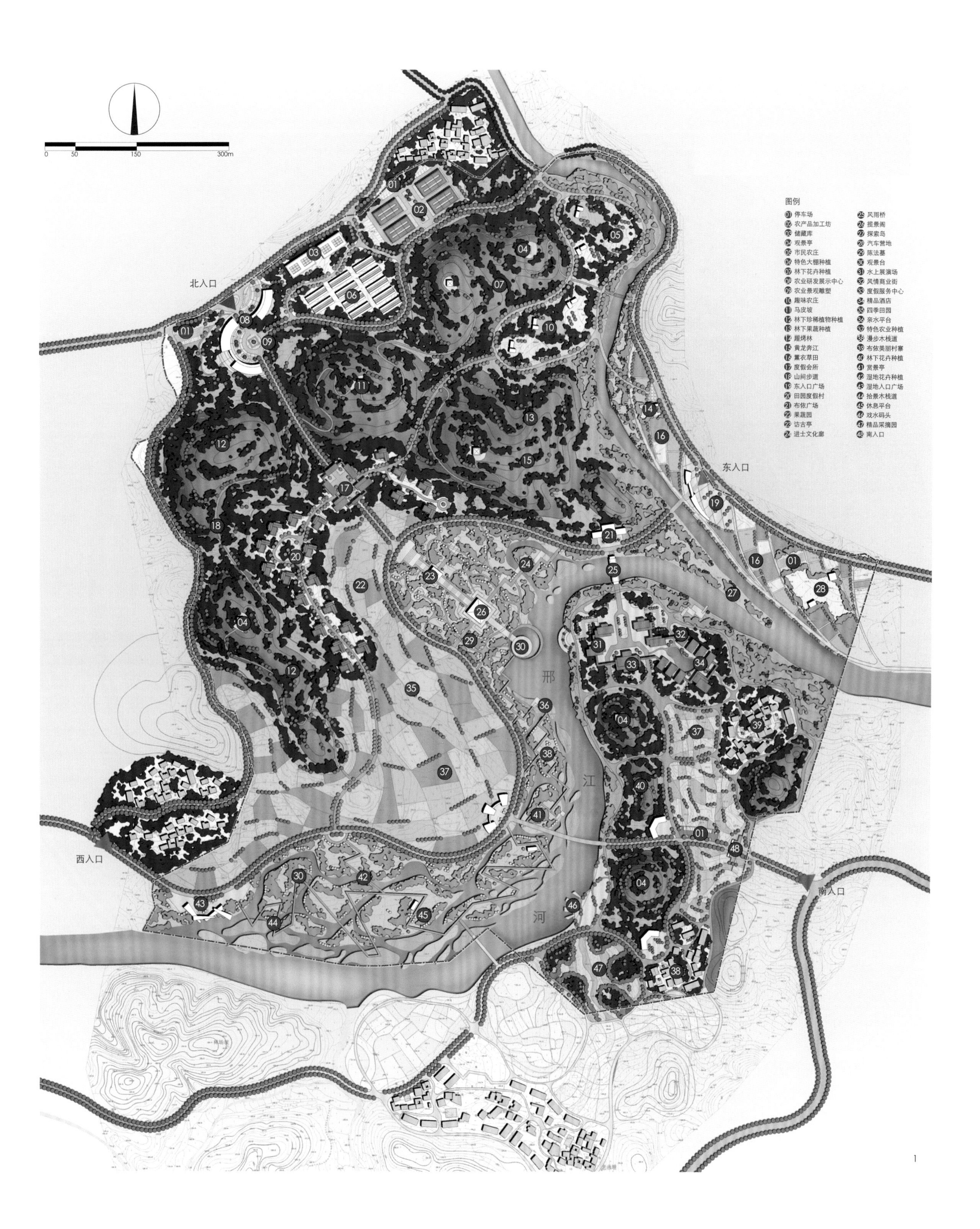
0
50
150
300m
北入口
东入口
西入口
南入口
邢
江
河
图例
01 停车场
02 农产品加工坊
03 储藏库
04 观景亭
05 市民农庄
06 特色大棚种植
07 林下花卉种植
08 农业研发展示中心
09 农业景观雕塑
10 趣味农庄
11 马皮坡
12 林下珍稀植物种植
13 林下果蔬种植
14 趣烤林
15 黄龙奔江
16 薰衣草田
17 度假会所
18 山间步道
19 东入口广场
20 田园度假村
21 布依广场
22 果蔬园
23 访古亭
24 进士文化廊
25 风雨桥
26 揽景阁
27 探索岛
28 汽车营地
29 陈法墓
30 观景台
31 水上展演场
32 风情商业街
33 度假服务中心
34 精品酒店
35 四季田园
36 亲水平台
37 特色农业种植
38 漫步木栈道
39 布依美丽村寨
40 林下花卉种植
41 赏景亭
42 湿地花卉种植
43 湿地入口广场
44 拾景木栈道
45 休息平台
46 戏水码头
47 精品采摘园
48 南入口

1

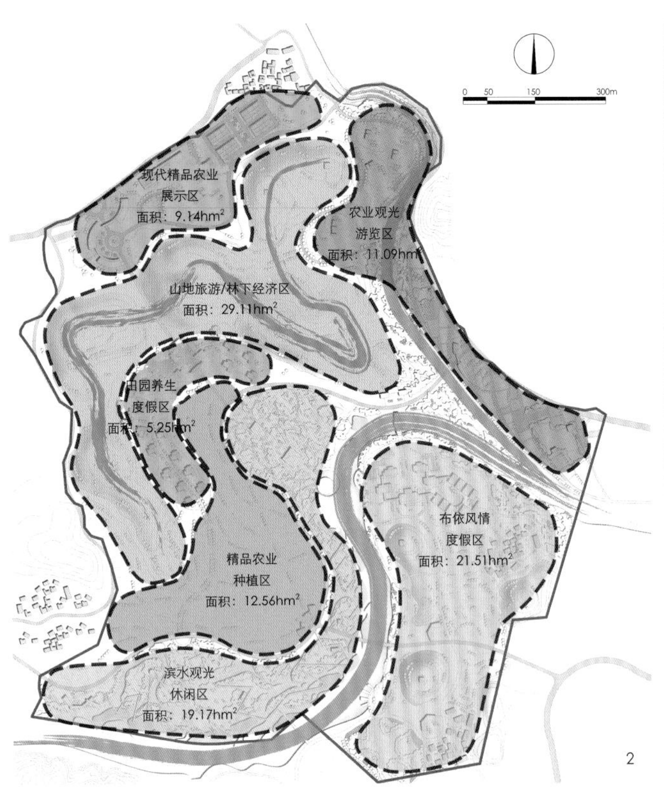

2

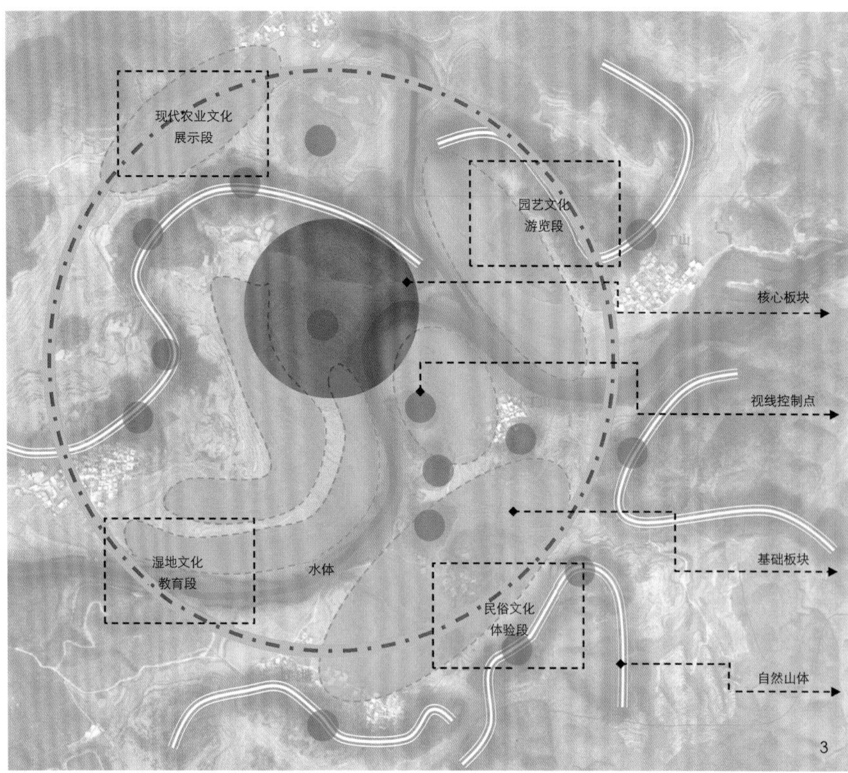

3

借休闲产业发展之机，打造山野览胜、碧水清幽的休闲养生之地。

区域性文化体验度假中心——以布依文化为载体，提炼多元民俗文化要素，营造文化嬗变、风情独特的文化度假场所。

三、原野生态梦工场概念规划

1. 精细化、多元化、智慧化长夜发展模式探索

建立完善农业产业链条保障农业产业独立运转，同时，通过农业上游产业延伸提升园区农业附加值。

2. 核心发散、就势而成空间骨架建立

以文化内核为中心，依托地形地势有序布置各大产业功能区域，实现空间利用最大化与功能最优化组合。

以山为界，以水为媒；动中取幽、静中藏动，动静之间体验区域独特的自然环境，领略到地方独特的文化价值魅力所在。

3. 文化挖掘提炼、奠定园区发展新高度

文化要素提炼融合，打造园区价值内涵，以文化为主线强化园区各功能板块之间的联系。

基于场地特征，融合产业、生态、文化发展考量，形成“一心两轴两带多片”发展格局，“以山为界，以水为媒，点轴连片”山水联动空间序列由此展开。

四、主题分区

规划依托自然环境，结合项目功能设置，将基地划分为“现代精品农业展示区、精品农业种植区、田园养生度假区、滨水观光休闲区、布依风情度假区、农业观光游览区、山地旅游/林下经济区“七大功能区域。使场地集山体风光、水体风光、建筑特色、民俗人文特色、大地景观等不同特色景观于一体，形成场地独特的魅力。

1. 现代精品农业展示区

精品农业、立项之本。作为现代精品农业展示区，农业种植加工是本项目的立项之本。农业育种、种植、加工产业体系建立为园区自身农业循环经济提供了高效安全保障。

休闲体验多元化农业发展。在农产品加工的基础上，规划从可视化农业生产、农业文化展示等方面入手，建立农产品生产工艺展示、科技农业种植、农产品展销、农业文化展示等多元化农业体验模式，为自身农业发展注入新的发展动力。

2. 精品农业种植区

（1）精品种植

因地势条件优势，平坝素来有“黔中大粮仓”的美誉。规划将承接这一份殊荣，结合场地特征，依靠基地良好的自然环境资源，借助现代先进技术，打造现代精品农业种植区，展现现代化农业种植、花卉培育，提供绿色生态安全的农业产品。

（2）多层次大地景观

规划在农业种植的基础上，充分利用基地地形条件进行改造升级形成多种类型农业种植地带，同时通过水稻、蔬菜、果林等多种农产品穿插种植营造丰富多变的大地景观。彰显人与自然和谐相处的田园盛景，实现人与自然零距离接触。

3. 田园养生度假区

生态田园，休闲度假，回归自然，敬畏自然，享受自然，置身于山水田园，青山、绿水、屋瓦，远离笙箫，寻找心灵的那份宁静。建筑临水而建，错落有致，点缀于田园景观之中。

充分利用现状的地形地貌条件，结合周围的树林、果园、菜地、农田等田园资源构建田园住所，在环境、空间、设施上让游客亲近生态，享受自然，体验田园之趣。

4. 滨水观光休闲区

（1）生命之源，保护修复

作为基地乃至区域内主要河流，不仅是基地重

2.主题功能分区
3.场地空间发展序列
4.效果图

要景观资源更是区域饮用水源，规划以邢江河生态保育为核心，打造湿地生态修复区将其融入生态系统之中，保障水源的同时提高区域生态系统安全性。

（2）草长莺飞、湿地乐园

湿地的打造旨在维护生物多样性，调节气候，保持良好的生态环境。本次规划片区是以打造生态为基础，以人文生态为精髓，以休闲度假功能为主体，兼具观光、艺术、创意、体验、游览等多种功能于一体的生态湿地休闲观光区。

5. 布依风情度假区

（1）娱游购住，农业休闲新体验

规划围绕娱、游、购、住主题，建立多功能商业街，将现代都市文明植入田园乡野之间，以田园为依托，以商业为辅助重塑现代农业休闲生活方式。

（2）品味文化，展现布依风情

布依文化作为特色地域文化是基地不可多得的核心动力源之一，规划凭借悠久的农耕文化与布依文化，通过二者的交互穿插勾勒出一幅民族发展画卷，实现优美的自然环境景观到精神文化的过渡，全面提升基地旅游品质。进一步挖掘提炼地方民俗文化，还原民族生活习俗、传统农事活动、传统文化和节庆、奇异风情等文化传统活动及场景，作为村庄特色旅游休闲体验项目。

（3）互赢合作，筑就美丽乡村

规划采取互利共赢措施，保障基地区域完整性的同时合理安置村民，将村庄进行改造后纳入园区商业休闲度假整体中，实行互助合作，共同提升，实现经济、环境、资源上的共赢。

6. 农业观光旅游区

瑰丽花谷、鸟语花香。结合基地特征，在东部槎白河畔打造滨河花带，与槎白河相互交融和谐，打造一个姹紫嫣红、静谧宜人的缤纷世界。

休闲娱乐、多姿生活。规划结合繁花水岸，在花海徜徉之间开辟一方天地，将露营、烧烤等趣味体验置于其间，使自然于静谧之间呈现展露新的生机，使都市人群以一种新的方式领略自然之趣。

趣味农庄、拾趣原野。规划结合水岸种植带打造趣味休闲农庄，以休闲教育的方式使农业得到新的诠释。

7. 山地旅游/林下经济区

（1）生态循环经济

以林地资源为依托，以先进科学技术为支撑，充分利用林下土地资源和林荫空间，选择适合林下生长的微生物（菌类）和植物种类，进行合理的复合种植，以构建稳定的生态系统，达到林地生物多样性。使林地既是生态保护带又是综合经济带，林业资源优势变为经济优势，将林地的长、中、短期效益有机结合，极大地增加林地附加值。

（2）山地旅游

结合多层次的山体景观，丰富的植物资源，以及当地人文景观等旅游资源，打造集山地观光、休闲

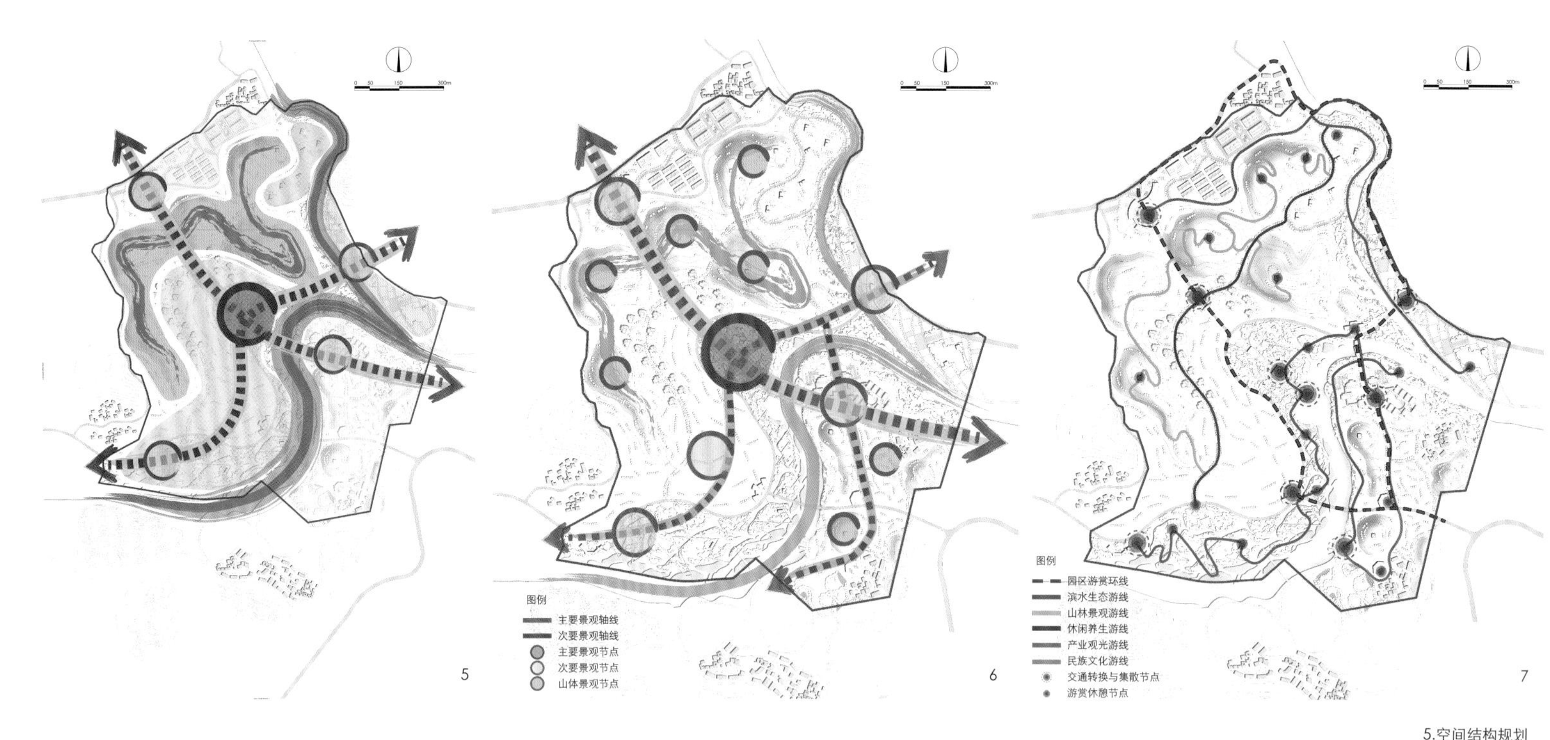

5.空间结构规划
6.景观结构分区
7.旅游游线组织

度假、健身、娱乐、教育、运动为一体的山地旅游，同时兼具山地野外拓展等特色旅游。

8. 魅力水岸

（1）生态水源涵养

规划以邢江河、槎白河为载体，秉承水源涵养修复原则对基地内邢江河以及槎白河进行保护性开发，最大限度地进行水源保护和修复，降低人类活动对水源影响。

（2）闲趣水岸打造

依托地形条件，结合河道沿岸功能分区，通过观水栈道、亲水平台、水岸广场、风雨桥、观河亭台等多种滨水空间营造，打造流光溢彩的滨河岸线，远有青山鸟鸣，近有碧水青竹，俯仰之间动静皆成景，隽秀水岸自成一景。

充分利用邢江河水资源优势，结合人们的亲水天性，在尊重自然环境，保护水资源，减少对原始自然环境的改造与污染最小化的前提下，设置部分水上游憩休闲项目。泛舟水面，盈盈水间竹光山色，微风拂面，暗香浮动，山水之间怡然自得。

五、项目实施

由于规划涉及资金庞大，规划采取总体把控，分步实施策略以解决开发过程中的相关问题，最终实现园区的良性循环。

一期建立农业种植加工体系（2016年）。着力打造育种、种植、加工三位一体的现代农业体系，引导园区农业有序发展。

二期休闲农业植入（2017—2018年）。在农业体系建立的基础上，梳理山水环境，全力进行景观环境的打造，通过优越的自然条件和精美的景观环境进一步拓展农业产业链条，植入“休闲农业”概念，为园区注入新的发展动力，进一步扩大区域影响力。

三期形成完备的综合型特色农业园区（2019—2020年）。在一期、二期投资建设和产业起步的基础上，通过田园养生度假场所的打造和美丽乡村的建设进一步完善园区的产业系统。

一个项目实施运营得益于企业完善的管理体制，针对项目可操作性与时效性原则，规划通过建立企业系统管理机制、建立责、权、利统一的激励机制、建立生产与科研一体化机制、建立技术引进和推广机制四大策略逐步完善形成自身产业循环机制。

六、结语

本项目采用生态农业模式建设，集特色农业种植、加工为一体进行综合开发， 又有机地与观光、休闲、旅游功能相结合，充分利用、挖掘、开发现有的自然资源，使自然资源和再造资源有机结合，提高了整个园区的品位和生态效益，充分体现了现代农业综合开发的主题。

参考文献

[1] 李文华．生态农业：中国可持续农业的理论与实践[M]．北京： 化学工业出版社，2003：09－15．

[2] 文军．民族地区乡村微型旅游企业发展的制约W素研究：以广西为例[J]．改革与战略，2013，29（5）：60－63．

[3] 唐玉萍．西部民族旅游地文化产业与旅游业互动发研究：以云南丽江为例[D]．昆明：云南师范大学，2007，30－45．

作者简介

孙　漫，北京锋维思规划设计有限公司。

基于生态优先角度的旅游新区发展规划
——三峡宜昌平湖半岛旅游新区

Development Planning of New Tourism District Based on Ecological Priority —Pinghu Peninsula Tourism District of Three Gorges, Yichang

陈 敏
Chen Min

[摘 要] 近年来，旅游业在城市中的发展助推力越发受到人们重视，不少城市均开始从传统城市规划转向旅游策划导向的城市发展规划。然而，受到土地资源、城市区位和交通等多方面因素的制约，旅游规划并不能以某种统一的套路复制。面对“中部地区崛起”的国家发展战略，具有地理特色和独特景观资源的宜昌市，势必处在自身升级和推动周边地区共同发展的重要阶段。本文是基于生态优先角度下，利用平湖半岛地区的资源优势，从现状制约条件和主要问题入手，制定一条适宜该地区发展的旅游规划思路。

[关键词] 生态优先；三峡；旅游；新区

[Abstract] In recent years, the development of tourism industry in the city to help push more attention, many cities have begun to shift from the traditional urban planning to tourism planning oriented urban development planning. However, it is restricted by many factors, such as land resources, urban location and transportation, and so on. In the face of the rise of the central region of the national development strategy, with the geographical characteristics and unique landscape resources of Yichang, is bound to be in its own upgrade and promote the development of the surrounding areas of an important stage. In this paper, based on the ecological priority, using the resource advantage of Pinghu peninsula area, starting from the current situation and the main problems, this paper made a plan for the development of the region.

[Keywords] Ecological Priority; The Yangtse Gorges; Tourism; New District

[文章编号] 2016-74-P-087

一、基地分析

1. 项目概述

（1）发展背景

近年来国家《政府工作报告》都提出“促进中部地区崛起”等相关战略，宜昌是中部地区独具特色，较有发展活力的城市，具有无可替代的区位和较好的发展条件。《湖北省城镇体系规划（2003—2020年）》中提出构筑宜昌都市区，塑造湖北省域副中心的战略构想，对宜昌提出新的定位，将作为湖北省战略支点作用，带动鄂西南地区加快发展。同时，建设部、国土资源部等部委提出加强基本农田保护，严控建设用地规模，建设节约型城市，又对城市规划建设提出了新的控制要求。面对这样的机遇与挑战，宜昌市平湖半岛地区未来的发展，不仅要考虑地区自身生态资源限制条件和产业基础，还需要考虑作为宜昌市未来重要功能区域，如何巧妙地纳入可持续产业促进当地发展。

（2）基地情况

宜昌市平湖半岛位于西陵峡口，由葛洲坝工程回水所形成的平湖水面和西陵山半岛形成。规划范围东、北至夜明珠路—黄柏河桥—嫘祖庙，西至长江溪桥—长江北岸，南至马羊山，区域面积3.52km²，其中黄柏河水域面积1.74km²。这里是“两坝一峡”国际旅游区的起点，地处城区与峡口风景区结合地带，区位优势明显，交通便捷。

宜昌“上控巴蜀，下引荆襄”，素以“三峡门户、川鄂咽喉”著称。自古以来，就是鄂西、湘西北和川（渝）东一带重要的物资集散地和交通要道。东邻荆州市和荆门市，南抵湖南省石门县，西接恩施土家族苗族自治州，北靠神农架林区和襄樊市。境内两条东西向的汉宜高速公路、宜（昌）万（州）铁路、焦柳铁路、川江黄金水道和三峡机场所构成的现代水陆空立体交通网络在宜昌城区和周边区域形成连接点，使宜昌成为我国重要的交通枢纽城市之一。

宜昌境内水系属外流水系，以长江为主脉，河流多、密度大、水量丰富。主要河流有：长江、清江、沮漳河、黄柏河、香溪河、下牢溪。基地位于黄柏河注入长江的入江口，在此入江口处由于平湖半岛的自然遮挡，在内部形成尺度宜人的河湾及河道要塞式的水文节点。

宜昌境内地形复杂多样，山区、丘陵、平原都有。在市域总面积中，山区占69%，丘陵占21%，平原占10%，构成“七山、二丘、一平”的地貌特征。基地范围内高海拔地形集中在平湖半岛北部，地势由北向南逐级降低，基地东部及南部部分地区也有较大的高差关系，沿河位置的地势基本较低。根据GIS数据作地形分析，较为适宜用地开发的规模约占规划范围的40%。

2. 旅游发展分析

（1）旅游发展的背景和现状

宜昌市是全国11个重点旅游城市之一，全国首批公布的40佳旅游城市，现状旅游资源极其丰富，其总量目前居湖北省首位，全市共有747个旅游资源单体。自然资源方面有，三峡旅游的起点——长江三峡画廊世界闻名；三峡之一的西陵峡，位于宜昌市境内，有“西陵山水天下佳”之称。水利科技方面，葛洲坝水利枢纽、三峡水利工程坝址中堡岛吸引中小学生的目光。人文资源方面，是巴文化的摇篮、楚文化的发祥地、三国文化的荟萃地（三国古战场遗址）、民族友好事业的源起地（汉明妃王昭君的故乡）。

（2）旅游发展趋势

国家六部委编制的《长江三峡区域旅游规划》，将打造以三峡大坝为核心的“大三峡旅游经济圈”，宜昌成为三峡旅游新的增长极和中心城市。三峡作为

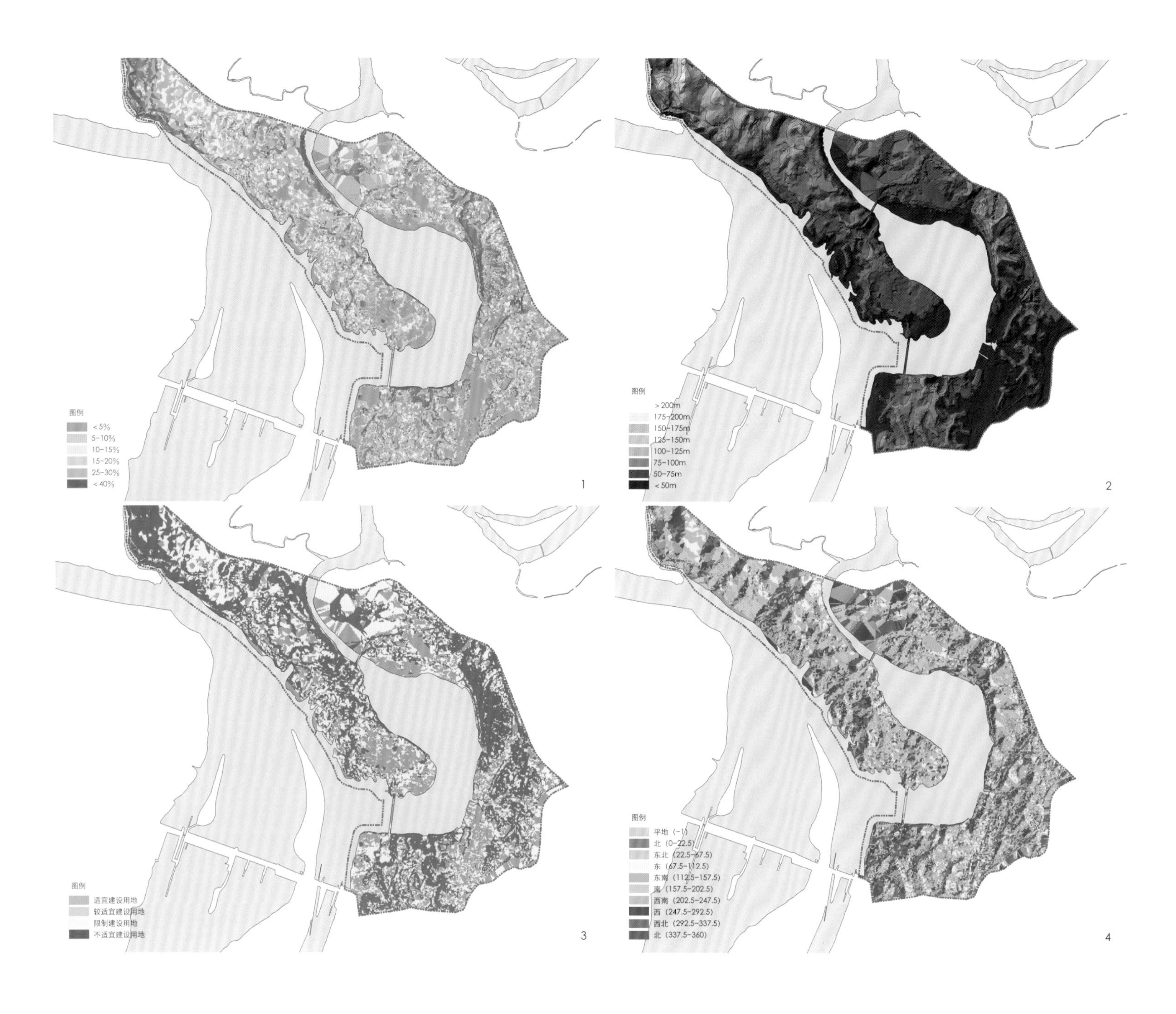

具有世界影响力的旅游资源，应该从“以吸引国内游客为主”转向“以国内游客为基础、重点开拓国际市场”的目标；三峡水库蓄水后，改变了三峡旅游传统的线性特征，使“一线游”变为“一片游”；三峡旅游的“全程游”向“分段游”转变，以宜昌为起始点的“宜昌—奉节—宜昌”成为游客游三峡的首选；宜昌作为三峡游起点的辐射面更广、服务范围更大。

提升宜昌市旅游服务设施的国际化程度、增加旅游产品的丰富度，不仅是打造具有独特吸引力和国际美誉度的“城市旅游新地标”，也是带动鄂西生态文化旅游圈——湖北在中部崛起的重要战略支点。宜昌是鄂西生态文化旅游圈中重要的核心发展极，是鄂西通往全国与世界的门户。

（3）旅游发展的问题

与丰富的旅游资源、日趋优越的旅游交通条件相比，宜昌的旅游业发展并不突出。与国内外发达的国际性旅游城市相比，宜昌还存在着以下几个方面的差距。

①城市综合水平现代化较低

宜昌还未开通国际航班，还没有一家全国“百强”旅行社，至今只有一家五星级饭店。

②城市形象国际知名度不高

宜昌仍处于中国发展国际旅游的第四集团，还不是境外游客游览中国的首选目的地。2004年来宜境外游客中80%为一日游，在宜花费167.32美元/人，停留时间仅1.21天/人，低于全国平均水平。

③旅游产品国际吸引力不大

列入我国重点推介的工业旅游项目三峡工程游、农业旅游项目中华鲟园仍是初级观光产品，对具有国际吸引力的巴楚文化、屈原文化、昭君文化、三峡文化、三国文化的旅游开发重视不够，城市文化娱乐项目配套不足，缺乏能留人的旅游度假产品，现有的旅游产品国际吸引力不大。国内众多旅游城市已经实现由观光旅游地向休闲度假地转变，而宜昌目前还是三峡旅游的观光过境地。

④城市国际性文化氛围不浓

国际性文化氛围包括语言环境、国际旅游要素、市民国际素养、运行国际惯例等，宜昌在这些方面均存在较大差距，尤其是缺乏外向型人才和国际交

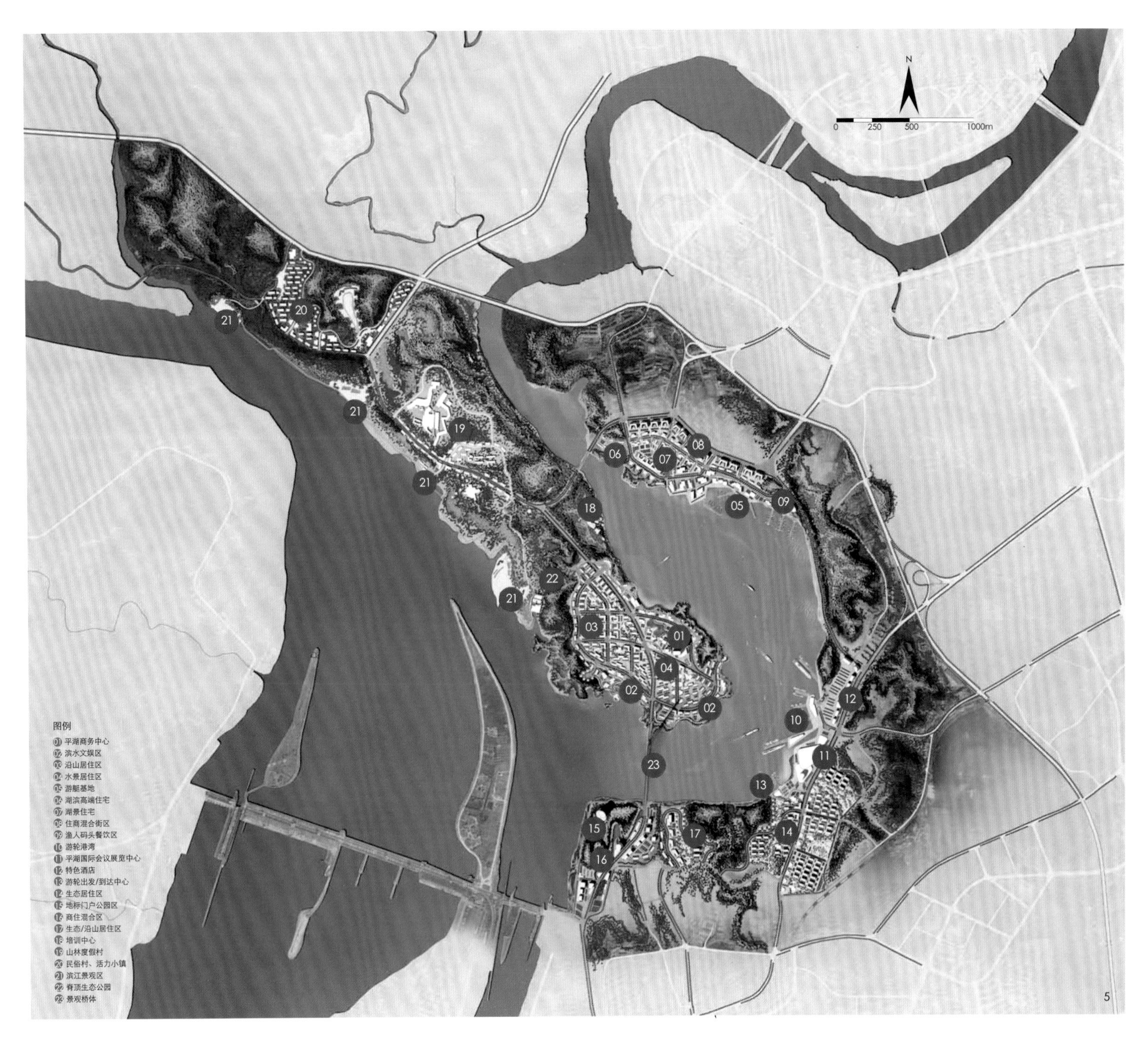

1.地形分析-坡度
2.地形分析-高层
3.用地适应性分析
4.地形分析=朝向
5.景点分布图

流场所，难以适应建设国际性旅游名城的需要。

⑤中心城市旅游集散功能不强

宜昌中心城市的旅游凝聚力和扩散力不够，入境游客几乎都集中在长江三峡线，环城旅游交通网络还未形成，城市布局、产业结构、旅游功能有待完善，中心商务区（CBD）、旅游服务设施仍需要进一步配套。宜昌尚无大型国际性的会展场所，制约了会展旅游、商务旅游的发展。

⑥旅游产业关联带动作用较弱

宜昌旅游经济还是数量扩张型，对第三产业及GDP的带动效果不明显；旅游与社会经济发展的协调程度有待增强，宜昌旅游经济还是孤立的产业体系，旅游与相关产业尚需加强互动与整合，还没有形成以旅游业为主体的产业链和产业群，旅游发展实力不强。

（4）基地旅游资源

平湖半岛所在的西陵区的旅游资源特色为：极具特色的城市旅游；风光旖旎的西陵峡口为自然旅游资源核心；著名的葛洲坝水利工程亦为本区增加了工程旅游资源。长江逶迤、远眺峡口，黄柏入江、秀丽成湖，丘陵绵延、地势起伏，水利科技、寓教于乐，葛洲大坝、壮美雄姿，半岛伸出、江湖萦绕，嫘祖盘亘、历史悠久。这里是连接中心城区和峡口风景区的纽带，是城市区域与风景区的过渡带，是三峡游的真正起点。

要引领鄂西的发展，宜昌必须实现产业升级，构筑具有超强活力与地区引导力的文化与旅游产业母港。平湖半岛地区的开发建设，将是宜昌构筑文化与旅游产业母港的绝佳抓手。

提升宜昌市旅游服务设施的国际化程度、增加

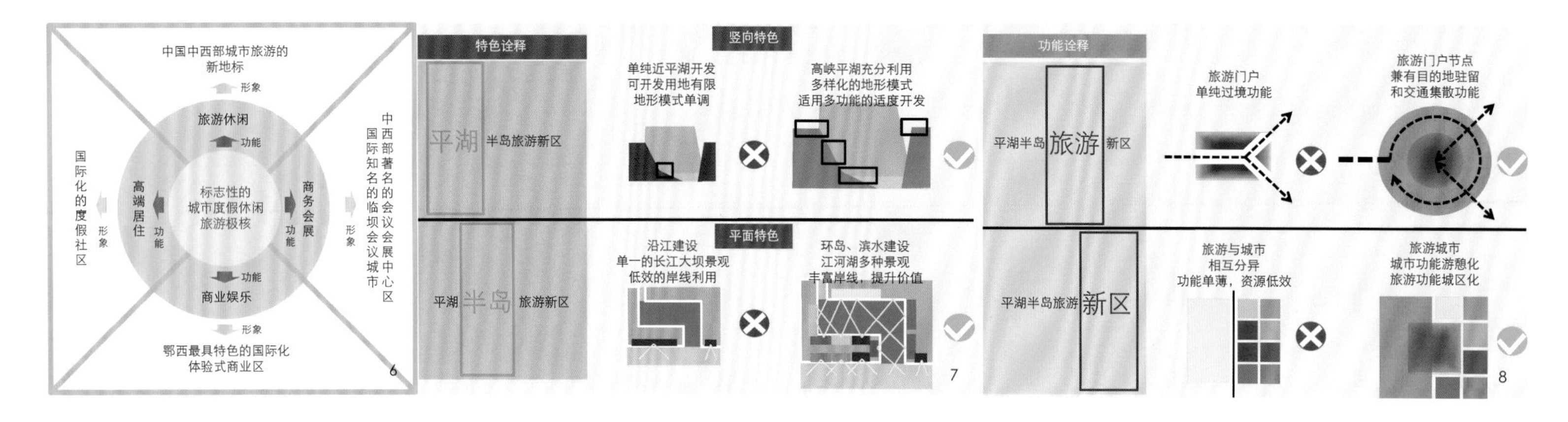

6.平湖半岛旅游新区的功能与形象
7.平湖半岛特色诠释
8.平湖半岛功能诠释
9.整体发展框架
10.结构分区
11.旅游线路

旅游产品的丰富度，打造具有独特吸引力和国际美誉度的“城市旅游新地标”。平湖半岛地区的开发建设，将是宜昌打造城市旅游新地标、走向国际化旅游城市的关键节点。

3. 小结

宜昌需要转变中心城区旅游职能——实现由“过境型”向“旅游目的地”的转变。

（1）全面打造若干处具有标志性的城市度假休闲旅游极核，成为引领城市旅游的时尚地标与旅游风向标，塑造标志性功能、标志性形象、标志性品牌、标志性环境。

（2）中心城区进行功能游憩化的转变。从城市景观、商业配套、服务配套、文化娱乐设施、交通方式等方面全面提升宜昌城区的旅游环境、完善旅游功能配置。

二、项目发展

1. 规划愿景：平湖半岛旅游新区——宜昌旅游新核心

平湖半岛定位为宜昌城市旅游的核心，包括旅游集散服务、游艇度假、乐活购物、主题游乐体验与文博创意等，将进一步丰富城市文化内涵，提升宜昌旅游品牌，对于宜昌加快建设世界水电旅游名城和鄂西生态文化旅游圈核心城市具有积极作用。

平湖：摒弃以往单纯近水开发的单调模式，利用高峡平湖的多样化地形特色，形成适应多功能适度开发的活力区域。

半岛：改变以往沿长江景观区域低效的岸线景观利用，向环岛、滨水多样化建设发展，形成江、山、河、湖多种景观资源充分利用，岸线形式丰富，价值充分体现的新型城区。

旅游：通过平湖半岛旅游新区的打造，促使宜昌市从单纯过境功能的旅游门户向兼有目的地驻留和交通集散功能的旅游门户节点城市转变。

新区：通过平湖半岛旅游新区的打造，改变以往旅游与城市功能的相互分异，功能单薄，资源利用低效的情况，向一个城市功能游憩化、旅游功能城区化的区域迈进。

2. 功能发展定位

（1）功能产业发展理念与策略

从灯塔效应的经济、心理、社会三重含义确定产业价值导向，塑造“繁华”（高端化、多元化）、“夺目”（集聚性，标志性）、“开放”（公共化，非常规）的产业形象。集各方精粹于一身、汇区域服务于一点、拔城市功能于一区、现公众焦点于一处。

（2）平湖半岛旅游新区发展定位

通过旅游休闲、商务会展、商业娱乐、高端居住四大核心功能的演绎来诠释平湖地区的“标志性的城市度假休闲旅游极核”地位。并树立“中国中西部城市旅游的新地标”“国际知名的临坝会议城市、中西部著名的会议会展中心区”“鄂西最具特色的国际化体验式商业区”“国际化的度假社区”的形象。

（3）标志性品牌建设

注册“平湖”或“平湖半岛”品牌，以此为统一的载体，进行平湖半岛区域的建设管理。使本区域的建设、管理、服务、产品统一纳入规范化的流程，提升地区的标准化程度。

标志性环境建设。以国际旅游城市的标准进行平湖半岛地区的旅游环境和住区环境建设，创建国际化的宜游、宜居城区。

筛选得出四类功能模块，分别为：三峡精品体验区、会展资讯产业区、不夜生活交响区和高峡平湖度假社区。

3. 总体概念设计

（1）设计理念

①多元复合理念

最大限度地满足当地居民、游客、商务人士等的不同需求，旅游与城市休闲的复合实现社会价值最大化；多重功能复合实现经济价值最大化；多样城市空间复合实现景观价值最大化。

②生态建设理念

对于平湖半岛这一生态型的旅游目的地来说，“资源保护”就是第一要务。因此从规划初始，即引入生态建设的理念，并将这一理念贯穿规划与建设的始末。

（2）整体发展框架

①发展框架元素

本项目的整体发展框架由各层级道路系统、环湖景观区、沿江景观带、滨湖景观道路、沿江景观道路及可开发与潜力发展区域构成；此外特色的山脊、平湖、长江水系等独特景观资源也成为发展框架中重要的景观资源。

环湖区域为核心区域，如元素滨湖景观大道、游轮中心、客运码头中心、区域商业中心、游艇高尚社区、滨水综合（住商混合）开发。相对具有潜力的开发区域，如滨水住宅、沿山住宅、休闲度假小镇、商务酒店、生态住宅、游艇居住社区。主要开放空间，如河滨公园、脊顶公园、山顶公园及瞭望平台、门户到达广场、交通入口广场。

②空间结构：一圈三核多片区

“一圈层”为环湖核心发展圈；“三核心”为游轮母港核心、游艇社区、半岛文娱区；“多片区”为环湖集聚发展区、城市综合发展区、生态居住社区、生态风景旅游区。

(3) 旅游发展策略

①旅游发展总体定位

充分利用江、湖、丘陵的自然资源，结合巴楚文化、水利科技的人文内涵，发挥茶乡果香的物产特点打造国际化旅游目的地，使平湖半岛地区成为以会展度假、江湖揽胜、民俗风情、购物体验为特色的标志性城

类型	常规旅游项目
美食鉴赏类	风情街国际美食、风情街地方特色餐饮、特色酒吧、星际酒店特色餐饮、江鲜餐饮夜市
休闲购物类	Shopping Mall综合商业购物、风情街特色购物
文化体验类	三峡传统工艺体验、巴楚传统民俗体验、水利试验体验
水上运动类	长江游轮旅行、水上飞艇、湖上荡舟、平湖夜游
风情演艺类	“印象平湖”水景灯光主题秀、“最美宜昌”主题风情演艺、民俗村民俗演艺、游艇特技表演、风情街酒吧乐队观演
主题游览类	长江水族馆、脊顶公园
康体养生	游艇驾驶培训、湖上攀岩、山野氧吧、山顶瑜伽、山脊漫步、自行车越野、滑草、滑翔伞、滑索、康体理疗

节庆名称	内容	地点	月份
国际风情美食节	世界美食品尝、各国民俗演艺、游行狂欢	平湖半岛Shopping Mall商业广场	1~2月
江鲜美食节	长江江鲜品尝、垂钓比赛	旅游风情街	4~6月
平湖夏季美食节	夏季美食品尝、啤酒狂欢、热情民俗表演	旅游风情街	7~8月
中国名茶博览会	名茶品评、茶点制作大赛、名茶交易	三峡国际茶城	3~4月
柑橘狂欢节	狂欢大巡游、主题盛装舞会、柑橘大胃王比赛、柑橘趣味运动会、柑橘交易会等	脊顶公园、三峡民俗村	10~11月
端午国际龙舟节	专业龙舟比赛、民间龙舟比赛、水上球类比赛、花样水上运动表演等	平湖	6月
精英游艇欢乐会	游艇酒会、新型游艇鉴赏、游艇T台秀、汽车及奢侈品展等	游艇俱乐部、内湖、海上	10月

论坛名称	月份
三峡国际旅游财富论坛	1~2月
三峡国际茶品交流会	3~4月
世界临坝城市发展国际论坛	5~6月
水利科技研讨会	7~8月
中西部企业合作洽谈会	9~10月

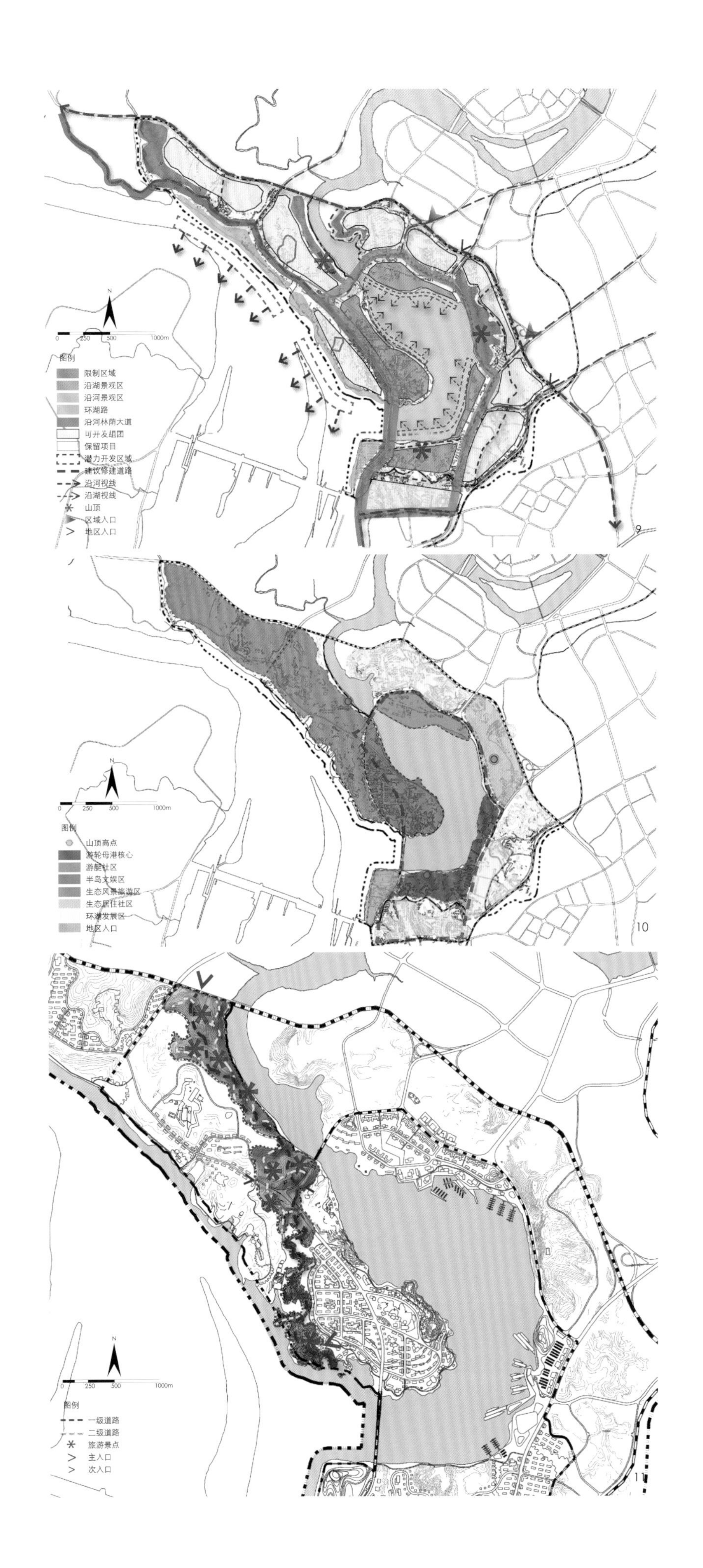

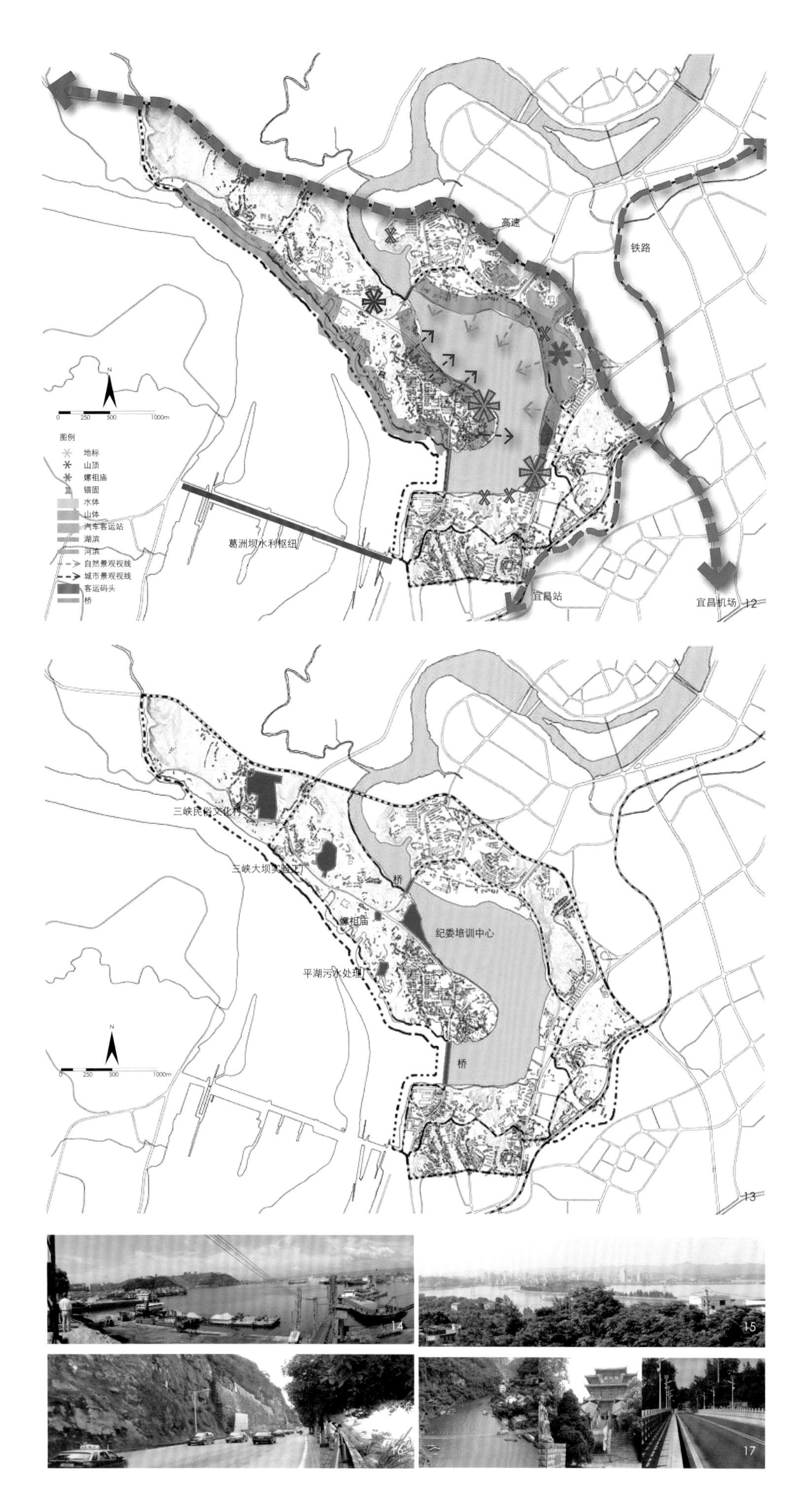

12.基地特征
13.保留项目
14-17.基地旅游资源
18.旅游区域划分
19.旅游线路示意
20-25.旅游设施规划

市度假休闲旅游极核，成为带动宜昌由过境型向目的地型旅游城市转型的关键节点。

根据不同区块的资源特点和区位条件，将旅游活动集中的地区划分为四大特色旅游区域，分别是：购物休闲核心旅游岛、游轮母港商务会展区、游艇度假体验旅游区、生态山林风景旅游区。以购物休闲核心旅游岛为核心，重点带动“游轮母港商务会展区、游艇度假体验旅游区”两翼，并通过生态山林风景旅游区逐步实现向自然风景区的渗透，最终形成“一心两翼一渗透”的旅游格局。

②旅游项目策划

根据平湖半岛地区的资源特点和规划目标，策划本地区的旅游项目可分为常规旅游项目、旅游节庆及城市论坛三大类。常规旅游项目是平湖半岛开展旅游活动的基础支撑；旅游节庆的策划将不定期的形成旅游兴奋点，激发地区吸引力和关注度；城市论坛的策划将成为平湖国际会展中心区别于三峡国际会展中心的重要落足点。

③旅游设施规划

对目前宜昌中心城在旅游发展六要素“食、住、行、游、购、娱”方面的不足进行分析。在此基础上，结合平湖半岛的旅游发展地位，对本区域的旅游设施进行合理规划。

以山地型旅游接待设施为建设目标，充分考虑与所处地形环境的融合，从建筑、环境、交通和服务管理等诸方面入手，为游客提供惬意、舒适的旅游度假环境。

以现状旅游接待设施作为主要改造对象，对于目前规划范围内的山地旅游接待酒店，规划建议结合不同建筑的不足，做适当改造。

④旅游线路组织

外部游线组织通过对外交通条件的改善，旅游专线巴士、公共交通系统的合理规划运营，提高宜昌东站、火车南站、三峡机场等旅游客流输入地与平湖半岛地区的交通联系。借此，以平湖半岛为旅游基地，组织宜昌市、三峡流域、鄂西地区的整体旅游线路，倡导“绿色宜昌都市休闲游”和作为旅游中转地的精品旅游线。

内部游线组织主要有水上游线和陆上游线两大类。水上游线由游轮游览线、游艇游览线和水上巴士游览线组成。陆上游线以三峡高速路为载体，将平湖半岛融入全市旅游体系的重要线路。

类型	不足	对策	旅游设施
食	•餐饮的多样性选择不够； •以中餐为主，缺乏国际美食的引入； •缺乏与当地"三峡文化"、"巴蜀文化"的结合，对特色饮食商品的开发不够； •旅游餐饮的环境尚需改善。	•在常规餐饮的基础上，增加休闲餐饮的比重； •以国际旅游市场为导向，针对性地引进港澳台、日韩泰、意法等国际美食，为游客提供多样化的选择和国际化的氛围； •以长江江鲜、三峡及鄂西地方特产、巴楚概念菜为抓手，着力地方特色餐饮的开发； •改善餐饮环境，将地方特色演艺与餐饮相融合。	① 地方特色美食街 ② 国际风情美食城 ③ 滨湖酒吧街 ④ 休闲特色吧

类型	不足	对策	旅游设施
游	•城市观光型旅游产品为主，旅游停留时间短； •旅游景点环境建设质量不高，旅游体验舒适度不够。	•增加旅游项目，尤其是度假型旅游项目的设置，延长旅游停留时间； •提升旅游区域环境建设，增加旅游舒适度。	① 国际游艇俱乐部 ② 长江特色水族馆 ③ 三峡民俗村 ④ 巴楚文化传承中心

类型	不足	对策	旅游设施
住	•数量上，高档星级宾馆严重缺乏； •类型上，以观光接待型为主，商务会展、度假等功能型宾馆严重欠缺。	•合理分配旅游宾馆的等级比例，增加高档宾馆数量； •以度假及商务为导向，提升宾馆设施的品味，注重使用的舒适性和便捷性，提供休闲释压的环境氛围。	① 度假村：江景度假村 ② 酒店：精品度假酒店、景观型商务酒店、公寓式酒店 ③ 会展配套：企业家俱乐部、水利科技俱乐部 ④ 居住社区：滨湖度假社区、国际游艇度假社区、丘陵养生别墅 ⑤ 生活配套设施：康体理疗俱乐部、休闲健身俱乐部、美容保健俱乐部、生活艺术指导中心等

类型	不足	对策	旅游设施
购	•旅游商品满意度尚低，旅游产品的包装、保鲜存在不足； •商业类型上，以老城区传统商业街为主，缺乏针对旅游的特色及现代商业购物模式； •专业市场以批发功能为主，旅游功能不足。	•丰富旅游商品，注重产品形象设计； •引进大型体验式购物中心等现代商业购物模式； •增加专业市场的旅游功能。	① 大型体验式Shopping Mall ② 旅游风情街 ③ 三峡国际茶城 ④ 旅游纪念品及土特产超市 ⑤ 旅游纪念品商店

类型	不足	对策	旅游设施
行	•中心城内的旅游方式以陆路为主，缺乏多样的旅游出行方式。	•充分发掘水上出行的可能性。探索以游轮、游船、游艇、水上巴士为载体的多样的水上出行方式，丰富旅游体验，提升景点间联系的便捷性。	① 游轮出发中心及维护管理中心 ② 游艇停靠码头及维修管理中心 ③ 游船租赁中心 ④ 水上巴士停靠点

类型	不足	对策	旅游设施
娱	•与国际性旅游名城相适应的歌舞剧院、音乐厅等设施不足； •历史文化内涵丰富、民间艺术形式多样，但旅游方面的演绎不足； •夜间文化娱乐形式单调； •旅游文化节庆活动较少，缺乏影响力。	•增加能承载大型文艺剧演的设施； •增加民俗体验类的旅游活动； •开发大型民间艺术主题表演秀； •延长特色餐饮、旅游购物等的营业时间，增加夜间旅游项目； •策划旅活动	① 夷陵大剧院 ② 水上露天剧场 ③ 灯光互动公园 ④ 民俗村演艺中心 ⑤ 娱乐中心

三、重点策划旅游项目

1. 购物休闲核心旅游岛

以体验式购物、旅游度假为主，围绕平湖Shopping Mall、半岛度假中心、长江水族馆三大主题项目对购物休闲核心旅游岛进行旅游项目策划，使之成为整个平湖半岛地区的旅游核心。

2. 游轮母港商务会展区

以游轮出发、商务会展为主，围绕游轮出发中心、国际会展中心、旅游风情街三大主题项目对游轮母港商务会展区进行旅游项目策划，使之成为整个平湖半岛地区的旅游门户。

3. 游艇度假体验旅游区

以运动健身、休闲度假为主，围绕水上游艇俱乐部、渔人码头、三峡国际茶城三大主题项目对游艇度假体验旅游区进行旅游项目策划，打造鄂西地区著

26.购物休闲核心旅游岛效果图

名的以游艇为主题的旅游度假地。

4. 生态山林风景旅游区

以山林休闲、民俗体验为主，围绕三峡民俗村、脊顶公园两大主题项目对生态山林风景旅游区进行旅游项目策划，形成平湖半岛地区由城市向峡口风景旅游区的自然过渡。将自然山体景观延伸入周边中央经贸区地块，提供景观的、生态的公园，同时提升地块价值；延伸绿地空间与滨水公共空间相联结，形成城市主要公共空间网络。

四、结语

本次平湖半岛旅游新区的设计期望能成为宜昌的新门户，吸引成千上万的游客来到这里，并且能充分发挥山脊、平湖、长江水系等独特景观资源供人们去体验。

旅游为导向的规划设计，在组织各种空间环境要素时，所考虑的因素、所期望的目标，均不同于以往一般城市地区，主要考量有以下几点。

一，充分结合不同功能和层级的交通系统，为人们提供便捷通畅的空间体验。通过各层级道路系统、环湖景观区、沿江景观带、滨湖景观道路、沿江景观道路及可开发与潜力发展区域有机结合在一起，实现道路通达与主要游览线路、旅游特色区域无缝衔接。

二，面向更为多元的需求，充分引入复合理念，激活地区活力。最大限度地满足当地居民、游客、商务人士等的不同需求，从而提升城市空间的使用效能，有效营造地区活力。通过旅游与城市休闲的复合，实现社会价值最大化；通过多重功能的复合，实现经济价值最大化；通过多样城市空间的复合，实现景观价值最大化。

三，面向“资源保护”的根本，充分引入生态建设理念，合理利用环境资源与制约条件。对于平湖半岛这一生态型的旅游目的地来说，应该讲生态建设理念贯穿规划设计、项目策划与建设的始末。

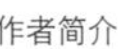

作者简介

陈　敏，同济大学建筑与城市规划学院，硕士，上海市城市规划设计研究院，主创设计师。

黑龙江省森工林区小城镇空间发展旅游适应性研究

The Space Travel Adaptability of Forest Industry Region Small Towns Heilongjiang

崔彦权
Cui Yanquan

[摘　要]　在对黑龙江省森工林区小城镇旅游产业生态系统适应性内涵进行界定的基础上，基于易损性、敏感性、稳定性和弹性等适应性要素构建了林区小城镇旅游产业生态系统适应性评价指标体系和评价模型，并据此对黑龙江省森工林区小城镇旅游产业生态系统适应性分异特征、类型及影响因素进行了深入探讨。发现：黑龙江省森工林区小城镇旅游产业生态系统适应能力呈正态分布；从资源类型看，黑龙江省森工林区小城镇旅游产业生态系统适应性呈现建筑与设施＞地文景观＞旅游商品＞水域风光＞生物景观＞人文活动＞遗址遗迹＞天象与气候景观的特征；从发展阶段看，呈现早期发展＞中期发展＞待发展的递变规律；从城市规模看，呈现大城镇＞中等城镇＞小城镇的递变规律。据此，采用聚类分析方法，将黑龙江省森工林区小城镇旅游产业生态系统分为5种类型，即商贸型城镇、服务型城镇、生态型城镇、产业型城镇、文化型城镇。

[关键词]　适应性；旅游产业生态系统；森工林区；黑龙江省

[Abstract]　ased on the adaptability connotation Heilongjiang Forest Industry Region Small Towns in the tourism industry ,to define the ecosystem-based adaptive elements of vulnerability, sensitivity, stability and resilience of small towns and other built forest eco-tourism industry adaptability evaluation index system and evaluation model, and accordingly Heilongjiang forest industry Region small towns tourism industry ecosystem adaptive differentiation characteristics, types and influencing factors in-depth discussions, found the system: Heilongjiang forest industry Region small urban tourism industry ecosystem resilience was normal; from the resource type, Heilongjiang forest industry Region small towns tourism industry ecosystem system suitability presented buildings and facilities> landscape of> tourist goods> water scenery> biological landscape> human activity> relics> Astrology climate and landscape features; development terms, showing early development> medium Term development> be graded development of the law; from the city scale, showing large towns> Secondary towns> Change law of small towns . Accordingly, the use of cluster analysis, the Heilongjiang Forest Industry Region Small Towns tourism industry ecosystem is divided into five types, namely commerce Towns, service-oriented towns, eco-towns, urban-type industries, culture Towns.

[Keywords]　Adaptability; Tourism Industry Ecosystem; Forest Industry Region; Heilongjiang Province
[文章编号]　2016-74-P-095

前言、森工林区旅游小城镇产业生态系统适应性内涵

黑龙江省森工林区小城镇是一种比林场高一层次的社会实体，是在以林业生产、经营为主的区域系统内，由于生产、生活的需要长期以来形成的该区域的中心和集合点，是以非林业生产活动为主，并有一些非生产活动（行政管理、文化娱乐等）的一种居民点。在促进我国林业经济发展、林业文化繁荣、优化区域经济空间格局及增加城镇居民就业等方面发挥着重要的作用。新中国成立以来，近60年的高强度掠夺式开发，优势林业资源趋于枯竭，再加上市场化改革日趋深化，由此导致森工林区小城镇林业经济衰退、环境资源恶化、失业加剧等经济社会问题大量涌现，特别是黑龙江省作为我国森工林区发展的分布相对集中的区域，问题与矛盾更为突出，可以说振兴黑龙江省林区的关键在于森工林区小城镇的转型、再生，核心在于产业生态系统适应能力的提升，将其向森工林区旅游小城镇转型。虽然学者们已从城市转型、产业转型、城市贫困、脆弱性等视角开展了黑龙江省森工林区小城镇的研究，但基于适应性分析框架的研究成果尚鲜有报道。本文拟以产业生态系统为切入点，按照适应性分析框架，开展东北地区矿业城市生态系统适应性评价，并揭示其影响因素。

对森工林区小城镇产业生态系统而言，适应性是指根据森工林区旅游小城镇中林业资源可开发储量、发展阶段及所处的市场、体制、政策等发展环境的变化对产业生态系统在发展战略或结构等方面的改变，以降低或抵消这些环境变化所造成的产业系统衰退，或者利用这些环境变化所带来的机会。实际上是应对预期或实际发生的环境变化，产业系统所具有的重组能力、学习能力，其目的在于通过对产业系统有计划、有步骤的调整，降低产业系统脆弱性，规避产业转型风险，特别是要降低林业资源枯竭所带来的产业衰退。从发展效益讲，适应就是以有限的人力、物力、财力投入，换取最大的收益或最小损失。

一、研究区概况

20世纪90年代前，龙江森工企业以林业生产为主要任务，并没有开发真正意义上的旅游产品。90年代，随着改革开放的深入和人民生活水平的提高推动了龙江森工旅游景区的开发，亚布力、凤凰山、中国雪乡等景区开始投入运营，成为龙江森工旅游景区建设的先头部队，但此阶段森林旅游并非龙江森工产

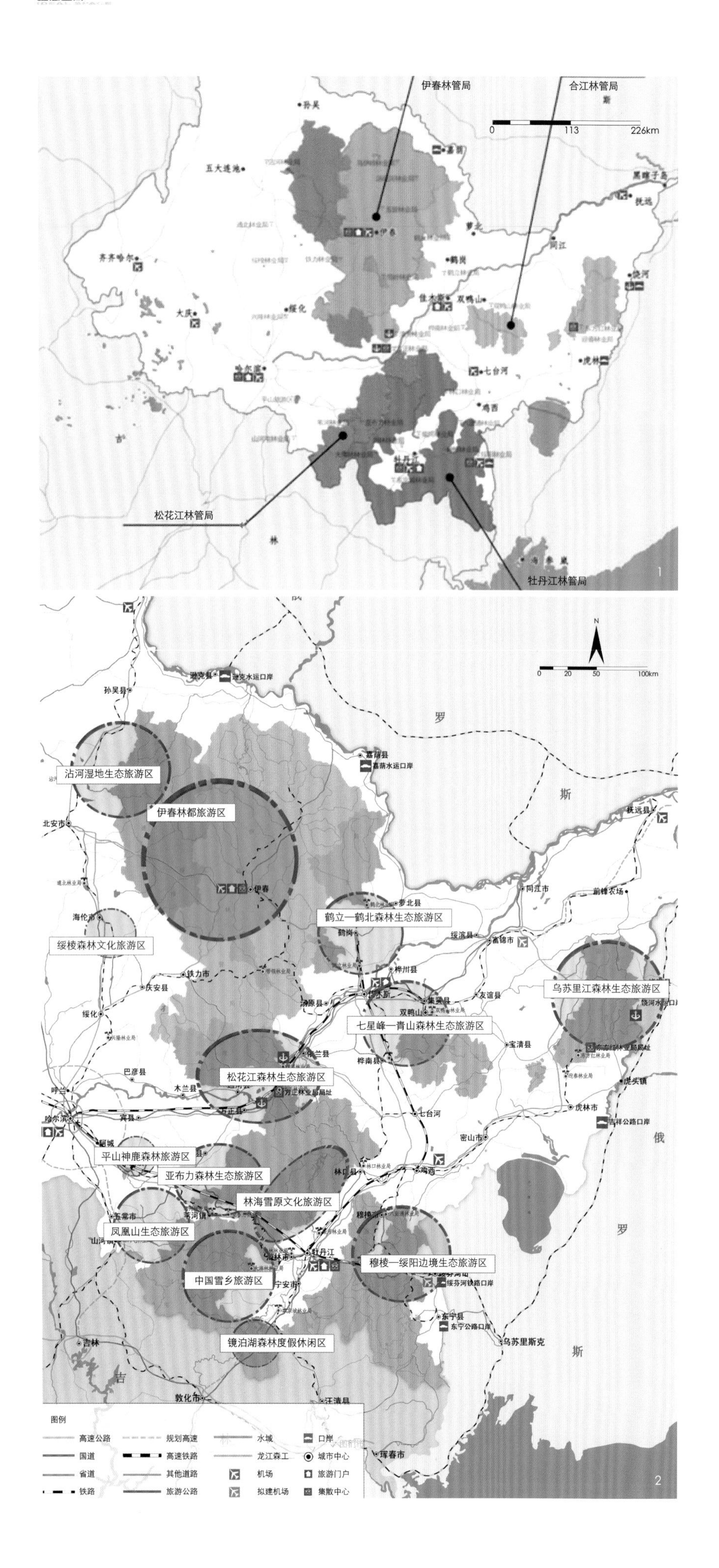

1.规划范围图

2.森工林区小城镇空间发展旅游适应性类型空间分布图

业的重要组成部分。2000年后，随着“天保工程”的推行，龙江森工各林业局的采伐量逐年递减，纷纷寻找替代产业，旅游业受到各林业局的高度重视，不少林业局依托自身的良好资源，纷纷申报国家森林公园、国家级自然保护区，开展森林观光、森林休闲等森林旅游活动。

经过了近30年的发展，目前龙江森工系统中已建成国家级森林公园24处，省级森林公园17处，森林生态旅游风景区46处，国家2A级以上景区48处，但仅拥有5A级景区1处，除伊春林管局之外，3A级以上景区占比较低，整体开发强度不足。黑龙江省森林工业总局共辖4个林管局、49个森林经营单位（40个林业局、9个直属林场），总面积10.098万km^2，本规划主要对象为牡丹江、松花江及合江林管局所辖的23个林业局，同时考虑与伊春林管局所辖林业局协调统一、错位发展。

二、研究方法

1. 评价指标体系构建

遵循系统性、典型性、可比性和可获得性等原则，以系统内部结构和效益优化为立足点，设计出黑龙江省森工林业小城镇产业生态系统适应性评价指标体系。该评价指标体系共分4个层次，其中第一层次反映产业生态系统适应性总体状况；第二层次反映各子系统的适应性水平，包括产业和环境2个子系统适应性指数指标。第三层次反映系统适应性的影响因素，包括易损性、敏感性、稳定性和弹性4个因素指标。第四层次为基础指标层，共有48个具体指标组成，绝大多数指标可以直接通过统计资料和实地调研获取，部分指标经过简单计算获取，主要包括：

（1）产业系统结构熵反映产业系统的结构发育程度

计算公式为：

$$X\,6=\sum_{i=0}^{n}P_i\times\ln P_i$$

（2）产业系统发育程度指数反映产业系统的整体发育状况，采用张雷提出的计算方法求得；

（3）产业结构转换速率反映产业系统对环境变化的调整能力，计算公式为：

$$X_{18}=[\sum(A_i-A_j)^2K_i/A_j]^{1/2}$$

（4）优势林业资源占资源利用的比例反映自然资源的开发结构，结构越单一，造成生态破坏风险的可能性也就越大。用优势林业资源产量占直接物质投入量的比重表示，其中直接物质投入量计算见参考文献；

（5）可再生资源利用程度用可再生资源利用量占直接物质投入量的比重表示，反映资源开发多元化程度，其值越高生态环境系统的稳定性越强；

表1　　森工林区小城镇旅游产业生态系统适应性评价指标体系

一层	二层	三层	具体指标	单位	权重
旅游产业生态系统适应能力综合指数	产业子系统适应能力指数5392	易损性 2953	X1：旅游总收入	（元）	0.0 219
			X2：旅游总收入增长率	%	0.0 243
			X3：旅游业增加值占GDP比重	%	0.0 187
			X4：旅游产业结构偏离度	%	0.0 208
		敏感性 0.1696	X5：旅游资源品位度	%	0.0 183
			X6：旅游资源区域优势	%	0.0 152
			X7：旅游景区设施完善度	%	0.0 212
			X8：主要景区平均游客接待量	人	0.0 168
			X9：旅游产品更新率	%	0.0 189
		稳定性 0.2757	X10：旅游直接就业人数	%	0.0 233
			占本市总就业人数比重	—	—
			X11：国际性旅游节庆数	%	0.0 208
			X12：国内旅游市场认可度	%	0.0 196
			X13：三星级以上酒店累	%	0.0 209
	环境子系统适应能力指数5392	弹性 0.2594	计客房出租率	—	—
			X14：人均GDP值	（元/人）	0.0 184
			X15：城镇居民人均可支配收入	（元/人）	0.0 193
			X16：第三产业贡献率	%	0.0 172
			X17：人均地方财政收入	（元/人）	0.0 257
		易损性 0.3356	X18：人均居住面积	（平方米/人）	0.0 222
			X19：空气质量良好以上天数比重	%	0.0 206
			X20：环境噪声达标区覆盖率	%	0.0 246
			X21：森林覆盖率	%	0.0 254
			X22：生物多样性指数	（公顷/人）	0.0 225
		敏感性 0.1666	X23：林地利用率	%	0.0 191
			X24：路网密度	—	0.0 182
			X25：产业结构指数	%	0.0 193
		稳定性 0.1831	X26：人口增长率	—	0.0 229
			X27：可再生资源利用程度	%	0.0 179
			X28：医疗养老保险率	%	0.0 211
		弹性 0.3147	X29：公共厕所万人配备率	%	0.0 207
			X30：全年降雨量	—	0.0 204
			X31：市外支持力度	—	0.0 331

表2　　不同资源类型森工林区小城镇产业生态适应性要素比较

	产业子系统				环境子系统			
	易损性	敏感性	稳定性	弹性	易损性	敏感性	稳定性	弹性
建筑与设施	0.076	0.043	0.055	0.060	0.068	0.061	0.071	0.059
地文景观	0.092	0.032	0.049	0.055	0.095	0.059	0.048	0.050
旅游商品	0.077	0.047	0.042	0.044	0.100	0.055	0.048	0.053
水域风光	0.047	0.063	0.024	0.059	0.098	0.052	0.057	0.074
生物景观	0.077	0.067	0.063	0.057	0.068	0.034	0.045	0.056
人文活动	0.056	0.067	0.054	0.038	0.067	0.045	0.061	0.038
遗址遗迹	0.089	0.056	0.023	0.045	0.054	0.065	0.056	0.043
天象与气候景观	0.012	0.039	0.010	0.065	0.044	0.065	0.069	0.057

（6）市外支持力度主要依据各森工林业小城镇受国家和所在省份的重视程度对各森工林业小城镇接受的市外援助力度进行定性打分，对国家级试点城市、省级重点城市、一般城市分别赋予3、2、1的分值，以近似反映各森工林业小城镇所接受的市外援助力度。

2. 数据标准化及权重确定

（1）数据标准化

为消除因各指标量纲不同、属性不同、大小不一等给计算结果带来的“噪音”，需要对各指标数据进行标准化处理。考虑到各指标的效益不同，采用模糊隶属度方法对数据标准化处理。计算公式为：

$$X'_{ij} = (x_{ij}-x_{jmin})/(x_{jmax}-x_{jmin})$$

$$X'_{ij} = (x_{jmax}-x_{ij})/(x_{jmax}-x_{jmin})$$

（2）权重确定

为避免主观性因素带来的偏差，加强研究结论的客观性，本文采用均方差赋权方法确定矿业城市产业生态系统适应性评价指标体系中各层次具体指标的权重。计算步骤如下：

①基础指标权重的确定

均方差赋权方法以各具体指标为随机变量，各指标的标准化值为随机变量的取值。其基本思路是：首先求出这些随机变量的均方差，然后将这些均方差进行归一化处理，其结果即为各指标的权重系数。

②要素层指标权重的确定

在森工林业小城镇产业生态系统适应性评价中，不仅具体指标权重对评价结果正确与否起着重要作用，而且第二层次（Bk）和第三层次（Cr）指标的权重也起着较为重要的作用。计算步骤如下：

a.计算第二、三层次指标的属性值，第二、三层次指标属性值的确定是成功采用客观赋权方法的前提和关键，为此，首先采用线性加权求和方法来计算第二、三层次指标的属性值。计算公式为：

$$Cr=\sum xijwj$$

$$Bk=\sum Crwr$$

b.计算第二、三层次指标权重，分别以第二、三层次指标属性值为随机变量，采用均方差赋权方法，分别计算出第二、三层次指标的权重值Wk和Wr。

3. 评价模型

（1）计算子系统适应评价指数

按照森工林区小城镇产业生态系统适应能力评价指标体系结构层次特征，采用递阶多层次综合评价方法对子系统适应性评价指数（AC_k）即第二层次评价指数进行计算，计算公式为：

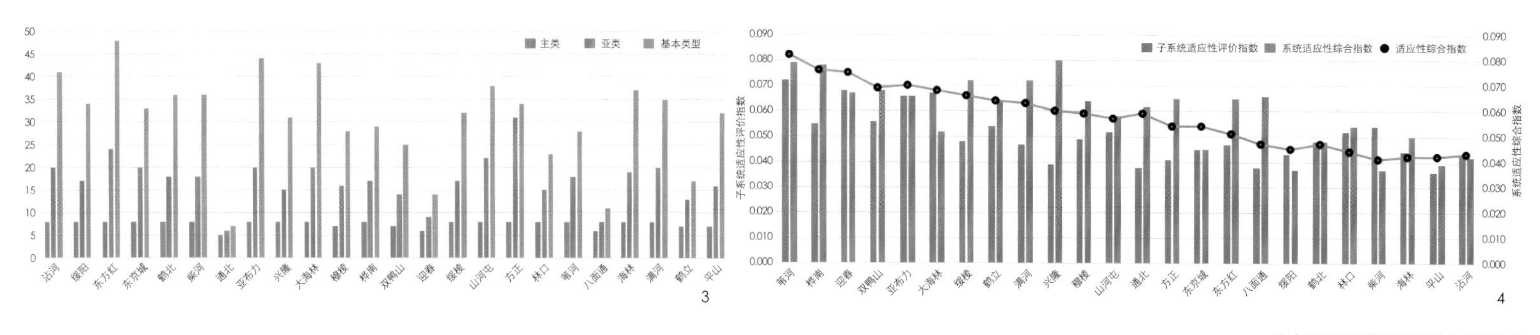

3.各层次旅游资源类型数量分区分析

4.小城镇产业生态系统适应性变化图

$$AC_k = \Pi[\Sigma(x'_{ijwj})]^{w_r}$$

（2）计算系统适应性评价综合指数

森工林区小城镇产业生态系统由产业和环境2个子系统复合而成，二者相互作用而表征出产业生态系统的整体特征。因此，森工林区小城镇产业生态系统的适应能力也是产业与环境2个子系统适应性的"集体体现"，但由于各子系统对系统整体适应能力的贡献不同，故采用加权求和方法计算各森工林区小城镇产业生态系统适应性综合指数。公式为：

$$AC=\sum_{k=1}^{2}(AC_K W_K)$$

4. 数据来源

文中计算所涉及的经济、社会、生态环境等数据主要来源于 2010年的《中国城市统计年鉴》《黑龙江省森工总局统计年鉴》《黑龙江统计年鉴》及森工总局各林业局局址的统计年鉴。此外，大部分数据均是通过实地调研获得。

三、结果分析

采用上述研究方法，计算出黑龙江省23个森工林区小城镇产业生态系统各子系统适应性评价指数及系统综合指数，发现该地区森工林区小城镇产业生态系统适应性呈现如下特征。

1. 林区系统整体生态系统适应性研究

黑龙江省森工林区小城镇产业生态系统适应性总体差异不大，变差系数仅为0.13，主要是由于长期以来各森工林区小城镇均以开采林业资源型产业为主导，旅游产业发展缓慢，同时生态环境建设滞后，从而使得各森工林区小城镇产业生态系统调整、重组能力不高，差异较小。从子系统看，黑龙江省森工林区小城镇产业子系统适应性差异相对较大，变异系数为0.225。环境子系统差异相对较小，变异系数为0.145，主要是各森工林区小城镇均以优势林业资源开发利用为主，资源利用效率不高，且开采过度并不注重生态环境保护，由此导致环境子系统易损性、敏感性和稳定性差异较小，变异系数分别为0.273、0.221、0.250。以上分析表明，产业子系统适应性的差异是造成黑龙江省森工林区小城镇产业生态系统适应性的差异的主要因素。

2. 旅游资源类型生态系统适应性研究

从旅游资源类型看，建筑与设施、地文景观、旅游商品、水域风光、生物景观、人文活动、遗址遗迹、天象与气候景观8类森工林区小城镇旅游资源生态系统适应性依次降低柴河森工林区旅游商品、水域风光、建筑与设施、地文景观、生物景观、人文活动、遗址遗迹、天象与气候景观8类森工林区小城镇旅游资源生态系统的适应性评价指数平均值分别是0.056、0.055、0.060、0.059、0.053、0.051、0.048、0.045呈现出建筑与设施＞地文景观＞旅游商品＞水域风光＞生物景观＞人文活动＞遗址遗迹＞天象与气候景观的变化趋势。建筑与设施旅游资源的城市适应性之所以最强，原因在于其产业子系统和环境子系统适应性均较强，而天气与气候景观旅游资源产业子系统的低适应性与环境子系统的高适应性的明显冲突与对立，导致该类城市产业生态系统适应性低下。

相反，天象与气候景观旅游资源由于其可变性与不确定性等因素，造成其产业子系统敏感性较高而稳定性较低，严重制约着其适应性程度的提升。

通过对黑龙江省23个森工林区旅游资源的调查分析得出各类型旅游资源储量比例分区分析，不同地区不同旅游资源储量所占的比例倾向不同，因此在进行森工林区小城镇旅游资源生态系统适应性研究时要因地制宜地考虑，才能得出更加精准的评价体系。

3. 发展阶段生态系统适应性研究

早期发展的森工林区小城镇产业生态系统适应性指数平均为0.059，高于中期发展小城镇（0.058）和待发展小城镇（0.049），表明早期发展的森工林区小城镇产业生态系统适应性最强，而待发展小城镇最弱。

从产业子系统看，待发展、中期发展、早期发展3个阶段森工林区小城镇产业子系统适应性指数平均值分别为0.040、0.051和0.057，表明待发展森工林区小城镇产业子系统适应性相对较弱，而早期发展的森工林区小城镇相对较强。主要因为待发展森工林区小城镇正处于资源型产业建设期，如八面通因林区尚未开发，其旅游景区设施完善度低，旅游产品更新率基本为零，导致其每年游客接待量少，使其产业子系统敏感性低，而非资源型产业不发达，第三产业发育程度较低，再加上经济实力弱，生态保护意识不

表3 不同发展阶段森工林区小城镇产业生态适应性要素比较

	产业子系统				环境子系统			
	易损性	敏感性	稳定性	弹性	易损性	敏感性	稳定性	弹性
早起发展	0.081	0.045	0.051	0.052	0.095	0.064	0.051	0.048
中期发展	0.071	0.047	0.042	0.056	0.086	0.057	0.057	0.066
待发展	0.059	0.052	0.023	0.038	0.107	0.040	0.053	0.046

表4 不同规模森工林区小城镇产业生态适应性要素比较

	产业子系统				环境子系统			
	易损性	敏感性	稳定性	弹性	易损性	敏感性	稳定性	弹性
大城镇	0.080	0.049	0.070	0.070	0.063	0.057	0.073	0.055
中等城镇	0.066	0.049	0.040	0.054	0.090	0.062	0.055	0.063
小城镇	0.078	0.044	0.034	0.043	0.106	0.049	0.047	0.052

强，从而导致待发展森工林区小城镇产业子系统稳定性和弹性最弱。

从环境子系统看，中期发展的森工林区小城镇环境子系统适应性强于早期发展和待发展。究其原因，中期发展的森工林区小城镇环境子系统的稳定性和弹性高于早期发展及待发展森工林区小城镇，而其易损性却低于早期发展、待发展森工林区小城镇，敏感性低于早期发展森工林区小城镇，从而使中期发展的森工林区小城镇环境子系统显示出较强的适应能力。

经过对黑龙江省23家森工林区进行现场勘察调研，按照旅游资源基本类型拥有量的高低，排名前五位的为东方红、亚布力、大海林、沾河、山河屯。亚布力、大海林、山河屯为森工发展较好的区域，这些城镇是早期发展起来的，其中东方红、沾河林业局发展潜力较大。

4. 城市规模生态系统适应性研究

大城镇产业生态系统适应性最高，适应性指数平均为 0.065，而中等城镇和小城镇的适应性指数平均值分别为0.056和0.054，说明城镇规模越大，其产业生态系统适应性越强。

从产业子系统看，大城镇、中等城镇、小城镇3类森工林区小城镇产业子系统适应性指数平均值分别为0.068、0.049和0.047，也呈现适应性随城镇规模扩大而递增的趋势。主要因为大城镇产业子系统具有很强的稳定性和弹性，而其易损性和敏感性与其他规模城镇相近。

从环境子系统看，大城镇、中等城镇和小城镇环境子系统适应性指数平均值分别为0.060、0.066和0.063。大城镇环境子系统适应性最弱，而中等城镇相对较高。主要因为大城镇土地开发程度高，生态环境累积效应显著，环境子系统易损性明显，同时环境整治能力较强，从而使其环境子系统稳定性相对较高，弹性仅次于中等城镇。

经过对黑龙江省23家森工林区进行现场勘察调研，排名前五位的地区分别为大海林、海林、山河屯、东方红、亚布力，说明龙江森工南部的资源品质较高，优良级旅游资源储量和品质亦较高，具有巨大的开发潜力。

四、黑龙江省森工林区小城镇空间发展旅游适应性类型划分

通过对黑龙江省森工林区小城镇旅游产业生态系统适应性分析，基于聚类分析法，得出黑龙江省森工林区小城镇适应性类型：商贸型城镇、服务型城镇、生态型城镇、产业型城镇、文化型城镇。

1. 商贸型城镇

从区位上来说位于大中型城市或重点商贸城镇周边，自身发展水平较高，可依托周边城市发展，承接城市中商贸、旅游等功能，以方正林业局、清河林业局等林业局小城镇（局址）为代表。

（1）城镇性质与职能定位

依托省际区域性中心城市或市域中心城市，开发旅游业、休闲农业、商贸业、地产业等现代产业，建设成宜居宜业宜游的城郊型现代化山水园林小城镇。

（2）城镇发展模式

承接大中城市的技术、产业、经济和社会各方面辐射，承担中心城市部分功能和作用。特别是位于城市内的林业局要依托有利的政治区位、资源区位、交通区位、技术区位和产业基础优势，优化环境卫生和人居环境，形成与市、县功能互补的中心城镇。

（3）产业结构规划

规划逐步调整产业结构，本着“缩减一产，调整二产，丰富三产”的发展战略，力争规划期末将该类型城镇的三次产业比例调整为20:40:40。

①逐步缩减第一产业，精细化发展休闲农业

目前各林业局一产比重较高，随着“禁伐”号角的吹响，一产比重将大幅缩减，仅余部分种植产业。基于临近城市的优势，商贸型城镇可利用现有资源，发展针对周边城市的周末休闲农业，走精细化发展之路。

②调整第二产业结构，重点发展战略新兴产业

转变过去以林产工业为第二产业支柱的局面，利用地缘优势，引进各项国家战略新兴产业，如大型现代化农产品（尤其是山特产品）深加工企业等，形成丰富的产业链条，从绿色无污染的农（林）产品开始，利用深加工企业的管理、营销与科技优势，将森工优质的农产品推广出去，促进地区经济的整体发展。

③完善服务体系，丰富第三产业项目物流

随着城镇内及城镇周边景区的开发与建设，逐步完善第三产业的服务体系，加强管理并逐渐丰富第三产业项目，使其成为城镇经济增长的新亮点。利用临近大城市的交通优势，发展商贸物流产业，扩大工业产品和农副产品的营销渠道，建立统一、规范化的商贸体系，开拓流通渠道，改善投资环境，增强投资吸引力，使经济结构向层次较高处发展。

2. 服务型城镇

距离成熟景区较近，有一定的旅游服务基础，可承接旅游集散、旅游接待等旅游服务功能，以大海林林业局、山河屯林业局、东京城林业局等林业局小城镇（局址）及亚布力青云小镇为代表。

（1）城镇性质与职能定位

依托区域内成熟景区建设，成为旅游景区的集散中心、服务中心和商业中心，自身亦可成为独立的旅游吸引点。

（2）城镇发展模式

凭借城镇的旅游资源发展旅游及其相关产业，如商贸、旅游纪念品、旅店、餐饮等一系列行业。利用旅游资源开发建设“旅游小镇”，健全配套服务设施，发展旅游服务业，加强景点建设，打造特色旅游精品，做好旅游服务，做大做强森林生态旅游，形成居民自我建镇、发展旅游产业的良好局面。

（3）产业结构规划

规划期末将该类型城镇的三次产业比例调整为30:20:50。

①优化调整第一产业，重点发展旅游商品

利用临近景区的优势，依托现有农林产品，打响绿色健康食品品牌。做精细化发展，将现有农林产品通过包装，打造成为适于游客购买的旅游商品，增加第一产业的附加值，促进区域经济发展。

②逐步减少第二产业，发展无烟产业

由于旅游环境的脆弱性，临近旅游区域的城镇不适于发展污染较重的工矿、加工等第二产业，应当逐步搬迁城镇内污染较重的工厂，发展无污染的环保型产业。

③完善服务体系，丰富第三产业内容

随着景区的逐步开发与建设，加强管理并逐渐丰富第三产业项目，建立统一、规范化的旅游服务营销体系，形成完善的第三产业服务体系。

3. 生态型城镇

距离中心城市较远，生态资源富集，可作为生态屏障和发展后备使用，以山河屯林业局、东方红林业局、沾河林业局等林业局小城镇（局址）为代表。

（1）城镇性质与职能定位

远离中心城市的生态主题城镇，小区域内的行政、服务、商业中心，可承接大城市不具备的生态教育和高端定制旅游功能。

（2）城镇发展模式

由于远离中心城市，该类型的城镇环境污染较小，生态环境良好，因此应当注重资源保护，在开发时注重科学性和生态性，采取后发制人的方式发展。

（3）产业结构规划

规划期末将该类型城镇的三次产业比例调整为35:30:35。

①稳固提升第一产业，重点发展绿色食品

利用纯净无污染的土地优势，依托现有农林产品，打好绿色健康食品品牌，成为大中型城市的食品供给区域，促进区域经济发展。

②调整第二产业结构，发展无烟产业

为确保区域生态环境的原始性，不适于发展污染较重的工矿、加工等第二产业，应当逐步搬迁城镇内污染较重的工厂，发展无污染的环保型产业。

4. 产业型城镇

已形成较大规模的农业、林业企业规模，具有一定的生产、销售、物流基础，以产业为基础可集中规模化发展，以绥阳林业局、柴河林业局等林业局小城镇（局址）为代表。

（1）城镇性质与职能定位

利用现有资源，建设以特色加工制造业为主的工贸型、生产型中心城镇。

（2） 城镇发展模式

推进以产业化为核心的发展战略，抓住优势产品和产业，增强市场技术优势，扩大市场辐射范围。重点发展林产品和山产品精深加工，将招商引资项目向园区集中，形成集聚效应。

临近边境的城镇可利用省界、国界发展边境贸易，强化交通服务基础设施，聚集各方面的生产要素，建设“边贸强镇”，重点发展进出口贸易、仓储、运输等服务业，形成边贸集聚效应。

（3）产业结构规划

规划期末将该类型城镇的三次产业比例调整为30:35:35。

①优化调整第一产业，提供优质产品原料

依托现有农林产品，打造绿色健康食品品牌，为农林产品的精细化开发提供优质原料，将第一产业作为第二、三产业发展的后援产业，促进区域经济协调健康发展。

②适当开展旅游产业，平衡三次产业结构

逐步开发与建设景区，不断完善第三产业的服务体系，加强管理并逐渐丰富第三产业项目，使其成为城镇经济增长的新亮点，利用旅游开发增加一产、二产的附加值，平衡三次产业关系。

5. 文化型城镇

有一定文化资源及文化产业基础，小城镇建设具有一定特质，可通过旅游项目开发，重点建设成文化型旅游小镇，以绥棱林业局局址（绥棱生态文化旅游景区）、海林夹皮沟旅游小镇及分布在各林业局内的文化艺术小镇为代表。

（1） 城镇性质与职能定位

依托自身文化资源，将旅游业与文化产业相结合，开发旅游业、创意文化产业等现代服务产业，建设成为彰显龙江森工文化、为游客提供文化体验的文化型小城镇。

（2）城镇发展模式

充分挖掘小镇自身文化，在确定文化主题的基础上，高度重视民族文化的挖掘和保护。大力发展文化产业，建设文化体验园区、文化艺术村等文化旅游基地。不断推动旅游业与文化产业的融合发展，创新旅游业态。扩大旅游产业的内涵与外延，突出民族文化的魅力和特色。

（3）产业结构规划

规划期末将该类型城镇的三次产业比例调整为20:30:50。

①逐步缩减第一产业，发展景观农业

逐步缩减一产比重，利用现有资源，发展针对艺术写生、摄影等专项市场的景观农业项目，走精细化发展之路。

②转化第二产业，利用工业园区发展文化产业

针对原有生产性工业园区，借鉴798艺术区的发展模式，利用现有设施，挖掘森林文化，设置创意场景，将森林文化推广出去，整体促进地区经济的发展。

③完善服务体系，丰富文化旅游项目

在挖掘城镇文化的基础上，以文化旅游景区的概念建设旅游小镇，配套游客服务中心、停车场等必备公共服务设施，开发文化体验项目，丰富文化旅游产品，打造文化型旅游目的地。

黑龙江森工各林业局和施业区均有比较丰富的旅游资源，各区域均有一定量的旅游资源，资源分布较为分散，但各区域内资源相对集中，区域间差异显著。不论是在总体资源数量、储量、优良级与五级资源比重上，大海林、海林、山河屯、亚布力在整个龙江森工乃至全省范围内都占有一定优势，但其他林业局也不乏资源亮点。

参考文献

[1] 石峰．市场经济国家的国有林发展模式与发展道路[J]．北京：中国林业出版社，1998：2－7．

[2]黑龙江省森工林区旅游发展总体规划（2015-2030年）[Z]．浙江远见旅游设计研究院东北分院，2015．

[3] 中国可持续发展林业战略研究项目组．中国可持续发展林业战略研究总论[M]．北京：中国林业出版社，2002：351－352．

[4] 王永清．东北国有林区建立生态经济特区的构想[J]．中国绿色时报，2005－7－1．

[5] 王海．中国国有林区构建林业生态特区研究[D]．哈尔滨：哈尔滨工业大学，2005：4．

[6] 蒋有绪．森林可持续经营与林业的可持续发展[J]．世界林业研究，2001，（4）：2－7．

[7] 张新华．借鉴国外经验加快森林旅游事业的发展[J]．湖南林业，2002（2）．

[8] Gloria · E · Helfand、Joon · Sik · Park、Joan · I · Nassauer、Sandra Kosek. The economics of native plants in residential landscape designs[J].Landscape and Urban Planning，2005，78(3)：229-240.

[9] Altman.The Environment and Social Behavior,1975：6~12.

[10] John Wiley, Sons．Inc. Macsai Housing,1981：22~32.

[11] House Design In Practice. (En)Longman Scientific and Technical Pub,1997.

[12] Edited by Jonathan Hughes, Simon Sadler．Essays on Freedom Participation and Change in Modern Architecture and Urbanism．Architecture Press,2000.

[13] Paul Stollard．Crime Prevention Through Housing Design,1991.

[14] 崔功豪，魏清泉，刘科伟．区域分析与规划（第2版）[M]．北京：高等教育出版社，2006：61．

[15] 黑龙江省森工林区林地资源可持续利用研究[D]．北京：北京林业大学，2015:36.

[16] 宋涛．基于产业—环境系统协调发展的适应性城市产业生态化研究[D]：，长春：中国科学院东北地理与农业生态研究所，2007．

[17] 房艳刚，刘继生．东北地区资源性城市接续产业的选择[J]．人文地理，2004，19（4）：77-81．

[18] Barry Smit, Johanna Wandel. Adaptation, adaptive capacity and vulnerability[J]. Global Environmental Change, 2006,16（3）:282-292.

[19] Qiu Fangdao, Tong Lianjun, Zhang Huimin et al. Decomposition Analysis on Direct Material Input and Dematerialization of Mining Cities in Northeast China[J]. Chinese Geographical Scoence, 2009（2）：104-112. DOI: 10.1007/s11769-009-0104-2.

作者简介

崔彦权，哈尔滨工业大学建筑学院，城乡规划学博士，浙江远见旅游设计研究院东北分院，院长。

风景名胜区旅游产业发展研究
——涂山白乳泉风景名胜区为例

Research on the Development of Tourism Industry in the Scenic Area
—A Case Study of Mount Tushan & Bairu Spring Scenic Area

卫 超 杜鹏晖 薛 全
Wei Chao Du Penghui Xue Quan

[摘　要]　风景名胜区是风景资源荟萃、集中之地，具有较高的观赏、文化和科学价值，是当代旅游发展的主要载体，在过往的旅游发展过程中，风景名胜区在观光旅游时代起到了重要的作用，但是，随着旅游产业的升级与转型，传统的风景名胜区观光旅游发展模式并不能有效发挥风景名胜区资源的最优化。风景名胜区的发展需要兼顾资源的保护与景区的可持续发展，如何兼顾两者，达到双赢，是当代风景名胜区旅游发展的重要主题。本文通过对涂山白乳泉风景名胜区旅游产业发展的研究，摸索了在新常态下，符合风景名胜区保护与发展要求的，文化旅游发展语境下的风景名胜区旅游产业发展的新模式、产业类型和空间布局。

[关键词]　风景名胜区旅游发展；涂山白乳泉；资源利用

[Abstract]　Scenic area is the meta landscape resources, concentrated, has a high ornamental, cultural and scientific value, is the main carrier of tourism development in the contemporary era, in the past in the process of developing tourism, scenic spots in tourism era to an important role, but with tourism industry upgrading and transformation, traditional scenic area tourism development mode and cannot effectively use of scenic spot resources optimization. The development of scenic area needs to take into account the protection of resources and the sustainable development of the scenic area, how to balance the two, to achieve a win-win situation, is an important theme of the development of contemporary scenic spots. The coated mountain white latex spring scenery scenic spot area tourism industry development research, groping in the new normal, in line with the requirements of the protection and development of scenic spots, scenic area tourism industry development in the context of culture and tourism

[Keywords]　The Development of Tourism Industry in the Scenic Area; Mount Tushan & Bairu Spring Scenic Area; Resource Utilization
[文章编号]　2016-74-P-101

一、引言与综述

风景名胜区是以具有科学、美学价值的自然景观为基础，自然与文化融为一体，主要满足人对大自然精神文化活动需求的地域空间综合体，切实保护和合理利用好风景名胜资源，对于改善生态环境、发展旅游、弘扬民族文化、激发爱国热情、丰富人民群众的文化生活具有重要的作用。

风景名胜区是发展旅游的主要载体，风景名胜区的旅游发展面对着资源保护、开发利用、景观建设、调控人类活动容量的多项任务。合理的旅游活动开展，能够对风景名胜区的可持续发展、生态、经济和社会效益的协调统一创造良好的价值。长时间以来，风景名胜区积极保护资源，跟随市场化的发展特性和规律，充分参与旅游大发展的热潮中，赢得了人们广泛关注和青睐。但是纵观目前我国风景名胜区旅游发展现状，仍然存在一些问题，主要体现在：旅游开发模式落后，停留在资源型观光模式上；旅游产品以观光产品为主，较为单一；各景区旅游产品特色不足；环境影响较大，可持续性不足。

近年来，我国旅游业快速发展，产业规模不断扩大，产业体系日趋完善，旅游活动从资源到模式都发生了巨大的变化。随着《国务院关于加快发展旅游业的意见》的提出，旅游业将成为国民经济的战略性支柱产业和人民更加满意的现代服务业，旅游发展的变化将主要体现在市场发展的多元化和产品需求的深层化，风景名胜区作为旅游市场的生产主体，也需要进行一定的模式更新和产品创新，需要从资源型观光模式向市场化休闲度假模式转变。

二、基本概况

涂山白乳泉风景名胜区位于安徽省蚌埠市，处我国地形、气候、植被、降水等重要分界线——秦岭淮河一线的节点。风景区内荆、涂山隔水相望，登高远眺，只见与古史记载相吻合的夏禹王劈山导淮之地涡淮萦绕，涡河、茨淮新河、淮河三大水系交汇相容，并与荆山夹淮并峙为胜，形成了壮观的涂、荆峡谷景观。涂山白乳泉风景区物华天宝，人杰地灵，自然风光秀美，名胜古迹繁多，现存禹王宫、启母石、卞和洞、白乳泉和明清古建筑群等，连同享誉全国的万亩九州名果——怀远石榴，被誉为“东方芭蕾”的民间艺术瑰宝——怀远花鼓灯，皖北地区家喻户晓的绵延千年的涂山禹王庙会，以及便利的地理、交通区位，造就了风景区不可替代的旅游资源优势。

目前，涂山白乳泉风景名胜区的旅游活动开展集中在荆山景区和涂山景区，两景区都以当地居民日常登山和周边城市居民节假日休闲游览为主，旅游资源未得到较好的开发利用，开发模式仅为景点营造，旅游业发展停留在景点观光，整体发展较为落后。

在此背景下，笔者围绕涂山白乳泉风景名胜区现状与发展目标、风景名胜区保护要求与旅游发展形势，进行了风景名胜区旅游产业的积极研究与探索。

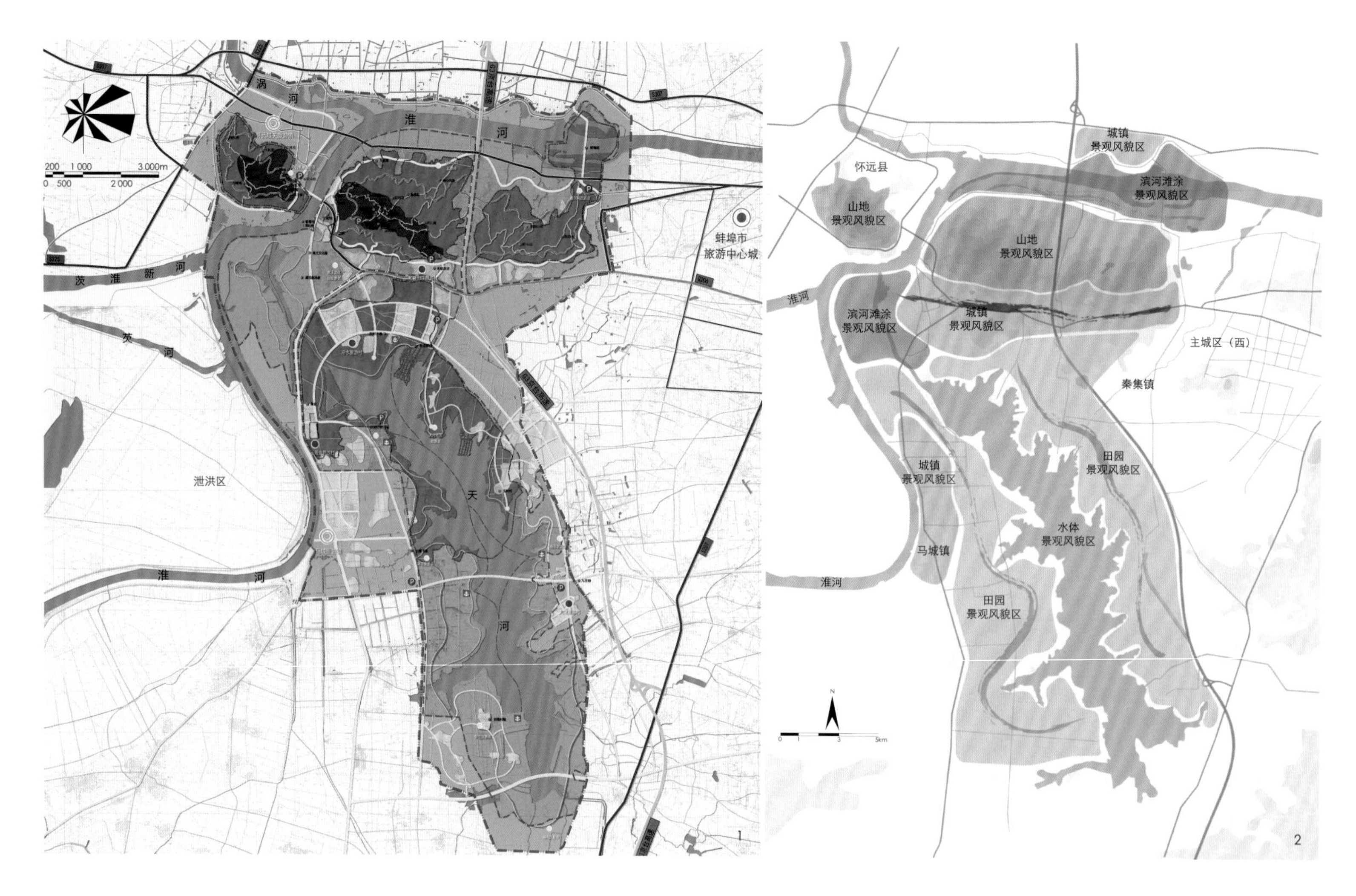

1.风景名胜区总体规划图
2.景观风貌现状图
3.旅游产业布局图
4.交通现状图
5.风景名胜风景资源分布图

三、发展核心问题与发展策略

1. 涂山白乳泉风景名胜区旅游发展核心问题

（1）与城市的关系协调较差

涂山白乳泉风景区现状对于蚌埠市而言，仅单纯的作为一个生态保护斑块存在，阻碍城市功能之间的有效连接，并受到城市发展的压力，面临着无序开发的危险。

（2）大禹文化挖掘不够

作为华夏文化的载体之一、蚌埠历史文化的主要载体，涂山白乳泉风景区的旅游资源的知名度与可观赏性之间不匹配，且目前旅游产品狭隘低端，难以产生吸引力。同时还存在与其他大禹文化主题同质性竞争的问题，需要寻求突破。

（3）风景名胜区价值体现不足

长时间以来，景区仅仅作为市民日常登山的郊野公园，风景名胜价值未得到较好体验。景区内景点营建深度不足，对资源利用方式探索不足，观光旅游性质突出。

（4）产业空间布局不合理

景区内未形成完善的产业体系，现有的产业多为自发开发，开发无序，分布零散。

2. 涂山白乳泉风景名胜区旅游产业发展策略

（1）与周边地区旅游资源联动

与周边资源，通过共塑产品、互送客源、同步宣传、异地投诉、联合执法，实现区域内的资源共享、市场共享、利益共享。具体可分为以下两个层面。

第一层面：加强与皖北地区内各个乡镇、旅游景区之间的旅游合作。

第二层面：加强与蚌埠市龙子湖景区等其他旅游资源之间的合作。

（2）突出大禹文化及当地文化特性，塑造景区独特的人文旅游风貌

国内其他以大禹文化为主题的景区多以大禹神庙等纪念性建筑和主题园林为主体，游览性不高。涂山景区应紧抓大禹开山治水的神话传说，增加独特的以荆山峡及天河北洪泛区为主体的远古治水体验项目。

（3）保护利用山水格局，依托生态，重塑胜景，形成与人文相结合的山水田园生态旅游。

突出其自然山水与人文典故联系紧密的特征，充分发挥自然山水的人文底蕴，强化其山水真、典故悠的文化景观特性，在其自然基地中，发挥人文魅力，实现自然生态资源的最优化利用。

（4）健全旅游产业产品体系，实现景区内外互

惠共通，共赢共生

在生态环境兼容的情况下，通过整合涂山风景区内优势旅游资源，容纳部分城市产业功能。重点发展多元化互补型旅游产品，形成休闲产业、生态产业、文化产业、农业、养生保健产业等产业的多功能多产品聚集区。并针对市民休闲娱乐特征，增加体验性、休闲趣味较强的项目，延长游客停留时间。

四、发展定位与目标

1. 规划理念

根据涂山白乳泉风景名胜区的资源特征和发展趋势，确定风景区未来发展理念为：

（1）发扬涂山白乳泉风景名胜区特性，建立皖北地区独树一帜的山水人文型风景名胜区；

（2）构建文化旅游产业，促进大禹文化传承与发扬；

（3）构建天人合一的山水格局，促进人与自然和谐共融；

（4）构建新型风景名胜区，开创风景名胜区休闲旅游新方式；

（4）构建泛旅游产业体系，推动城—景旅游产业一体化；

（5）实现城—景旅游产业互补，提高生活品质。

2. 旅游产业定位和发展目标

以自然和人文生态为基调，以大禹文化为灵魂，以“新遗产经济”为模式，以旅游产业和文化创意产业为抓手，拉动风景名胜区发展，以创造高品质的休闲生活方式为目标，打造蚌埠市集观赏、游览、参与、生活为一体的体验式山水人文型休闲度假风景区。将风景区旅游定位为：

（1）皖北黄金旅游线上的黄金节点；

（2）蚌埠文化旅游新地标，未来新遗产；

（3）蚌埠后花园，现代休闲度假高地。

五、产业体系构建及项目类型

1. 产业发展策略

（1）文化解构途径——紧扣大禹文化主题进行文化解构，构建景区的核心产业

现有文化遗产保护几乎都是被动式——其建造时并没有系统的考虑，只是后人发现它的价值，提醒人们加以保护。当今，世界发展速度加快，需要人类主动通过打造世界性遗产公园系统地保留某些重要宝贵的财富，如环境、艺术、技术、哲学、习俗等。

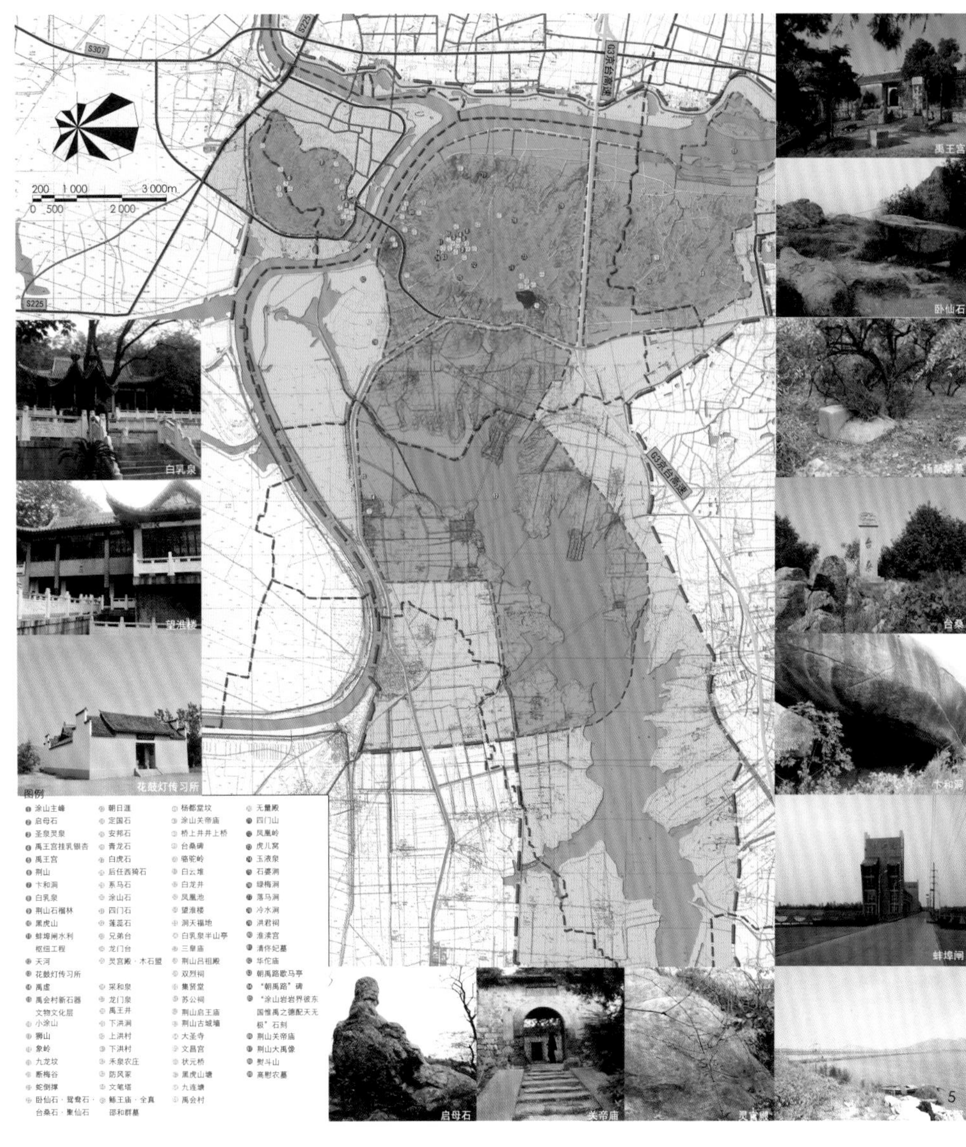

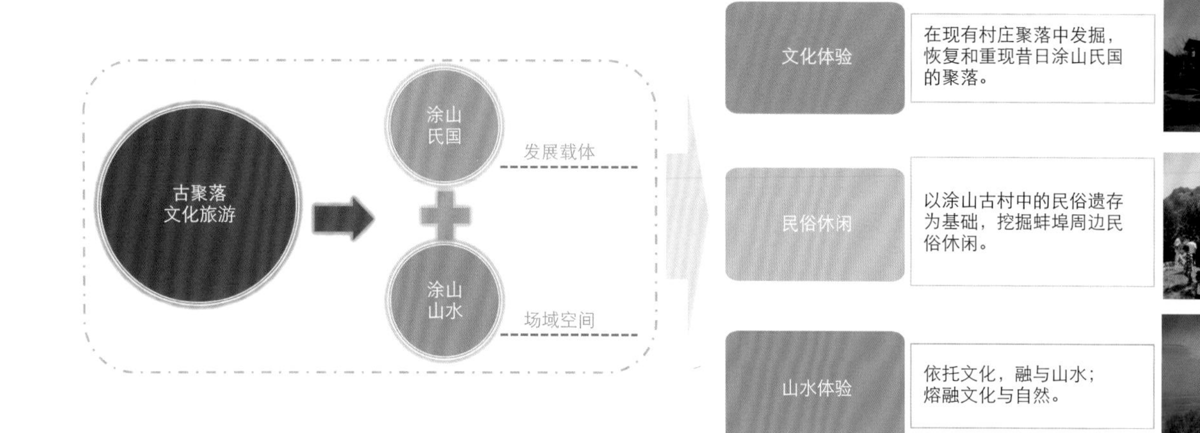

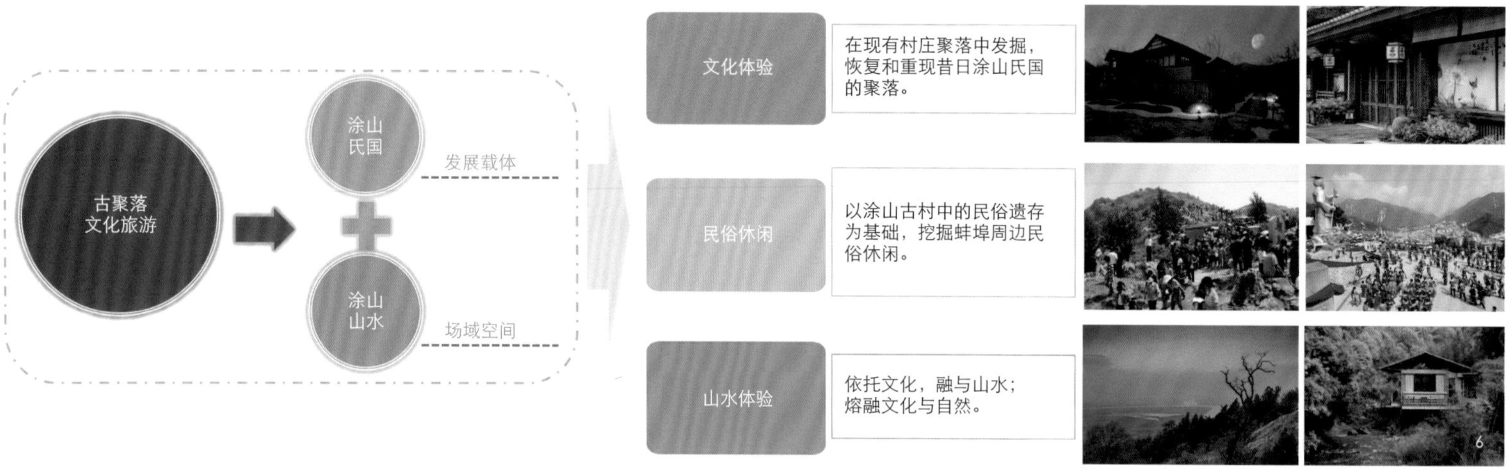

6.古聚落文化旅游产业
7.旅游产业格局
8.产业体系图
9.田园乡村旅游产业
10.生态文化旅游产业

主动打造文化遗产保护与传承的全新方式，打造主动式遗产公园，以“贮存、流传和创造文化”为目标，主动式、系统性打造具有价值的复合聚落。集中体现现代自然与人文的综合价值，注重对过去的延续和对未来的传承，成为具有长期并不断增值的复合型、多维度的现代人类遗产。

（2）利用生态基底途径——利用良好的生态基底，与城市功能融合，形成景区的衍生产业

通过构建全域生态安全格局，保护健康良好的生态基底，并在此基础上植入与城市休闲度假服务配套的产业类型。充分发挥风景名胜区良好的生态环境优势，在原有环境的基础上，增强生物物种的多样性，形成良好的生态系统，形成生态游览与生态科普教育系统，引入生态采摘、植物科教等新兴农业形式，与景区外农业形成产业互补，在此基础上，增强游客的游览体验，丰富景区的生态游览活动，增强景区的生态价值。

2. 产业及项目类型

（1）文化解构途径衍生产业类型

①大禹文化产业——“帝王传说”

大禹文化产业的表现方式主要分为两种：一是历史文化遗迹展示，包括禹王宫、禹墟、石刻等遗址等；二是大禹文化博览，内容包括大禹开山治水、大禹取涂山氏女等以神话传说为载体的非物质文化，通过博览园、博物馆等形式呈现。

②水利文化产业——“淮河史事”

自大禹治水起，荆涂山地区便记载了人类适应自然环境的壮烈史诗，从最初的开山疏浚，到现在的防洪大堤，完整地展现了技术与治水理念的演变。一是可通过组织水上游线配以讲解的方式实景展现，二是通过建立青少年夏令营基地和水利专业培训基地，起到教育宣传作用。

③古聚落文化产业——“涂山聚落”

远古生活充满了神秘气息，独特的历史人文气息吸引着现代人的好奇心。景区范围是古涂山氏国的旧址，具有良好的先天条件，因此，规划区内应以此为基础，在现有村庄聚落中发掘，恢复和重现昔日涂山氏国的聚落。

策划项目类型：大禹文化园、禹王治水传说话剧、涂山氏国民俗风情集镇、民俗风情街、民俗文化活动、特色住宿等。

（2）生态基底延伸产业类型

①生态文化产业——“迤逦天河”

生态文化是当前世界较为流行的文化概念，景区应以天河及周边湿地生态系统，打造生态保护、生态农业、生态居住多种形式的生态山水体验游。

策划项目类型：生态居住、生态农业、湿地观鸟、湿地生态系统课堂等。

②田园乡村文化产业——“田园牧歌”

随着都市快节奏的生活、钢筋混凝土的生活环境给人带来巨大的压力越来越大，人们开始向往田园乡村的生活方式。因此，应在所在的村庄聚落中改良田园文化，改善基础设施，提供体验田园居住环境、田园日常生活方式及民俗文化活动的条件。

策划项目类型：生态农业采摘园、认养农地、农家乐、农事体验等。

③休闲文化产业

休闲文化是提升场地活力的重要元素，主要面向市民、休闲游客和高端商务游客，依据休闲主题不同，包括餐饮休闲、住宿休闲、会议休闲、娱乐休闲、运动休闲、养生休闲等。越是综合性的休闲区，其休闲吸引力越大。

策划项目类型：度假酒店、温泉养生、疗养护理、餐饮酒吧街等。

六、旅游产业空间布局

1. 空间布局原则

基于风景名胜区特殊的保护与发展要求，在充分保护风景名胜资源的基础上，合理布置各类旅游产业，涂山白乳泉风景名胜区旅游产业空间布局需遵循以下原则：

（1）符合总体规划

依据资源特征、利用环境与条件、现状特点，满足空间要求，符合风景名胜区总体规划；

（2）发掘景源潜力

通过合理的空间布局，充分发挥风景资源的综合潜力，在展现风景游赏主体的前提下，在景区内部配置必要的旅游产业与设施，不必要的尽量安排在景区外；

（3）内外景城协调

满足风景名胜区旅游产业分布内外有别、城景协调，内部注重资源的保护与传承，外部注重与社会发展需求，同时内外形成联系、沟通与协调。

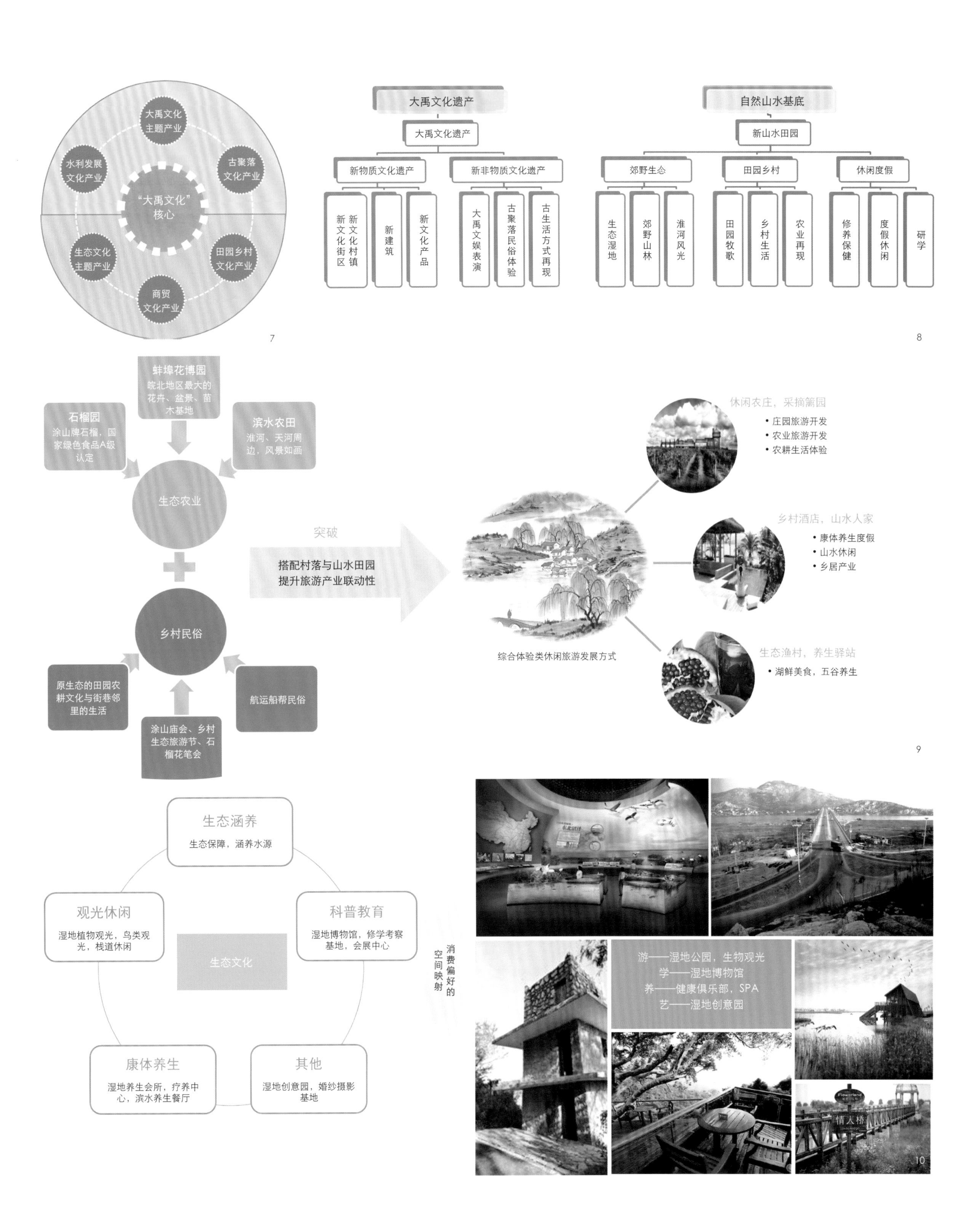
大禹文化主题产业
古聚落文化产业
田园乡村文化产业
商贸文化产业
生态文化主题产业
水利发展文化产业
“大禹文化”核心
7
大禹文化遗产
大禹文化遗产
新物质文化遗产
新非物质文化遗产
新文化街区
新文化村镇
新建筑
新文化产品
大禹文娱表演
古聚落民俗体验
古生活方式再现
自然山水基底
新山水田园
郊野生态
田园乡村
休闲度假
生态湿地
郊野山林
淮河风光
田园牧歌
乡村生活
农业再现
修养保健
度假休闲
研学
8
蚌埠花博园
皖北地区最大的花卉、盆景、苗木基地
石榴园
涂山牌石榴，国家绿色食品A级认定
滨水农田
淮河、天河周边，风景如画
生态农业
乡村民俗
原生态的田园农耕文化与街巷邻里的生活
涂山庙会、乡村生态旅游节、石榴花笔会
航运船帮民俗
突破
搭配村落与山水田园
提升旅游产业联动性
综合体验类休闲旅游发展方式
休闲农庄，采摘篱园
• 庄园旅游开发
• 农业旅游开发
• 农耕生活体验
乡村酒店，山水人家
• 康体养生度假
• 山水休闲
• 乡居产业
生态渔村，养生驿站
• 湖鲜美食，五谷养生
9
生态涵养
生态保障，涵养水源
观光休闲
湿地植物观光，鸟类观光，栈道休闲
科普教育
湿地博物馆，修学考察基地，会展中心
生态文化
康体养生
湿地养生会所，疗养中心，滨水养生餐厅
其他
湿地创意园，婚纱摄影基地
消费偏好的空间映射
游——湿地公园，生物观光
学——湿地博物馆
养——健康俱乐部，SPA
艺——湿地创意园
情人桥
10

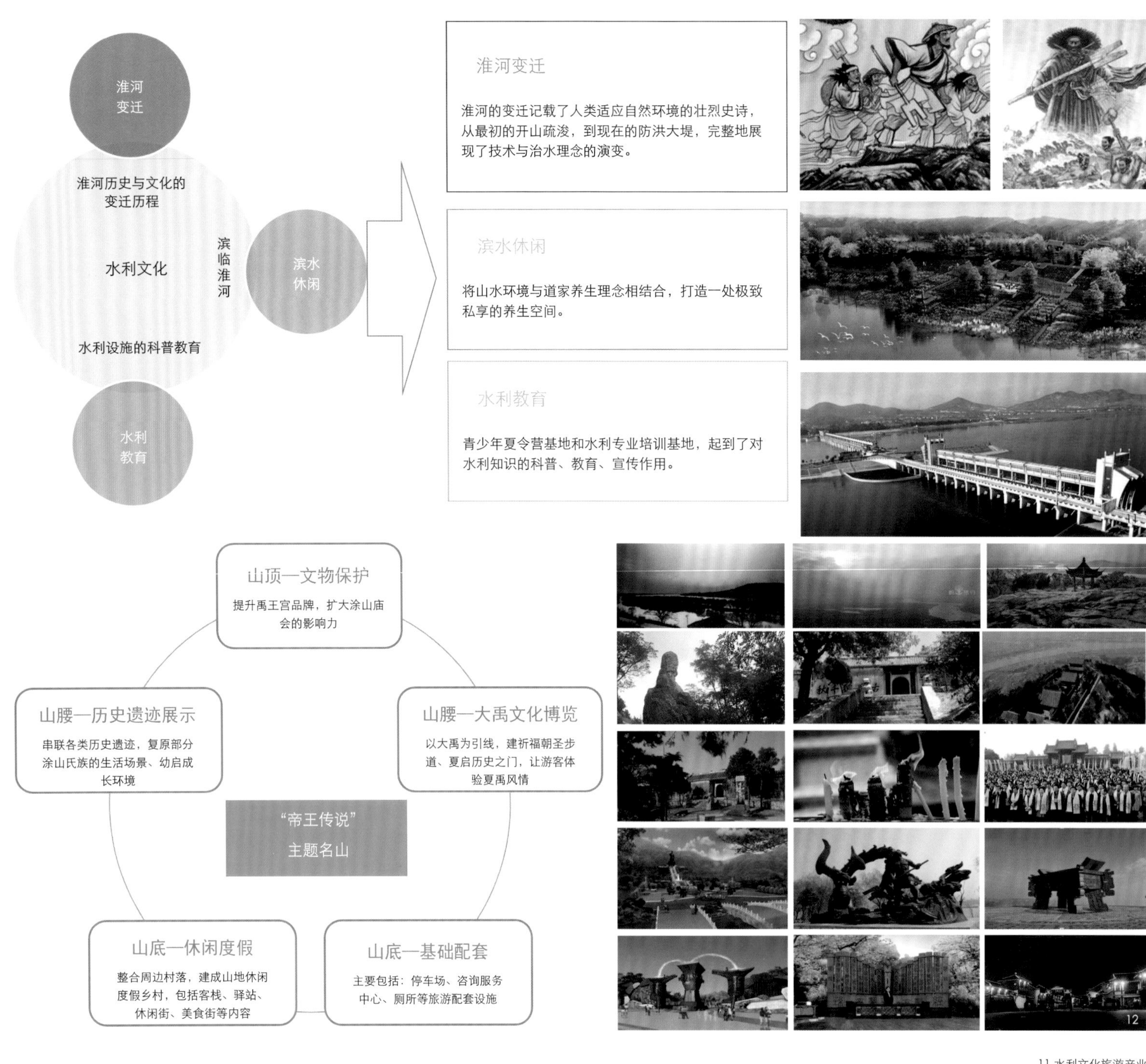

11.水利文化旅游产业
12.大禹文化旅游产业

2. 产业空间布局

（1）产业类型一：位于景区以内

此类型布置与风景游赏有关的景点塑造与旅游服务点等内容，如景点游赏设施修缮、游憩设施、解说导览服务、文教科普产业等。

（2）产业类型二：位于风景区内

此类型布置与风景游赏有关的旅游项目与旅游服务设施为主导的产业。如大禹文化园、涂山氏国、旅游集散中心、餐饮服务产业、生态农业等。

（3）产业类型三：位于风景区外，外围保护带内

此类型布置与旅游服务接待设施和旅游度假为主导的产业。如农家乐、民宿、度假旅游设施项目等。

（4）产业类型四：位于外围保护带以外

在遵守风景区保护原则下，此类型布置与旅游开发和周边城市建设相关的一切类型项目。

七、分区产品

1. 大禹文化核心体验区

分区特色：集大禹文化之大成，体验性、娱乐性、科普性于一体。从大禹开山治水、禹墟习俗、治水艺术等方面设计体验、教育、娱乐项目，将大禹物质和精神层面的精髓淋漓尽致地体现。

项目定位：文化旅游核心。

目标群体：大众游客。

策划产品：

产品	内容	依托资源
大禹开山治水水上游线	以洪水疏导为理念的治水方式——淮河大坝的现代治水方式的游览和讲解	荆山峡
大禹博物馆	展现于大禹有关的历史文化	新建
禹王祭祀	祭祀等民俗活动	禹王庙
禹王氏族生活再现	剧目表演	禹墟
青少年夏令营	生态教育	现有村落

2. 涂山氏国古聚落体验区

分区特色：古色古香的古氏族聚落，涉猎异域文化、风土人情、社会风尚、地方土特产等人文景观，以增长知识、提高文化修养、陶冶身心、激发生活情趣。

项目定位：特色娱乐。

目标群体：大众游客。

策划产品：

产品	内容	依托资源
涂山氏国图腾DIY乐园	室外新奇盐雕展示和自制盐雕的娱乐园，由工作人员讲解盐雕知识，指导游客DIY制作，并作为旅游商品带走	涂山北村落改建
涂山氏国文化展示演出	戏剧、歌舞演出	涂山北村落改建
影视主题游乐园	体验涂山氏国生活场景	涂山北村落改建
外景拍摄区	古聚落艺术照、婚纱摄影	涂山北村落改建

3. 田园乡村体验区

分区特色：田园风光，朴素自然。生态绿色农业、观光休闲农业、观赏、展示、购置、教育基地、农业示范区。

项目定位：休闲娱乐。

目标群体：大众游客。

策划产品：

产品	内容	依托资源
创意农场	认领地块，让市民家庭体验种植、采摘、加工	现状村庄农田改造
石榴养生庄园	石榴加工参观，挖掘养生文化，品尝养生宴	现状村庄农田改造
涂山特产商城	原味特产、创意特产、交易展览	现状村庄农田改造
现代农业科技博览中心	生态科技，生物动力种植，花卉鉴赏，科普讲座	现状村庄农田改造
欢乐渔庄	当一天渔民，吃一餐鱼宴	现状村庄农田改造

4. 天河自然生态体验区

分区特色：野趣。其总体要求是以保护为主，在不影响保护的前提下，把科学研究、教育、生产和旅游等活动有机地结合起来，使它的生态、社会和经济效益都得到充分展示。

项目定位：特色娱乐。

目标群体：野营爱好者、健身爱好者。

策划产品：

产品	内容	依托资源
环天河慢行系统	平日健身、跑步的步道	现有村路
滨湖露营	露营、烧烤等项目	划定露营区
企业家会所	高级私人会所，中国商业精英阶层首选的私人商务俱乐部	滨湖村庄

5. 休闲养疗区

分区特色：良好的自然环境、优美的视觉景观观赏和健全的配套服务设施组成的高端度假休闲区域。

项目定位：高端娱乐。

目标群体：少数游客。

策划产品：

产品	内容	依托资源
精品度假酒店	引入中高端酒店	新建
产权式酒店	分为时权酒店、养老型酒店、有限自用投资型酒店，为各类商务旅游、旅游观光和休闲度假旅游者提供住宿服务	新建
度假别墅及度假公寓	既为一部分中青年人提供第二居所，也为探亲、旅游度假的人群提供住宿服务的酒店式公寓	新建
高端商务会议中心	会议室两个，小型可容纳30人，大会议厅可容纳50人，提供电话会议设施，为举行会议、会务或聚会等活动的多功能会议区。以室内外绿色植物装扮，建筑采用高通透性阳光房，夜晚采用LET灯为植物持续造氧，打造含氧量最高的商务会议室	新建
企业家会所	高级私人会所，中国商业精英阶层首选的私人商务俱乐部	新建

6. 都市综合配套区

分区特色：与城市功能协调，承接部分城市配套服务、娱乐项目，聚集发展，以此吸引人气。

项目定位：日常娱乐。

目标群体：大众游客。

策划产品：

产品	内容	依托资源
滨江公园	以艺术文化展览为特色的滨江主题公园，休闲游憩公园	新建
涂山风情水街	集盐文化传承、餐饮、娱乐、购物为一体的滨江文化风情街	新建
图书室	是搜集、整理、收藏图书资料供人阅览、参考的机构	新建
体育场地	分为比赛馆和练习馆两类，平时可供学校学生使用	新建
文化交流广场	可举办园区内各种大型文化活动的文化休闲广场	新建
魅客部落	以时尚和艺术为主题的私家菜餐厅	新建

八、结语

涂山白乳泉风景名胜区旅游产业发展研究，贯彻了风景名胜区“严格保护、统一管理、合理开发，永续利用”发展方针，尝试了从资源入手、合理分区布局，通过产业统筹的方法，突出了其大禹文化、人文山水的特性，探索了其与蚌埠城市旅游相统筹的方式，满足了其在新时期的旅游发展要求与风景名胜区自身的特性塑造。

今天，风景名胜区的旅游活动处在高速发展的时期，与市场和环境的变化密切相关，其旅游产业的发展直接关系到风景名胜自身成长与完善。依托资源、符合规划、突出特性、削减影响，风景名胜区的旅游产业布局应当满足风景名胜区保护的要求，同时实现景区可持续发展的需求。通过对自然与文化资源的挖掘，探索适合资源传承和利用的方式，实现景区资源的最优化利用，是风景名胜区旅游产业发展的根本。通过合理的空间布局，使资源潜力得到充分发挥，功能组团与空间相互适应，各旅游业态相互契合，景区与社区联动发展，实现风景名胜区永续价值，是风景名胜区与旅游产业两者之间永恒的话题。

作者简介

卫　超，硕士，安徽省城乡规划设计研究院，高级工程师，设计二所副所长，安徽省海绵城市建设研究中心主任；

杜鹏晖，硕士，安徽省城乡规划设计研究院，高级工程师，设计二所主任工程师；

薛　全，硕士，安徽省城乡规划设计研究院，设计二所，助理工程师。

海南国际旅游岛先行试验区概念规划

Conceptual Plan for the Pilot Area of Hainan International Tourist Destination

王彬汕 江 权 王 萌
Wang Binshan Jiang Quan Wang Meng

[摘 要] 海南先行试验区是具有先行先试政策优势的旅游新版块，规划在政策解读的基础上，创造性地提出黎安C－PET模式和“海蓝飘带”总体格局，指导各项旅游项目设置及具体空间布局，并通过公共与基础设施、道路交通、生态保护、景观及特色营造等方面的协调发展，创造具有国际吸引力的滨海旅游地。

[关键词] 滨海旅游；黎安模式；文化引领

[Abstract] The pilot area of Hainan international tourist destination is a new-born tourism block with national policy advantages as a pioneer. On the basis of policy interpretation, the plan creatively puts forward a "Li'an mode": C-PET, and master Distribution as “a Ribbon of Purest Blue” to guide kinds of tourism projects and their layouts. With the development of public facilities, infrastructure, traffic, ecological conservation, landscape and unique features , it would be built as a world-class tourist bay.

[Keywords] Coastal Tourism ; Li'an Mode; Culture-leading

[文章编号] 2016-74-P-108

2009年底海南国际旅游岛建设上升为国家战略，海南发展面临新的历史机遇。其核心是国际化，特点是开放性，标志是国际化程度高、生态环境优美、文化魅力独特、社会文明祥和的世界一流的海岛型国际旅游目的地。

2010年为加快推进海南国际旅游岛建设，海南省委、省政府批准设立陵水县黎安为代表的国际旅游岛先行试验区，要求围绕国家赋予海南的战略定位和发展目标，在特殊支持政策、开发模式、体制机制、产品、投融资模式创新等5方面进行先行先试，着力建设成为规模大、开放程度高、国际一流的旅游文化产业集聚区。

一、海南国际旅游岛先行试验区概念解读

先行先试中的“国际化”“文化引领”被反复强调，成为先行试验区发展建设的关键。

1. 国际化

放眼全球旅游胜地，迪拜拥有世界一流的奢华，马尔代夫拥有世界一流的生态，圣托里尼拥有世界一流的浪漫，夏威夷拥有世界一流的风情……黎安要跻身世界一流的行列，必须在经济和科技方面追赶世界一流，达到国际标准；在政策方面，借鉴国外旅游地的政策机制，灵活运用；在文化方面，唯有创新视角，全新演绎，方能融入并引领世界文化潮流。

2. 文化引领

规划提出先行试验区应以中国海洋文化为引领。在文化全球化背景下，西方文化输出加速了“民族和地域文化”的消融，世界文化呈现“同质化”。另一方面，世界各民族的独特文化通过现代信息技术得以在全球展示和传播其“多元化”。在“融合”与“互异”的共同作用下，从全球视角创新性地筛选和展示地域文化将是“文化引领”的关键。中国拥有源远流长的海洋文化，在当代突出“中国海洋文化”主题，有助于培养公众海洋意识，推动中国海洋战略，并为世界海洋文化注入新的内容。

二、模式创新：黎安C—PET模式

通过政策解读，概念规划提出“黎安C－PET模式”，即文化引领的国际化发展模式。

C（文化，culture），即以“中国海洋文化”引领，细分为世界、中国、海南和黎安四个层面。以中国和海南海洋文化为主，突出地域文化特色；以世界和黎安海洋文化为辅，与世界和当地文化衔接。规划从神话传说、历史事件、文化胸怀和现代时尚四个方面，对四大海洋文化进行了类比性的梳理和筛选。以神话传说为例，在世界海洋文化中，希腊神话中主宰海洋的是海神波塞冬，海底世界由七根柱子支撑；在中国海洋文化中，主宰海洋的是龙王，海里有定海神针和水晶宫；在海南海洋文化中有妈祖、水尾圣娘、108兄弟、木头公等。基于国际视野、从全球文化类比的角度进行梳理和筛选，进而形成落地项目，并用国际化的模式进行包装和演绎，通过旅游活动促进交流和理解，才能让先行试验区真正做到“文化引领”，做到“世界一流”。

P（政策，policy），借鉴发达旅游地在消除旅游者自由移动限制、发展旅游经济、确保旅游环境可持续发展等方面的先进经验，结合国情，积极创新。

E（经济，economy），突出旅游度假、海洋产业和热带农业三大经济板块。突破原有产业界限，构建以己为主的全球价值链，向研发、服务和品牌等附加值较高、利润空间较大的环节延拓。

T（科技，technology），采用全球领先的绿色建筑、生态规划、低碳城市、智慧旅游等关键技术，实现人与自然的和谐发展。

三、目标定位：世界海湾，东方自由岛

黎安C－PET模式，立足国际视野，根植本土文

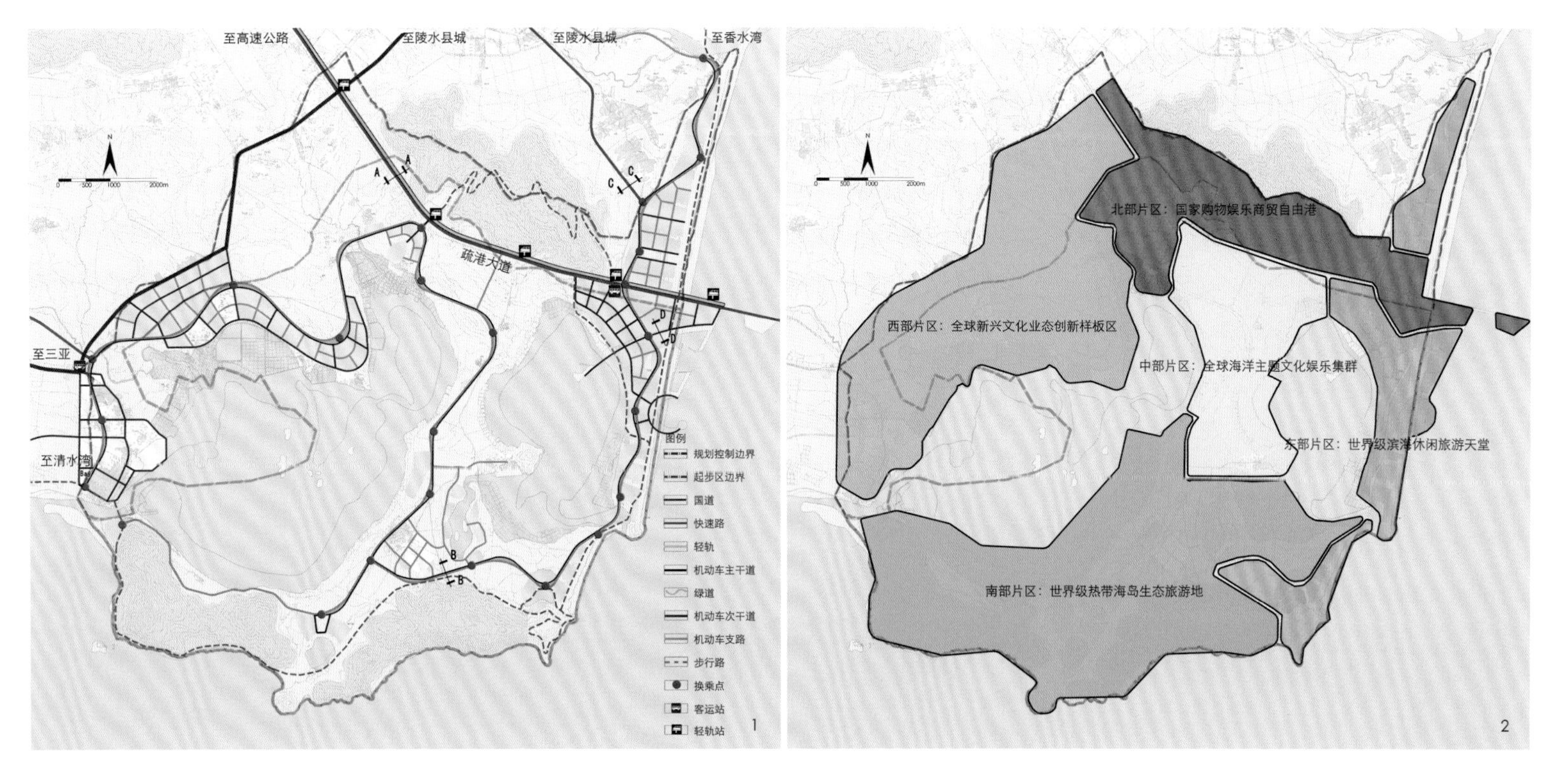

1.道路系统规划图
2.功能布局图

化，荟萃全球客群，描绘出“世界海湾，东方自由岛”的宏伟愿景，实现五大发展目标。

1. 世界级滨海休闲旅游天堂

凝聚25km优质海岸与43km^{2}天然山水精粹，打造世界级旅游港湾。

2. 国际购物娱乐商贸自由港

坐拥19条政策与5大创新试验机遇，试水免税购物、体育博彩、国际邮轮、离岸金融和多项旅游开放政策，建设具有国际影响力的东方自由港。

3. 全球海洋主题文化娱乐集群

拓展海洋公园项目，通过对海洋文化的多重解构和创新演绎，构建“同步全球，代言中国”的海洋文化中心。

4. 全球热带海岛生态旅游胜地

博采国际生态技术与国学山水理念，整合3大自然保护区，建设国内首个热带国家海洋公园，打造世界顶级生态旅游地。

5. 全球新兴文化业态创新样板区

构建旅游全产业链，探索旅游与本地优势产业的创新结合点，为海南传统产业创新升级提供国际榜样。

四、总体规划

1. 规划理念

概念规划以“海蓝飘带”为整体设计理念，通过一条环绕两湖的发展带，将全区三十个试验板块整合成有机整体。这条海蓝飘带凝聚六重功能：

（1）交通动脉，便捷通达环岛高速与高铁；

（2）绿道，以低碳技术搭建起板块间的便捷联系；

（3）景观带，凝聚山、海、湖精华，荟萃公共空间与地标建筑；

（4）沟通景区景点与服务设施的旅游线；

（5）服务链，集合公共服务，为板块建设提供最大自由度；

（6）接驳水、电、气等基础资料的基础设施走廊。

2. 总体布局

先行试验区环绕两大泻湖分为东南西北中五大功能区，对应先行试验区的五大发展目标。

北部依托疏港大道，打通“国际购物娱乐商贸自由港”，集中设置先行先试项目。受建设用地、已有项目、邮轮水深要求、生态排放控制、机场噪音及限高等技术条件限制，项目设置因地制宜。东段港区汇聚免税城、博彩城、游艇、邮轮、离岸金融等高端要素；西段为机场临空区，安排赛马场等体育博彩用地；中段为东高岭体育公园，北麓配合高尔夫球场提升整体价值。

东部集中建设高端旅游项目，配合北区特色试验项目，共同构建“世界级滨海休闲旅游天堂”，带动黎安新城的旅游城镇化建设。东区拥有一线海景湖景、一类建设用地、敏感生态因素较少，建设弹性较大。中段建设星月湾、旅游新城、高端海景酒店群和湖滨度假别墅群；南段跨越港门拓展蜜月半岛项目，北段跨越港区建设休闲总部基地。

中部建设“全球海洋主题文化娱乐集群”。该区位于航线正下方，受机场影响很大，两侧海草保护区对陆源排放提出很高要求，适宜安排低强度、低排放、对噪音不敏感的项目，规划为娱乐项目集中建设区，世界海洋公园、中华龙宫乐园、南海风情园、岭仔渔村四个海洋文化主题公园，形成引领全区的文化创新高地。

南部建设“世界级热带海岛生态旅游地”，整合猴岛和牛白山周边陆域水域，申报国家海洋公园和国家湿地公园，形成生物多样性丰富、贯穿山海湖的生态系统。该区虽然土地资源丰富，但被多个

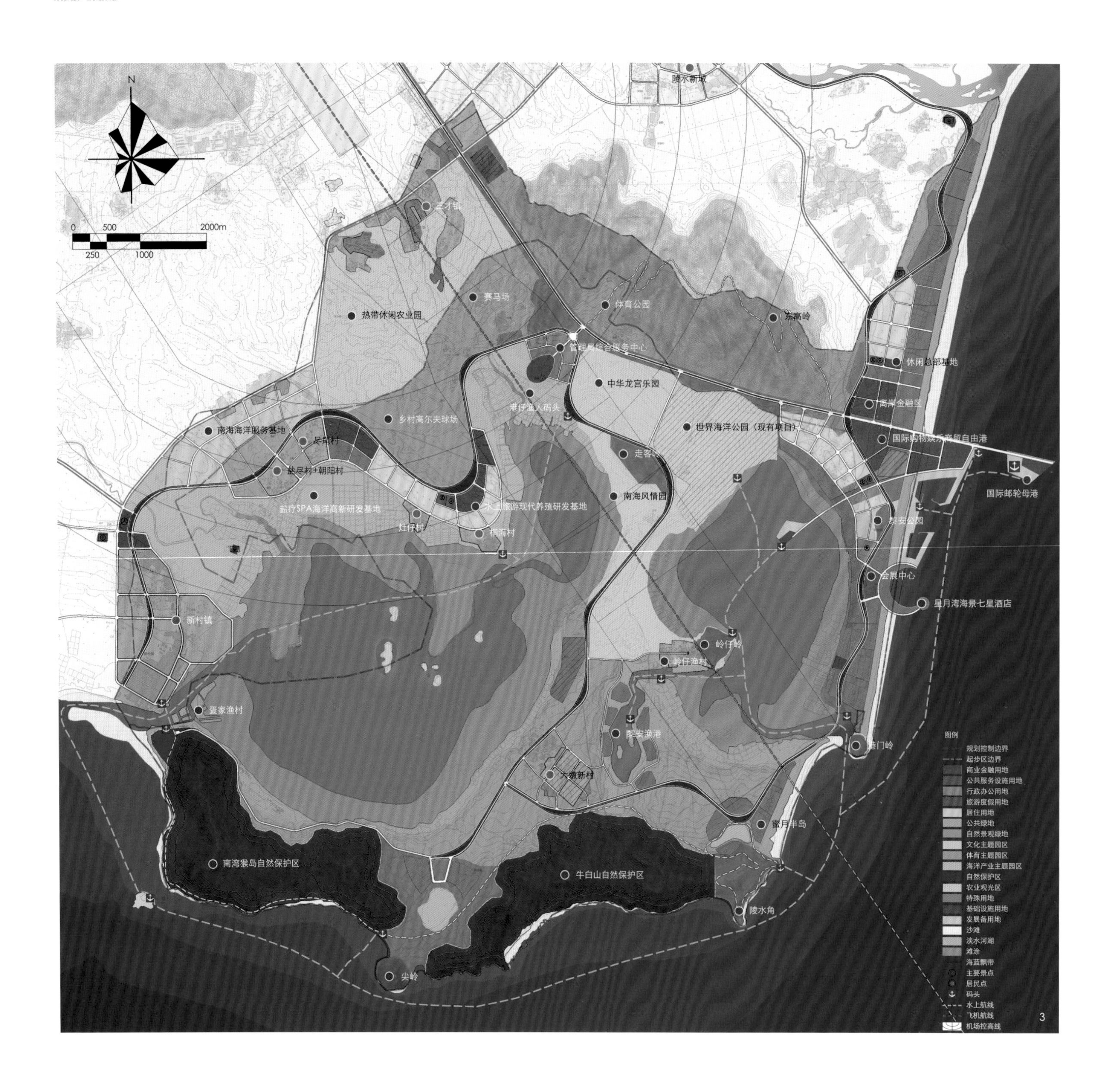

自然保护区和海防林等极度敏感生态要素合围，大部分土地受陆源排污严格控制，规划遴选高端生态项目，配合国家海洋公园和国家湿地公园建设，设置热带植物园、原生态渔港、疍家渔村、大墩新村等生态旅游点，为陵水乃至整个南中国海前线保存一处原生态领地。

西区建设“全球新兴文化业态创新样板区”，该区土地平坦，但建设限制因素较多，故以土地整理和产业升级为主，主要项目围绕湖滨，优先设置于起步区内。依托海水养殖开展水上旅游及现代养殖研发；依托盐场发展盐疗SPA及海洋高新研发；依托珍珠养殖场开展美容旅游和海洋创意研发；依托新村港建设南海海洋服务基地；利用现有林园草地建设乡村高尔夫球场；利用现有农田开展热带休闲农业等。

3. 公共与基础设施

公共设施集中设置于海蓝飘带沿线，包括先行试验区管委会、黎安新城行政中心，以及配套医疗、科技、教育、文化、体育设施。海蓝飘带同时也将电力电信、供水燃气等基础要素配送至各项目板块，试验区污水通过湖滨和海滨截流管网送至污水处理厂做无害化处理后排入生态低敏感水域。

4. 道路交通

先行试验区通过三条快速路联系外部环岛高速系统。中线疏港大道直达试验区核心，并预留轻轨用地与环岛高铁对接。内部交通由海蓝飘带解决，其一侧为机动车主路，设快速公交；另一侧绿道为电瓶车与自行车专用线；沿线设24个转换点，实现全区绿色出行。步行系统沿海岸、湖岸、山脊设置，穿越众多风景绝美的地点，形成开放的公共游览线路。

5. 生态保护

南部国际标准生态旅游区的建设，使世界唯一的热带岛屿型猕猴保护区——南湾猴岛，和我国唯一的热带海草特别保护区都得到有效保护。热带植物园将南湾猴岛，尖岭，牛白山三个生态孤岛连为一体，对生物多样性保护具有重要意义。国家海洋公园、国家湿地公园和5A级旅游景区，将进一步提升整体生态环境。人工设施建设倡导领先生态科技：环保交通、海水制冷、中水利用、太阳能及绿化屋面等绿色建筑与生态城市理念贯穿后续实施过程。

6. 绿化、景观与旅游

传统滨海城市一般采用平行或垂直于海岸的空间格局，滨海岸线被切分成连续的私属海滩或公共海滩，间以滨海广场和观海廊道，景观格局较为单一。先行试验区海景、湖景、山景、田园风景近在咫尺，规划突破传统，采用自由式布局。海蓝飘带将所有风景纳入其中，以东高岭、牛白山、猴岛等大山为背景，以老猫岭、龟岭和众多地标建筑为对景和点景，面海或朝湖，私属海滩与公共沙滩各得其所。海蓝飘带串联了区内所有的风景旅游资源，配合步行道系统，构成环湖、滨海、水上三条游览线路。

7. 开发强度

受机场和自然保护区的控制，试验区开发强度呈现东高西低，北高南低的格局，开发强度较高区域主要集中于东部沿海。30个试验板块则根据基地具体条件和生态敏感度确定开发强度。72km^{2}起步区内建设用地1 008hm^2，10大主题园用地2 100hm^2。总建筑量约1 377万m^2，常住人口5.8万人，年接待游客968万人次，实现就业6万人。

8. 开发时序

遵循从易到难，从生态低限制区向生态高限制区逐步推进的原则，自东向西、自北向南逐步推进。近期建设可集中在东部沿海。中期向南跨越港门，沿牛白山、岭仔形成环绕黎安泻湖的格局；积极向北跨越疏港路，对接陵水县城。远期向西拓展，开发新村泻湖西岸。得益于海蓝飘带的枢纽功能，各板块建设弹性较大，从而极大地降低了试验风险。

五、起步区建设

起步区位于东部，是打造“世界海湾，东方自由岛”的重中之重。是集聚试验项目、汇聚高端功能、叠加多种业态的区域。

1. 项目布局

规划建设国际邮轮母港、黎安旅游新城、综合商业休闲区、星月湾会展商务区、高端酒店度假区和高端别墅度假区六大主题项目。

东北部临海建设国际邮轮母港，水深满足国际远洋邮轮停靠要求，临港商业区建设免税购物城、演艺中心、餐饮中心及港务和转运等配套设施。

西北部建设黎安旅游新城，商业、居住社区、度假公寓、餐饮娱乐、宾馆饭店等设施沿湖滨递次展开，兼顾居民与游客的多重需求。

北湾综合休闲区汇聚商业娱乐功能，建设游艇会、博彩城、酒店群等高端特色项目，建筑间以波浪形架空连廊相连，环抱出面向公众的滨海公园。

中部会展商务区，以星月湾为核心，建设海上七星酒店、旅游交易博览与会展中心，一条空中走廊横贯东西，将湖景海景连为一体。

东南海岸集中建设高端度假酒店群，西南湖滨集中建设高端度假别墅群，两区皆拥有私密水岸，尽享南海无限美景。

2. 交通组织

设置三条交通主脉，巧借山景海景。疏港大道为对外联络主干，从环岛高速直通邮轮母港，对接海蓝飘带、黎安新城与免税城。海蓝飘带是南北主脉，复合快行与慢行系统，成为内部沟通联络的纽带，并连接清水湾和香水湾；弧形东西主脉联络黎安新城与邮轮母港，对接湖上海上的旅游活动。

3. 岸线利用

规划改造东西两岸线，以起伏的折线形流线组织滨水空间，将开敞空间、建筑群、绿地、沙滩交相呼应，塑造出高端、时尚、生态的湾区形象。东部中心形成弯月形开敞海湾，围绕布局高级酒店、游艇会、博彩城、旅游会展中心、文化艺术中心等高端项目与地标建筑，端头的海景七星酒店是点睛之笔。

4. 特色营造

规划巧借湖光海景、山形地势与地标建筑构建景观廊道。弧形干道遥应龟岭，南北干道远望东高岭、对景老猫岭，营造出“山海城湖”一体的城市特质。东西两侧岸线以变化丰富的绿地空间组织起沙滩、海防林、广场、水景、商业设施等要素，构筑起两岸的生态网络。既有自然宁静的滨水公园，也有喧嚣热闹的生活情趣。

作者简介

王彬汕，北京清华同衡规划设计研究院旅游与风景区规划所，所长；

江　权，北京清华同衡规划设计研究院旅游与风景区规划所，副所长；

王　萌，北京清华同衡规划设计研究院旅游与风景区规划所，主任规划师。

项目组成员：王彬汕、江权、王萌、杨明、孙艺松、刘峘、王斐、邓冰、王林、关莹莹、岳超、徐点点、罗丽、潘运伟、林玉军、付志伟、孙广懿、于子建、张翻。

3.规划总平面图
4.重点区域规划总平面图
5-6.重点区域鸟瞰图

N
0 100 200 500m
图例
01 疏港大道
02 免税城
03 文化艺术中心
04 国际购物娱乐商贸自由港
05 海岛礁测绘中心
06 国际邮轮母港
07 港务大楼
08 黎安公园
09 博彩城
10 游艇会
11 行政中心
12 黎安旅游新城
13 医院
14 中学
15 度假酒店
16 静享沙滩
17 海蓝飘带快行线
18 海蓝飘带慢行线
19 商务会展中心
20 旅游交易博览中心
21 海景七星酒店
22 私人游艇港
23 滨水公园
24 星月湾
25 高端度假酒店
26 临海沙滩
27 海防林
28 声学研究所
29 度假别墅
30 海湾商业中心
31 港门岭
32 108兄弟庙
33 黎庵
4

5
6

环巢湖旅游服务设施建设规划

Chaohu Lakeside Area Tourist Service Facilities Construction Plan

杜鹏晖 卫 超 吴亚伟 严思路 朱 晗
Du Penghui Wei Chao Wu Yawei Yan Silu Zhu Han

[摘　要]　本文以环巢湖旅游服务区为例，从旅游服务设施体系构建、旅游服务设施建设两个层面出发，探讨以滨湖观光休闲为主的旅游服务设施建设规划方法和思路。

[关键词]　巢湖；滨湖旅游；服务设施

[Abstract]　This paper introduces Chaohu lakeside area tourist service facilities construction plan. With the study of tourism service facilities system construction and tourism service facilities design, the paper explores the planning methods and train of thoughts of a tourism service facilities construction plan which takes lakeside sightseeing leisure as the main content.

[Keywords]　Chaohu Lake; Lake tourism; Services Facilities Construction

[文章编号]　2016-74-P-114

1.景区划分
2.环湖周边景点日游人容量
3.环湖周边交通

一、项目背景

巢湖位于安徽省合肥市中部腹心地带，北依合肥市，东临巢湖市，南为安庆、铜陵、芜湖、马鞍山组成的沿江城市带。巢湖水域面积约782km^2，东西长545km，南北宽21km，濒临长江，是中国五大淡水湖之一，是国家重点风景名胜区，素有“东方日内瓦”之誉。

1987年8月，巢湖被安徽省人民政府列入第一批省级风景名胜区。2002年5月，巢湖被国务院列入第四批国家重点风景名胜区。2004安徽省政府提出“环巢湖旅游开发”概念，环巢湖二市三县的部分地域（合肥市、巢湖市、肥西县、肥东县和庐江县）均纳入环巢湖旅游规划范围。

2015年5月，为全面推进环巢湖旅游开发，深入开展环巢湖地区旅游公共服务设施建设工作，统筹有序的解决环湖旅游的观光、休憩、停车、换乘、购物、信息咨询等需求，管理部门组织开展《环巢湖大道沿线旅游服务设施建设规划》编制工作。

二、规划定位

本次规划主要解决三个方面的问题：一是在对环巢湖大道沿线自然生态资源、历史人文资源、特色村镇、交通节点、鱼市码头、观景平台建设情况等方面详实的调查研究基础上，科学选址旅游服务驿站布点体系；二是按照首个国家休闲旅游试点区的发展目标，迎合“吃住行游购娱体感悟”的旅游需求，合理设置驿站周边配套服务设施；三是在详细全面的场地调研基础之上，明确每个旅游服务驿站的详细规划设计方案。

三、环巢湖旅游交通体系构建

环巢湖旅游服务设施建设是建立在完善的环湖旅游交通体系基础之上，因此，规划首先对环湖交通进行必要的梳理。

1. 区域交通体系

区域交通体系主要承担疏解过境交通，纯化环湖旅游环境功能，分为外环、中环、内环三。外环（高速环）包括绕城高速、芜合高速、京台高速、六宣高速、北沿江高速等过境交通线路；中环（干线公路环）包括方兴大道、宿松路、105省道、S316省道、S351省道、330国道等线路；内环（慢行交通环）为环湖大道。

2. 对外连接线通道

通过329国道、316省道、208省道、104省道、栏滨路、庙忠路等道路可实现环湖公路环与高速环之间直接连接。

3. 环巢湖旅游交通体系

通过规划，将环巢湖内环旅游交通体系分为三个等级，分层级串联环湖风景资源、组织环湖风景游赏。

（1）一级道路（环湖大道）

道路宽度为双向四车道或双向两车道。依托环巢湖大道，形成环湖旅游交通游览的主干线路。

（2）二级道路（风景道层面）

道路宽度为7~9m。通过串联环巢湖大道周边城镇乡公路，形成环湖旅游交通游览的车行风景旅游连接线路。

（3）三级道路（绿道层面）

道路宽度为1.5~3.5m。依据环巢湖的绿道规划建设，形成环湖旅游交通游览的小区域循环线路。

（4）游船码头与水上线路

结合环巢湖的旅游码头建设，形成环湖水上旅游交通游览的线路。水上游线规划重点：突出姥山岛与孤山岛的游览线路，并通过水上游线连接巢湖南北岸景点。

四、环巢湖旅游服务设施体系构建

1. 构建体系

环巢湖旅游服务设施体系主要由三个层级组成：

（1）第一层级——驿站

驿站以提供基础旅游服务为主。满足游客停车、自行车租赁、加油加气、充电、零购、公厕、导览、咨询等基本旅游需求，体现“行游购娱”特征；

（2）第二层级——驿站＋美好乡村

驿站与美好乡村的结合，是特色旅游服务的延伸。驿站通过结合美好乡村建设、交通线路的延伸线等方式充分衔接美好乡村，丰富“吃”的体验；

（3）第三层级——驿站＋美好乡村＋城镇＋文化旅游招商引资项目

驿站与城镇及文旅项目的组合则形成更为完善

的综合旅游服务点，强调“住体感悟”。

2. 构建原则

（1）对接资源热点，与景区景点相结合

本次规划对环巢湖大道沿线自然生态资源、历史人文资源、特色村镇、交通节点、鱼市码头、观景平台的现状建设情况进行全面摸底，并通过对环巢湖区域景源的梳理分析，统筹服务驿站布点，覆盖两城（合肥、巢湖）、十二镇旅游服务主体未涉及区域，实现环湖十八景全覆盖。

（2）遵从需求导向，结合主动引导实现远期均衡覆盖

深入调研环巢湖区域旅游市场的发展情况，全面掌握环巢湖旅游服务需求，以需求为导向进行服务设施科学布点。驿站设置在人流量较多区段，结合巢湖周边景区未来开发建设，实施主动引导，均衡覆盖全段景源。

（3）延伸拓展，充分联动周边美好乡村

在全面掌握环巢湖大道沿线特色村镇的建设情况的基础上，驿站系统充分延伸衔接美好乡村，联动美好乡村特色旅游服务。

（4）辐射周边乡镇，与环湖交通体系相结合

基于环巢湖区域生态低碳交通体系，驿站布置于重要交通节点，辐射周边乡镇，带动农村地区发展。

（5）生态保护优先，集约用地、同步建设、控制充足的岸线保护距离

生态保护优先，驿站选址不占用核心景区用地，于周边选址建设；驿站布点尽量选址于美好乡村周边地区，与美好乡村的建设相结合，集约用地，节约建设量；驿站布点尽量选址于背湖一侧，控制充足的岸线保护距离，结合美好乡村及农家乐用地同步统一建设，避免侵占湿地核心景区，破坏生态环境。

3. 总体布局

通过对现状的梳理，以“需求导向，分级配置，设施整合，全域覆盖”为原则，本次环巢湖旅游服务设施体系构建“九站、十八村、十二镇”的空间格局，满足基本旅游服务需求。

五、环巢湖旅游服务点选址及功能配置

1. 旅游服务点选址

基于环巢湖旅游服务体系“九站、十八村、十二镇”的空间格局，在全面详实的调研基础之上，

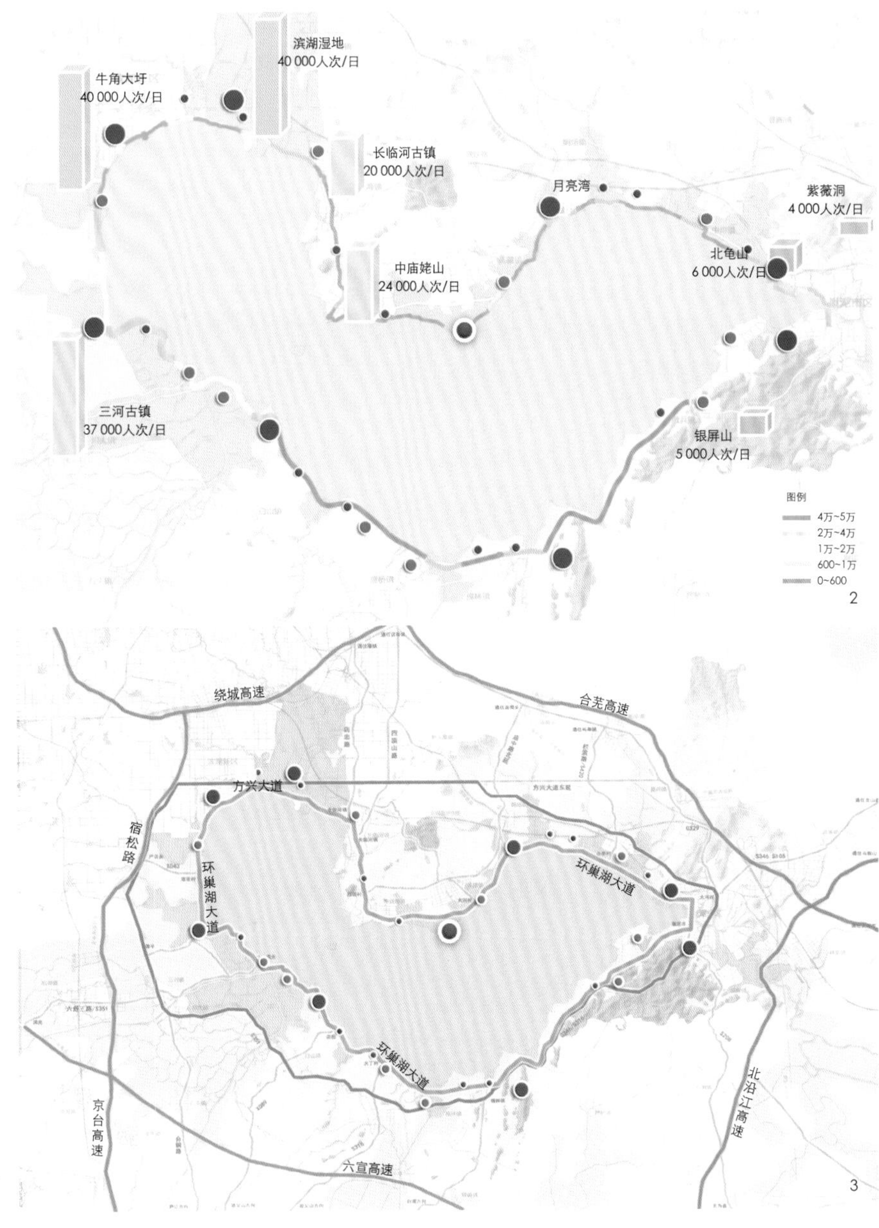

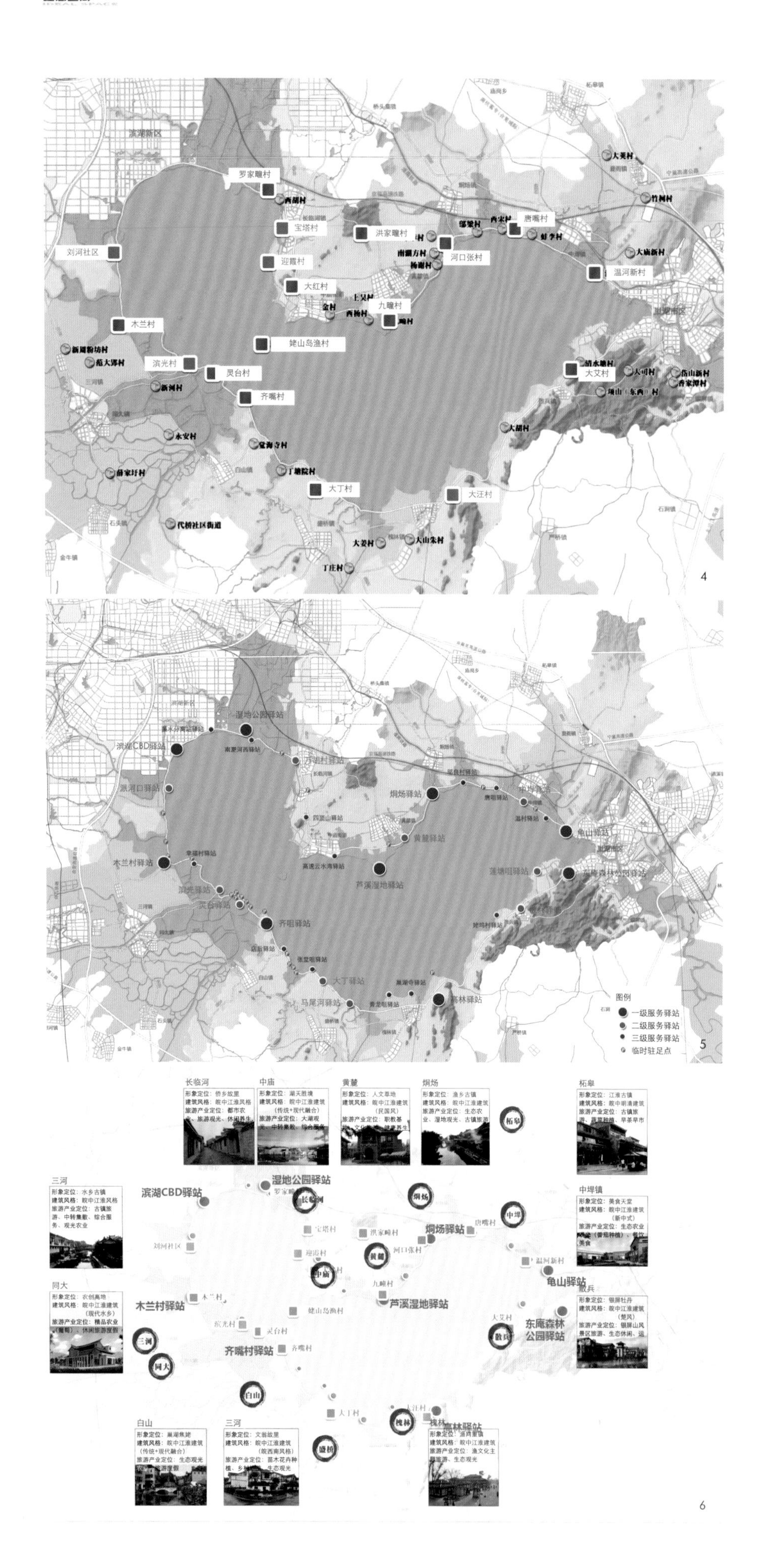

4.环湖周边村镇分布
5.驿站布点
6."九站、十八村、十二镇"的空间格局

本次规划明确确定三个层级驿站共32处。其中一级驿站9处，二级驿站10处，三级驿站13处。另设有临时驻足点若干。

2. 旅游服务点功能配置

在明确旅游服务驿站选址的基础上，规划从交通组织、餐饮服务、度假旅游、其他特色服务等多个方面丰富各个旅游服务驿站的配置功能。

（1）交通组织

配置机动车停车场地、公共自行车租赁场地、充电桩、加油加气站等。同时，规划提出环巢湖旅游高峰日交通应急方案：于未开发地段开辟应急临时停车场；于环湖大道观光车道及辅道，有序组织路边临时停车。

（2）餐饮服务

新建餐饮中心，设置快餐店、露天茶座。同时，以驿站为触媒，连锁周边村镇特色美食，提升驿站服务特色。

（3）度假旅游

以驿站为纽带，整合镇区特色住宿，营造多样留宿体验。

（4）其他特色服务

房车营地：结合环巢湖周边区域，建设房车营地，为移动之家提供提留休憩点，补给和休闲构成房车营地最基本的特点。

旅游码头：驿站功能与游船码头服务功能、俱乐部进行整合，进行一体化建设。

渔港鱼市：以驿站为吸引点，结合现状渔港鱼市，于发展较为成熟、建设条件良好的位置保留或扩建鱼市，发展本土化、特色化、品质化购物模式。

六、环巢湖旅游服务点建设

1. 建设原则

（1）生态保护优先，驿站建设不占用核心景区用地

划定特殊保护区：圩田肌理重点保护区（三河—同大）、陂塘肌理重点保护区（盛桥、炯炀）；湿地保护区（派河河口、南淝河河口、兆河河口、黄麓、柘皋河口）；

明确保护重点山体：大山、银屏山、龟山、四顶山、袁家山等五山，姥山、孤山等两岛；

驿站建设不占用特色肌理及山体核心景区用地，于周边选址建设。

（2）驿站建设尽量结合美好乡村，集约用地，同步建设

驿站建设尽量选址于美好乡村周边地区，与美好乡村的建设相结合，集约用地，节约建设量。

（3）驿站建设控制充足的岸线保护距离，避免侵占湿地核心景区

驿站布点尽量选址于背湖一侧，结合美好乡村及农家乐用地同步统一建设，避免侵占湿地核心景区，破坏生态环境。

2. 各旅游服务点功能配置

规划结合旅游服务驿站布点及功能配置要素，在尊重现状条件的基础之上，对32个驿站的具体服务功能做出明确定位。

3. 级驿站详细设计——以烔炀、齐咀、木兰为例

（1）烔炀一级驿站（牡丹台）

表1　不同规模森工林区小城镇产业生态适应性要素比较

驿站	行政归属	具体位置	旅游交通		游览设施		餐饮设施		选配设施		
			机动车停车位	加油加气站	驿站建筑	观景设施	饮水设施	餐饮设施	鱼市特产	旅游码头	房车营地
一级驿站											
滨湖CBD一级驿站	滨湖新区	岸上草原	岸上草原已建四处公共停车场，各100、100、120、114个停车位，总共434个停车位	新建加油加气站，占地面积约800m^2	新建驿站建筑一座，建筑面积约1 000m^2；新建小型精品餐饮中心，建筑面积1 000m^2	1.结合驿站建筑周边设置观景游园；2.临湖设观景平台	结合餐饮中心建筑设开水房	规划800个餐位，新建餐饮中心，引进不同业态的休闲餐饮品牌	—	建设旅游码头及配套售票及服务用房	—
滨湖CBD一级驿站	滨湖新区	湿地森林公园主入口	已建一处公共停车场，各500个停车位，不再新建	不设加油加气站	已建驿站建筑一座，建筑面积8000m^2，不再新建	现状已建成游园及观景设施	利用现状驿站建筑设开水房	现状驿站建筑已设餐饮中心，引进不同业态的休闲餐饮品牌	—	—	—
烔炀一级驿站	巢湖市	月亮湾公园	1.已建公共停车场一处，停车位60个；扩建40个车位；2.规划新建公共停车场一处，150个停车位。共250个停车位	新建加油加气站，占地面积约800m^2	已建驿站200m^{2}扩建驿站与餐饮中心，建筑面积约600m^{2}结合现状栈道新建观景亭3处，占地面积共80m^2	已建有观景平台，规划进行扩建	结合驿站建筑设置开水房	新建餐饮中心，设置茶餐厅、饮料站、露天茶座，配备餐位50个，并设周边农家乐指引标识	在现状自发鱼市的基础上规划新建一处烔炀特色鱼市	建设旅游码头及配套售票及服务用房	—
龟山一级驿站	巢湖市	环湖大道龟山隧道西侧龟山公园次入口	已建公共停车场，50个停车位，扩建30个停车位，规划新建公共停车场一处，70个停车位。共150个停车位	利用现状已建加油站，不再新建加油加气站	新建驿站建筑一座，建筑面积约1 000m^2；新建特色餐饮一条街，建筑面积4 000m^2，配备餐位1 000个餐位	1.结合驿站建筑周边设置观景游园；2.临湖设观景平台	结合驿站建筑设置开水房	改建特色餐饮一条街，设置特色饭店、茶餐厅、露天茶座，配备餐位 1 000个，并设置周边农家乐指引标识	在现状自发鱼市的基础上规划新建一处龟山特色鱼市	建设旅游码头及配套售票及服务用房	—
芦溪湿地一级驿站	巢湖市	下杨村南湿地	新建公共停车场一处，停车位200个	—	新建驿站建筑一座，建筑面积约500m^2，包括特色餐饮中心	1.结合驿站建筑周边设置观景游园；2.临湖设观景平台	结合驿站建筑设开水房	新建餐饮中心，设置茶餐厅、饮料站、露天茶座，配备餐位50个，并设周边农家乐指引标识	—	—	—
高林一级驿站	巢湖市	大周村南部风车山谷	现状无停车位，共规划新建车位数80个，分散布置	—	新建综合游客休息站一座，300m^2	结合临湖景观湿地及周边山顶，设置观景平台	结合游客休息站设置开水房	规划700个餐位，结合游客休息站设快餐店、饮料站、露天茶座，备餐位100个，其余餐位结合周边村庄设置	—	—	结合风车山庄房车营地，配置供应水电设施
木兰一级驿站	肥西县	木兰村东部	现状正在建设112个停车位，共规划新增车位数30个，分散布置在村落外围	新建加油加气站，占地面积约800m^2。	正在建设的驿站游客中心一座，586m^2，门卫房30m^2；规划餐饮中心一座，200m^2	无	结合餐饮中心建筑设开水房	规划800个餐位，新建餐饮中心，配备餐位200个，其余餐位结合周边村庄设置	—	—	—
齐咀一级驿站	庐江县	齐咀村北部	现状无停车位，共规划新增车位数115个，分散布置，且每一个集中停车场不超过100个	新建加油加气站，占地面积约800m^2。	新建驿站的游客中心一座，500m^2，餐饮中心一座，300m^2	临湖设置观景平台	结合餐饮中心建筑设开水房	规划700个餐位，新建餐饮中心，配备餐位200个，其余餐位结合周边村庄设置	—	建设旅游码头及配套售票及服务用房	建设房车营地，配供应水电设施
东庵森林公园一级驿站	巢湖市	大周村南部风车山谷	现状无停车位，共规划新建车位数80个，分散布置	新建加油加气站，占地面积约800m^2	新建综合游客休息站一座，300m^2	合适的登高远望处设置观景平台	结合餐饮中心建筑设置开水房	规划600个餐位，新建餐饮中心，配备餐位300个，其余餐位结合周边村庄设置	—	—	结合东庵森林公园的房车营地，增加水电供应设施
二级驿站											
黄麓二级驿站	巢湖市	张疃村南临巢湖老坝处	新建公共停车场一处，停车位40个	利用现状黄麓镇加油站，不再新建加油加气站	新建驿站一座，建筑面积200m^2；新建观景亭3处，建筑面积共80m^2	—	结合驿站建筑设置开水房	新建休闲餐饮中心，设置咖啡店、饮料站、露天茶座，配备餐位50个，并设置周边农家乐指引标识	—	—	—
万胡村二级驿站	肥东县	万胡村	新建公共停车场一处，停车位200个	不设加油加气站	新建驿站一座，建筑面积200m^2；新建观景亭3处，建筑面积共80m^2	—	结合驿站建筑设置开水房	新建休闲餐饮中心，设置咖啡店、饮料站、露天茶座，配备餐位50个，并设置周边农家乐指引标识	结合渔人码头设置特色渔市	建设旅游码头及配套售票及服务用房	选择可建设区域建设标准化房车营地
中埠二级驿站	巢湖市	民孙村口	新建公共停车场一处，停车位40个	—	新建驿站建筑一座，建筑面积约200m^2	—	结合驿站建筑设置饮品自动售卖机	新建休闲餐饮中心，设置咖啡店、饮料站、露天茶座，配备餐位50个，并设置周边农家乐指引标识	—	—	—
派河口二级驿站	肥西县	下派大郢东部	现状无停车位，共规划新建车位数120个，集中布置 在村落外围	—	新建综合游客休息站一座，300m^2，结合派河口渔村进行改造	—	结合游客休息站设置开水房	规划200个餐位，结合游客休息站的改造设置快餐店、饮料站、露天茶座，建筑面积300m^2	结合派河口码头设置临时渔市	—	—

马尾河二级驿站	庐江县	上陈村北部	现状无停车位，共规划新建车位数85个，集中布置 在马尾河景观平台西侧	—	新建综合游客休息站一座，1 200m^2	—	结合游客休息站设置开水房	规划300个餐位，结合游客休息站设置快餐店、饮料站、露天茶座，备餐位150个，其余餐位结合周边村庄设置。建筑面积600m^2	—	—	—
灵台二级驿站	庐江县	灵台村北部	现状无停车位，共规划新建车位数110个，分散布置。每一个集中停车场不超过70个停车位	—	新建综合游客休息站一座，500m^2	—	结合游客休息站设开水房	规划200个餐位，结合游客休息站设置快餐店、饮料站、露天茶座，备餐位50个，其余餐位结合周边村庄设置。建筑面积500m^2	—	—	—
大丁二级驿站	庐江县	大丁村北部	现状116停车位，集中布置在村口	—	新建综合游客休息站一座，500m^2	—	结合游客休息站设置开水房	规划200个餐位，结合游客休息站设置快餐店、饮料站、露天茶座，备餐位50个，其余餐位主要结合周边村庄设置。建筑面积500m^2	—	—	—
莲塘咀二级驿站	巢湖市	莲塘咀东部	现状无停车位，共规划新建车位数85个，集中布置 在莲塘村外围	—	新建综合游客休息站一座，500m^2	—	结合游客休息站设置开水房	规划150个餐位，结合游客休息站设置快餐店、饮料站、露天茶座，备餐位80个，其余餐位结合周边村庄设置。建筑面积500m^2	结合莲塘咀渔港码头设临时渔市	—	—
滨光二级驿站	肥西县	滨光村东北部，大坝以外	现状无停车位，共规划新建车位数100个，集中布置 在村落外围。	不设加油加气站	新建综合游客休息站一座，500m^2，结合滨光停车场进行建设总用地面积500m^2	—	结合游客休息站设置开水房	规划300个餐位，结合游客休息站的改造设置快餐店、饮料站、露天茶座，备餐位50个。建筑面积500m^2	—	建设旅游码头及配套售票及服务用房	建设房车营地，配供应水电设施
散兵二级驿站	巢湖市	大艾村北部	现状无停车位，共规划新增车位数170个，分散布置，且每一个集中停车场不超过100个停车位	结合散兵镇现有加油站设置	新建驿站的餐饮中心一座，600m^2，游客中心一座，由现状苏式旧建筑改建，600m^2	—	结合餐饮中心建筑设置开水房	规划450个餐位，新建餐饮中心，配备餐位150个，其余餐位结合周边村庄设置	结合散兵码头设置临时渔市	—	—
三级驿站											
四顶山三级驿站	肥东县	店忠路现龙陈村西侧	新建公共停车场两处，停车位各100个，共200个停车位	不设加油加气站	新建驿站一座，建筑面积200m^2；新建观景亭3处，建筑面积共80m^2	—	结合驿站建筑设置开水房	新建休闲餐饮中心，设置咖啡店、饮料站、露天茶座，配备餐位50个，并设置周边农家乐指引标识	—	—	选择可建设区域建设标准化房车营地
藻水分离站三级驿站	滨湖新区	天津路与环湖大道交叉口	新车位110建停个	新建加油加气站，占地面积约800m^2	新建驿站建筑一座，占地面积约50m^2	—	结合驿站建筑设置饮品自动售卖机	结合驿站建筑设置露天茶座，配备餐位20个	结合塘西河驿站设特色鱼市	—	—
南淝河西驿站	滨湖新区	迎春台	已建公共停车场一处，停车位26个	—	新建驿站建筑一座，占地面积约50m^2	—	结合驿站建筑设置饮品自动售卖机	结合驿站建筑设置露天茶座，配备餐位20个	—	建设旅游码头及配套售票及服务用房	—
高速云水湾驿站	巢湖市	高速云水湾对面临湖处	已建公共停车场一处，停车位20个	—	新建驿站建筑一座，占地面积约50m^2	—	结合驿站建筑设置饮品自动售卖机	结合驿站建筑设置露天茶座，配备餐位20个	—	—	—
邬良村驿站	巢湖市	邬梁村石榴台	已建公共停车场一处，停车位12个	—	新建驿站建筑一座，占地面积约50m^2	—	结合驿站建筑设置饮品自动售卖机	结合驿站建筑设置露天茶座，配备餐位20个	—	—	—
唐咀驿站	巢湖市	唐咀水下古巢城遗址纪念碑	新建公共停车场一处，停车位40个。	—	新建驿站建筑一座，占地面积约50m^2	—	结合驿站建筑设置饮品自动售卖机	结合驿站建筑设置露天茶座，配备餐位20个	—	—	—
温村驿站	巢湖市	温家套惨案遗址蔷薇台	已建公共停车场一处，停车位10个；扩建车位10个	—	新建驿站建筑一座，占地面积约50m^2	—	结合驿站建筑设置饮品自动售卖机	结合驿站建筑设置露天茶座，配备餐位20个	—	—	—
辛福村三级驿站	肥西县	幸北部福村	共规划车位数30个，集中布置 在幸福村北侧	—	新建综合游客休息站一座，200m^2	—	饮品售卖	饮料站、露天茶座，配备餐位20~50个（部分可结合周边村镇设置）	—	—	—
店后三级驿站	庐江县	店后村北部	共规划车位数75个，集中布置 在店后景观公园	—	新建综合游客休息站一座，800m^2	—	饮品售卖	饮料站、露天茶座，配备餐位20~50个（部分可结合周边村镇设置）	—	—	—
张堂咀三级驿站	庐江县	张堂咀北部	共规划车位数50，集中布置在环湖大道南侧	—	新建综合游客休息站一座，150m^2	—	饮品售卖	饮料站、露天茶座，配备餐位20~50个（部分可结合周边村镇设置）	—	—	—
青龙咀三级驿站	巢湖市	青龙村北部学校	共规划车位数35个，集中布置 在现状学校处	—	新建综合游客休息站一座，200m^2	—	饮品售卖	饮料站、露天茶座，配备餐位20~50个（部分可结合周边村镇设置）	—	—	—
巢湖寺三级驿站	巢湖市	费小村东部	共规划车位数75个，集中布置 在东侧场地	—	新建综合游客休息站一座，400m^2	—	饮品售卖	饮料站、露天茶座，配备餐位20~50个（部分可结合周边村镇设置）	结合巢湖寺设敬香物品售卖	—	—
姥坞村三级驿站	巢湖市	姥坞村西部	共规划车位数30个，集中布置 在店后景观公园	—	新建综合游客休息站一座，150m^2	—	饮品售卖	饮料站、露天茶座，配备餐位20~50个（部分可结合周边村镇设置）	—	—	—

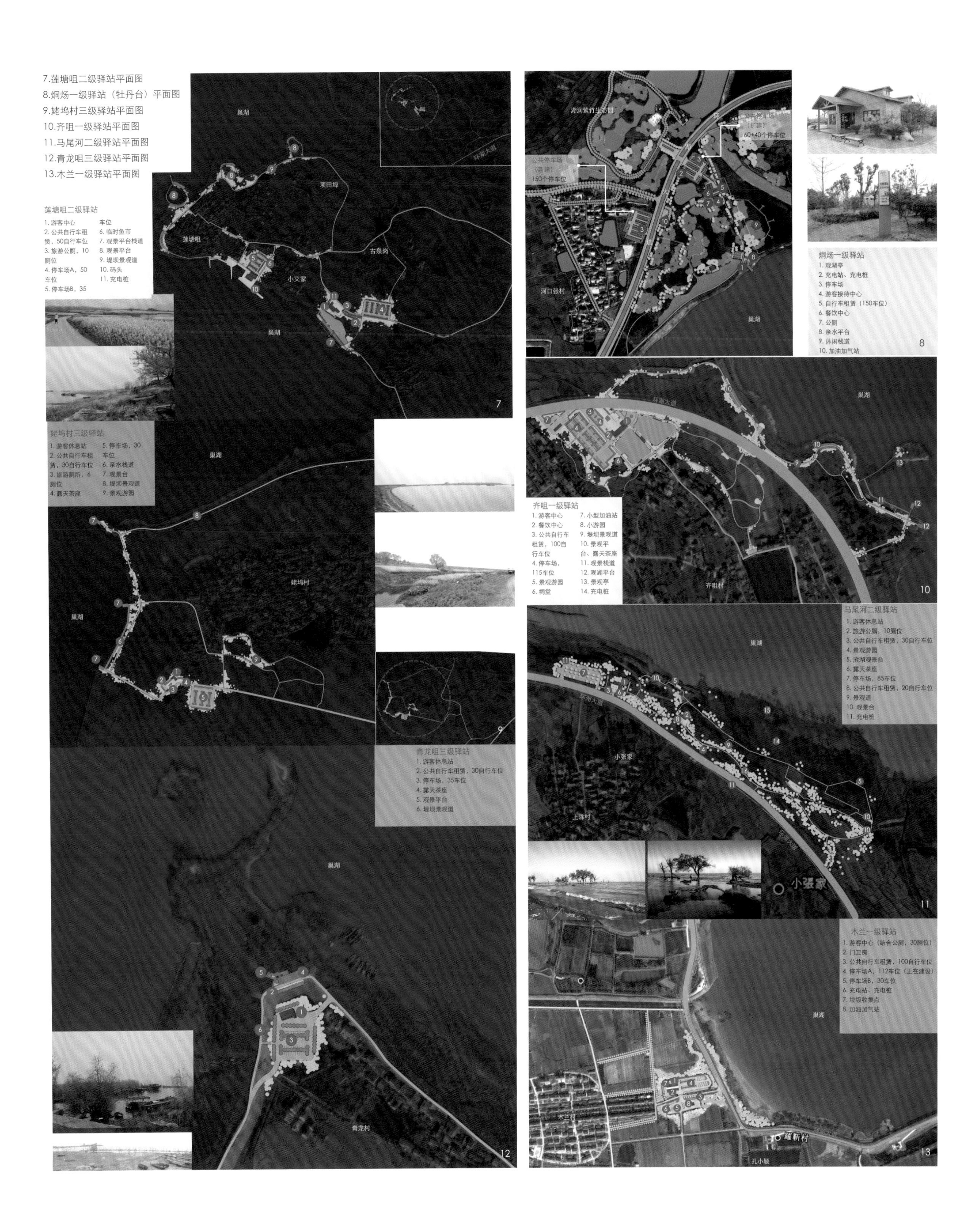

7.莲塘咀二级驿站平面图
8.烔炀一级驿站（牡丹台）平面图
9.姥坞村三级驿站平面图
10.齐咀一级驿站平面图
11.马尾河二级驿站平面图
12.青龙咀三级驿站平面图
13.木兰一级驿站平面图

14.齐咀一级驿站游园效果图

炯炀一级驿站与牡丹台景点、湖润紫竹生态园项目、河口张村建设相结合，是一个综合型旅游服务点。该驿站现已建成，配备有游客接待中心、餐饮中心、停车场地、加油加气站等多种功能设施，节假日已接待大量游客，带动了周边区域旅游发展。

(2) 齐咀一级驿站

齐咀一级驿站规划选址于齐咀村西北侧，可用于建设驿站的场地较为充裕。驿站配置机动车停车场、公共自行车租赁场地、加油站等满足交通功能，设置游客中心、餐饮中心满足问询、餐饮需求，结合祠堂建游园建设、环湖观景栈道建设优化村庄周边景观，并通过路网系统加强与村庄的联系，联动周边农家体验。

(3) 木兰一级驿站

木兰一级驿站选址于木兰村西侧，用地较为狭小。规划以驿站为媒介，通过停车设施等交通功能的引入，激活木兰村的住宿、餐饮功能，利用村庄资源满足旅游服务的配套需求。

4. 级驿站详细设计——以马尾河、莲塘咀为例

(1) 马尾河二级驿站

马尾河二级驿站是一处风景观光驿站。该处紧邻巢湖湖岸，湖滩景色优美，规划配置游客休息站、停车场地、旅游公厕等服务设施，同时设置大量观景栈道、平台，为游客停留驻足、观赏美景提供场所。同时，驿站距小张家村、上陈村较近，也能对两村的旅游发展起到一定的带动作用。

(2) 莲塘咀二级驿站

莲塘咀二级驿站深入巢湖内部，是一处半岛型驿站点，该处村落散步，已有渔港鱼市较为成熟。规划通过设置驿站码头、扩建鱼市、增加观景节点，带动该处旅游发展，延展本土化、特色化、品质化购物功能。

5. 级驿站详细设计——以姥坞村、青龙咀为例

三级驿站多选址于距环湖主线——环湖大道较远，但景观特色比较突出的区域，该类驿站主要满足交通停留及景观观赏两种需求，配套服务设施相对较为简单，以停车场地及观景平台栈道为主。

七、思考

1. 在服务设施建设中凸显地域特色

巢湖流域历史悠久、文化厚重、风光迤逦，山水人文资源丰富，发展文化旅游潜力巨大，在旅游服务设施建设过程中，如何深度挖掘环巢湖文化内涵，让居民“看得见山，望得见水，记得住乡愁”，仍需进一步考虑。

2. 在游赏活动中融入文化元素

通过诗、歌、文、画、影等多种主题形式，进一步丰富环巢湖文化旅游的项目与活动，挖掘环巢湖文化内涵，研究策划开展环巢湖旅游区的宣传系列活动，探讨如何加强文化与旅游的融合，是旅游服务设施建设接下来需要思考的问题。

作者简介

杜鹏晖，硕士，安徽省城乡规划设计研究院，高级工程师，设计二所主任工程师；

卫　超，硕士，安徽省城乡规划设计研究院，高级工程师，设计二所副所长；

吴亚伟，硕士，合肥市城市规划设计研究院，高级工程师，编研所所长；

严思路，硕士，合肥市规划设计研究院，工程师，编研所工程师；

朱　晗，硕士，安徽省城乡规划设计研究院，景观设计师。

意大利乡村文化旅游经验借鉴
——以伊拉波洛葡萄酒庄园为例

Italian Countryside Cultural Tourism Experience for Reference
—Take the IL Borro for Example

陈竑泽
Chen Hongze

[摘　要]　旅游业的蓬勃发展，使得国家政策层面对旅游业的利好消息与扶持力度越来越大，广阔的市场机遇和日益增长的需求都对旅游市场和旅游产品提出了更多要求。

乡村文化游作为休闲旅游经济和产业的重要组成部分，其良好的发展有助于实现“大农业”和“大旅游”的有效结合；在农业产业结构调整、城乡和谐繁荣、新农村建设、和休闲文化生活等诸多方面都可以发挥重要作用。

相对于国外成熟而且丰富多样的以乡村文化为主题的旅游项目和完善的服务管理措施，中国的乡村文化旅游业起步较晚，但随着国内工业化和城镇化进程的快速推进，乡村文化旅游目前已成为旅游经济和农村经济发展的新增长点，为解决城乡问题提供了一种有效途径。尽管目前乡村文化旅游在中国正快速发展，规模和收益两方面的成绩都十分喜人，但仍与一些发达国家存在差距。因此还需要不断地学习和借鉴国外的成功经验，才能促进中国乡村文化旅游的健康发展。

本文重点介绍了意大利著名的乡村文化旅游胜地伊拉波洛葡萄酒庄园的相关情况，对其改造开发、运营、宣传推广等措施和手段进行分析，希望从中借鉴国外旅游发展的先进经验，为国内乡村文化旅游的发展提供有力的支持和相对完善的经验，探讨乡村文化旅游在国内进行行业升级和精品化发展的可行性。

[关键词]　乡村旅游；村落；发展模式；经验借鉴

[Abstract]　The policy of the tourism industry gives more and more support while the vigorous development happens to it. More requirements are put forward for the opportunities and the increased demands.

As an important part of leisure tourism economy and industry,the rural culture tourism can help to make an effective combination with agriculture and tourism.It also can play an important role in many aspects such as agricultural structure,urban development,rural construction, leisure culture and so on.

China's rural cultural tourism industry started relatively late, relativing to the foreign mature. With the rapid advancing of domestic industrialization and urbanization, rural tourism has become a new growth point for the tourist economy and rural economic development.Despite the current rural cultural tourism of China is developing quickly, the scale and benefit both results are very encouraging, but it is still a gap with some developed countries. So it is needed to constantly learn and draw lessons from foreign successful experience, to promote the healthy development of rural cultural tourism.

This paper mainly introduces the development, operation, publicity and promotion of the Italian village cultural tourism reform measures. It is for the domestic rural cultural tourism development to provide strong support and relatively perfect experience, explore the rural cultural tourism in domestic industry upgrading and the feasibility of quality development.

[Keywords]　Rural Tourism; Village; Development Model; Experience for Reference

[文章编号]　2016-74-C-121

一、概述

托斯卡纳位于意大利中部，区域总人口约为375万，首府为佛罗伦萨，是意大利文艺复兴的发源地，孕育出了许多杰出的艺术家和科学家，也是意大利的“华丽之都”，具有丰富的艺术遗产和极高的文化影响力。

随着乡村文化旅游产业的兴起和繁荣，托斯卡纳地区原本并不为人所熟知的具有丰富自然景观和人文内涵的村镇被不断发掘，进而孕育出了大量具有独特魅力的村镇旅游胜地。

伊拉波洛葡萄酒庄园位于托斯卡纳的新吉蒂诺瓦达恩，是著名的时尚业巨头菲拉格慕家族旗下产业。伊拉波洛庄园除了盛产葡萄酒之外，还是意大利著名的婚礼圣地、顶级农庄酒店和中世纪文化圣地，历史上许多艺术大师都曾在这儿生活和创作，他们的许多作品至今仍被保留在这里。

伊拉波洛庄园原本是托斯卡纳一座11世纪修建

的小村庄，在古代曾是意大利贵族的狩猎场地。从建村开始，伊拉波洛就开始了它的酿酒历史。由于位于山区，交通闭塞，伊拉波洛的酿酒历史一直十分平静，这也帮助了伊拉波洛庄园附近的24个村庄还完好的保存着罗马时期的建筑风格。在第二次世界大战中伊拉波洛酒庄几乎被德国侵略者摧毁，在历经半世纪的沉寂之后，伊拉波洛庄园随着被菲拉格慕家族收购而重新焕发生机。

1985年，名为“Agriturismo”的旅游方式在意大利兴起，这种旅游方式简单来说就是一种集合村庄、农舍、乡间旅店三大元素的度假方式。菲拉格慕家族看中了伊拉波洛古典的罗马风格建筑及宁静的山村环境，再加上其对喜爱葡萄酒的偏爱，兼顾事业发展与家族喜好，在1993年完成了对伊拉波洛庄园的收购。

菲拉格慕家族收购伊拉波洛庄园后，第一步先做的是应对当时意大利的潮流，将酒庄改造成Agriturismo旅游度假村。并在酿酒业的基础上进一步发展旅游业，让伊拉波洛葡萄酒庄成为风景优美的度假地，住宿、餐饮服务齐全贴心，更提供专业的婚礼场地租借和婚礼宴会服务。

菲拉格慕家族在这里修建了10间公寓、别墅、泳池等，并为所有的房间配备现代设备和互联网。此外，菲拉格慕家族还大力整合阿雷佐山区的旅游资源，除了为游客制定前往佛罗伦萨、阿西西等历史文化古城的路线外，还在附近24个罗马时期古村游玩的自行车游及可以俯瞰托斯卡纳地区的热气球服务。游客们可以从庄园出发，开始一段幽静而惬意的Agriturismo式的旅程。

二、发展特色与经验

1. 维持中世纪村庄布局形式

在历经10年收购了33栋老民宅之后，菲拉格慕集团聘请当地老工匠一砖一瓦地复原了当年的建筑外观，同时保留了原有村落的分散式布局。庄园充分利用了村庄原有建筑并赋予其新的功能，一方面是对历史文化建筑的良好保护，另一方面，也增加了村庄的文化气息，有利于游客直观、深入的了解意大利托斯卡纳地区中世纪的生活方式和村镇空间环境，这也成为了伊拉波洛庄园有别于其他旅游目的地的一个重要特征。

历时十几年的收购和修复建设工作与国内相似旅游产品的建设周期相比无疑是漫长和难以想象的，但正是这种对历史的尊重与耐心和对传统文化的继承和发展使得伊拉波洛庄园成为体验中世纪意大利乡村文化和生活的首选之地。

在项目改造实施过程中，对历史文化、空间和建筑特色所进行的保留和复原，还原了中世纪意大利村庄的状态，在完全尊重历史传承的基础上，更好地反映了历史的演变过程和传统的生活状态，反而对于来此休闲度假和旅游的人具有更大的吸引力。

当然，为了适应现代生活和给游人更好的休闲品质和生活体验，伊拉波洛庄园在历史的空间和肌理中植入了现代生活的软性要素，室内、室外空间分别提供了传统与现代的生活模式，这种强烈的对比和反差呈现给游人以在不同历史进程中穿越的神奇体验。因此，无论是从历史文化保护角度还是从旅游产品的品牌塑造角度，伊拉波洛庄园无疑都是十分成功的。

2. 文化与自然景观相结合

托斯卡纳地区位于意大利中西部，地区东北部被阿普阿内山脉与亚平宁山脉所环绕，西南滨第勒尼安海，是全国最繁荣的农业区之一。托斯卡纳地区属于地中海气候，典型的天气特征就是阳光下的蓝天白云，与之相配的是这里色彩鲜艳的墙壁，深绿色的百叶窗，深红色的屋顶。

托斯卡纳的气候干燥多风，是地中海沿岸的丛林地，这里长满了越橘和野草莓，也是各种野生动物的栖息地。幽美的自然景观与相对封闭的区域环境使得整个地区的村镇都带有一种闲适、悠然的感觉。

良好的气候环境和地理位置使得伊拉波洛庄园及周边地区自然景观优美，周边城市和村镇的低强度开发保护了该区域生态本底条件，为当地的旅游业提供了良好的发展基础。

菲拉格慕集团在保留了村庄良好自然景观的同时，将托斯卡纳地区璀璨的人文文化融入到伊拉波洛庄园的建设和运营中。首先，菲拉格慕家族以当地传承了近1 000年的葡萄酒产业为基础，大力发展葡萄种植和酿酒业。菲拉格慕集团邀请著名的葡萄酒酿酒大师对自然环境进行考察研究，并确定了最适宜在当地进行种植的葡萄种类，经过精心酿制形成了世界一流品质的具有当地特色的葡萄酒品类。西方国家对葡萄酒的热爱和对酿酒文化的深入研究帮助伊拉波洛庄园确定了其主打产品和品牌文化。

除了葡萄酒文化外，菲拉格慕集团还对周边的文化进行了整合包装，通过提供各种便利的交通方式，以伊拉波洛庄园为起点打造了周边地区的文化观光旅游线路，充分展示了托斯卡纳地区自文艺复兴以来所传承的文化。

热气球观光、山地骑行观光等模式作为文化体验项目的外延，增加了游览的趣味性。

3. 集中开发运营和精细化的产品定位

目前，国内常规概念中的乡村文化旅游一般是以自然的乡村环境和农牧业的人文活动为基础，以自主经营的农户为主体，实现个体旅游经营，服务对象基本定位于城市居民，是以满足游客观光游览的多种需要（如度假、观光、休闲、娱乐、购物、学习等）为主要目的的旅游活动。

伊拉波洛庄园的不同之处在于首先庄园并不是以农民为开发和运营主体，而是大型公司和财团通过收购的方式对村庄进行集中设计开发和运营管理。这样做的好处在于：统一设计和开发能够有助于形成风格一致、品质高端的完整村落度假空间；统一的运营和管理也有助于形成规范化的旅游产品和服务；集中化的运营模式也有利于公司和财团对产品进行统一包装和宣传。

其次，伊拉波洛庄园没有追求开发“大而全”的旅游产品门类，而是充分考虑地域特征和自然资源、文化资源等，主打特色牌。伊拉波洛庄园充分利用了菲拉格慕品牌的影响力，以葡萄酒、婚礼和中世纪村庄文化体验为三大主打品牌，突出强调休闲度假式庄园。虽然这种相对专业化和小众的目标客户人群定位具有一定的局限性，但是其对于产品的深入研究和专业化的服务反而吸引了对其经营产品具有强烈兴趣和需求的客户流连忘返，并由此衍生出了其他的服务产业。

这种专业化的服务和精细化的产品定位不但有助于庄园品牌的形成和推广，增加集团盈利，也有助于伊拉波洛庄园在众多的同类产品中脱颖而出，迅速占领市场。

最后，伊拉波洛庄园充分考虑了整个区域内的旅游资源分布情况，精细化的产品定位有助于和区域内的类似产品差异化发展，将自身纳入到托斯卡纳地区大旅游服务体系中，一方面变向增加了自身的服务内容，另一方面也带动了周边其他村落旅游业的发展。

4. 尊重历史和现状，避免急功近利的速成式开发和建设

旅游业的迅速发展和兴盛一方面提供了良好的发展机会，另一方面也为村庄升级转型提供了经济支持。但是目前国内的旅游产品开发容易急功近利，导致产品质量和服务质量的下降。旅游产品尤其是乡村文化旅游产品不仅仅是一种经济行为和生产服务行为，同时也是对历史文化和物质空间的继承和利用，更进一步，乡村文化旅游在利用历史要素的同时也是在为后人传承和讲述一段新的历史。

伊拉波洛的经验告诉我们，对历史传承和现状要素的尊重和敬畏及对旅游设计和开发的职业素养和责任感将有助于开发高品质的村庄文化旅游产品，而提升旅游产品品质也能够促进产业的健康发展。

三、经验启示

1. 意大利乡村文化旅游经验

充分发挥政府主导作用：由政府机构制定多种政策法规和各类评价标准，实施定期和不定期的检查与评估，完善各种信息服务，对乡村文化旅游加强统筹协调和引导扶持。

当然对于非公司、财团统一收购开发的乡村文化旅游，可以通过税收、补贴、公共产品等手段进行资金扶持。意大利政府为了减少和避免同质化竞争，充分发挥各个区域的地方特色，以政府的形式统一评估全国各地的旅游资源并实施有力协调。

行业协会规范管理：为实现乡村文化旅游自律，相关的服务组织在国外也颇受重视，在乡村旅游业的发展过程中发挥着不可替代的作用。发达国家目前正不断加强建设和积极培育各类乡村旅游行业协会，如爱尔兰的农舍度假协会、法国农会、生态和文化旅游协会等，他们对于发展乡村旅游业起到了巨大的作用。这些协会的主要宗旨之一就是为乡村旅游进行宣传、促销，帮助各地农户积极寻找客源，同时协会还负责组织各种旅游培训，每年聘请专业教师传授旅游服务方面的相关知识。另外还根据各地的乡土人情，按照习俗组织各种旅游活动，推广地方特色。

旅游产品多元化：目前，乡村文化旅游开始呈现集观光、休闲、娱乐于一体的发展趋势，并逐渐成为国外乡村旅游的营销重点。发达国家非常重视旅游产品的开发与设计，一方面，通过旅游产品塑造鲜明的乡村主题旅游形象，加强各项活动与主题的整合；另一方面，推出多样化的乡村旅游产品，可有效提升旅游者的参与性和选择性，同时也有利于调动当地居民的参与。国外乡村旅游的形式主要包括：休闲观光旅游、“生态＋乡村旅游”、参与务农旅游、“传统文化＋乡村旅游”等。

2. 精细化的产品导向

伊拉波洛庄园提供的旅游产品是以精益求精的追求来进行设计的，这一点跟国内的许多乡村旅游功能策划追求大而全的功能体系有所不同。除了必要的住宿、餐饮、交通等功能外，只在几个具有良好基础条件和优势的功能门类上进行精细化发展。较少的休闲旅游功能反而促进了其品质的提升，而其他旅游休闲功能则依托周边其他村落或城市，从而形成了伊拉波洛庄园独特的风格特征。国内尤其是经济发达地区的乡村旅游可以借鉴伊拉波洛庄园的发展模式，进行精细化的产品策划，使得每个乡村都能够具有其自身可供深入挖掘的独特品牌，形成区域联动发展而不是进行相邻区域的恶性竞争。

目标明确的客户群体：明确的目标群体有助于提升项目发展运营的目的性也有利于进行有针对性的功能升级。伊拉波洛庄园通过葡萄酒产业和婚姻服务产业的专业化运营，吸引了大量业内外人士和对其服务有浓厚兴趣爱好的游客来此休闲度假和体验专业化、高品质的服务，从而为庄园运营的带来了源源不断的客户群体。

定制化的私人服务：随着旅游业的不断发展升级，明确的服务定位和私人化的定制服务越来越多的得到顾客的青睐。针对不同的客户要求，提供不同的服务内容，进行私人化定制服务也已经成为未来产业发展的方向和打造高端服务的必然选择。尤其是一些特殊化的服务内容。例如婚姻服务、养老旅游、健康休闲等门类更是进行私人定制服务的优势门类。通过运营方式的升级进行定制服务将大大提升旅游区的服务品质，也符合现代社会对服务的高端化需求。

四、结语

当前，中国的乡村旅游产业正处在蓬勃发展期。根据旅游的生命周期理论，旅游区的发展大致可以分为探查阶段、参与阶段、发展阶段、巩固阶段、停滞阶段、衰落阶段或复兴阶段六大阶段，我们目前虽然正处于发展阶段，为了能够使发展阶段健康良性发展，同时尽量延缓旅游区进入停滞或衰落阶段，必须借鉴国内外先进的文化旅游发展经验。

从境外乡村文化旅游的发展阶段来看，成型阶段的主要特征为游人的观赏、度假、休闲。在这一阶段，观赏对象丰富，尽管经营者采用游、食、购、住多种经营方式，以满足旅游者多种需求，但是游客的主要行为方式仍是观赏。进入到成熟阶段，乡村文化旅游不再局限于提供观赏、食、购等一般旅游功能，更多的是让游客参与旅游活动，体现它的可操作性。这一阶段的特征主要是乡村建有大量可供娱乐、度假的设施，同时对经营管理有较高要求。

参照国内外的相关经验，我们若想促进乡村文化旅游的良性发展，首先应确立乡村旅游标准与规范、旅游开发与资源保护、投资权益保护等法律法规，以规范乡村旅游市场秩序和经营管理行为。其次，政府应从宏观调控的角度建立长效的乡村旅游政策扶持机制。政府旅游主管部门应协同其他相关部门对乡村旅游项目在投资、审批、税收、土地、贷款、融资等方面给予更多的优惠政策，以形成鼓励乡村旅游发展的政策环境。

同时，要进一步挖掘乡村文化内涵。乡村文化旅游凭借原真的乡村文化以满足旅游者的“故乡情结”“回归自然”“文化寻根”“猎奇心理”等旅游需求。悠久的乡村发展历史积淀了多姿多彩、独具特色的乡土文化，包括传统的历史文化、独特的农耕文化、特色的民俗文化、纯朴的民风文化、宁静的田园文化等。因此，深度挖掘乡村旅游的文化内涵是乡村旅游可持续发展的关键。乡村旅游文化应根植于乡村的人脉、地脉、文脉，与乡村的自然、人文、历史相吻合。

不断创新是乡村旅游永葆市场活力的关键。乡村旅游产品创新可以从产品形式创新、产品类型创新、产品功能创新等方面入手，以达到在形式上给旅游者新奇的体验。乡村文化旅游创新应根据旅游市场需求变化，和旅游者需求层次的不同，有针对性地开发乡村文化旅游产品的休闲娱乐功能、医疗保健功能和学习发展功能，满足游客的娱乐需求、交际需求、自我发展需求等。

在产品运营和品牌推广上，一是运用传统营销方式提高乡村旅游目的地的市场知名度，以高密度、全方位、多层次的营销宣传扩大乡村旅游的市场影响力。二是创新网络营销、手机营销等新型营销方式。尤其应加强乡村旅游网站建设。创新节庆营销，通过深度挖掘自然资源、传统文化、乡风民俗等文化内涵，策划特色主题节庆庆营销活动，展示乡村旅游地的品牌形象。

参考文献

[1] 张树民，钟林生，王灵恩．基于旅游系统理论的中国乡村旅游发展模式探讨[J]．2012.

[2] 潘顺安．中国乡村旅游驱动机制与开发模式研究[D]．东北师范大学，2007.

[3] 张颖．美国西部乡村旅游资源开发模式与启示[J]．2011.

[4] 张炜．欧盟旅游业可持续发展研究[J]．2013.

[5] 冯翔，高峻．从“欧洲最佳新兴乡村旅游目的地”评选标准看乡村旅游目的地建设[J]．2008.

作者简介

陈竑泽，华东建筑设计研究院有限公司，规划设计研究院综合设计所，项目经理。

日本箱根温泉度假旅游的发展经验

Experience in Development of Ecotourism and its Enlightenment on Hakone Spa Resort, Japan

张 翾 王彬汕 敖 民
Zhang Xuan Wang Binshan Ao Min

[摘 要] 箱根温泉位于日本神奈川县，距离东京90km。本文主要介绍箱根温泉旅游的发展特色、环境建设和文化、自然景观融合及管理上的策略，希望能为我国温泉旅游地乃至休闲度假旅游的开发提供经验借鉴。

[关键词] 温泉度假；文化与环境；特色商品开发；管理营销措施

[Abstract] Hakone spa is located in Kanagawa County, 90 kilometers from Tokyo, Japan. This paper mainly introduces the Hakone hot spring tourism development characteristics, the construction of cultural environment, and natural landscape integration and management strategy, hoping to provide references for the development of China's hot spring tourism and leisure tourism.

[Keywords] Spa Resort; Culture and Environment; Characteristic Product Development; Tourism Management

[文章编号] 2016-74-C-124

1.街区发散状布局
2.三圈式布局
3.街区分布
4.基地周边资源分布图
5-6.温泉度假别墅与温泉设施
7.大众温泉旅馆建筑与温泉设施

一、概述

1. 温泉旅游

目前，我国温泉旅游产业由南到北迅速发展，并成为国内旅游新热点。据不完全统计，全国温泉已开发有3 000余处，温泉旅游不仅成为众多旅游地产投资商的投资焦点，也成为温泉所在地政府招商引资、发展旅游经济的金字招牌。这些现象表明，“温泉对于休闲度假产业的集聚效应和对于区域经济的有力带动已经得到了开发商和各地政府的高度认可”。根据统计，2012年全国全年温泉旅游2 099万人次，温泉旅游收入达770.70亿元。但国内温泉旅游大部分处于依赖温泉本底资源，自发地发展小规模旅游休闲与宾馆洗浴状态，只是旅游中娱乐活动之一，没有科学统一规划，文化内涵不足，产品同质化严重。

日本是世界知名的温泉旅游地之一。近年来温泉旅游作为日本传统文化旅游的一部分，几乎成为外国游客到日本旅游必会体验的一项旅游活动。日本国家旅游局（JNTO）曾对访日外国游客进行市场调查，其结果显示，外国游客到日本旅游最大的动机是日本的传统文化/历史设施，其次便是以温泉为主的休闲旅游产品。日本温泉旅游起源于明治时期，大发展于20世纪80—90年代，现有温泉地3 157处，泉眼数28 157处；早在1948年便制定了《温泉法》，从法律上对日本温泉开发利用进行了规范，将温泉管理纳入法制化和科学化的轨道。箱根是日本最早开发温泉旅游的地区，是著名的温泉之乡、疗养胜地，位于日本神奈川县西南部，距离东京距离90km，人口约14 000人。从1900年小田原电气铁道（箱根登山铁道）修通之后，温泉旅游便在箱根山一带开始发展，并成为日本最成熟的温泉旅游地之一、世界温泉旅游发展关注的重点区域。全箱根约9成的就业人口从事与温泉旅游相关的第三产业，目前每年约有2 000万以上的国内外游客到箱根体验温泉旅游。箱根与温泉旅游相关的饮食、购物、娱乐、疗养等旅游方式种类繁多；与温泉旅游业相关的文化、景区，度假地交通和住宿接待也高度发达，由温泉促进的箱根区域旅游产业良性发展。箱根温泉旅游发展中众多的经验做法具有很强的借鉴意义，是温泉旅游学术研究的热点。本文即通过介绍箱根温泉旅游的成功经验，为我国有潜在条件的温泉度假休闲旅游发展地提供参考。

2. 中日温泉旅游研究

中国和日本很多学者对温泉旅游进行了丰富的研究。国内温泉旅游研究主要集中在中国温泉旅游发展历程及现状研究、中国温泉旅游存在的问题及对策研究、国内外温泉旅游地发展比较三个大方面。其中，在中国温泉旅游发展历程及现状研究方面，王艳平较早对中国温泉旅游开发的发展阶段和地域差别进行总结。在中国温泉旅游存在的问题及对策研究方面，高鹏、骆高远、赵婷婷的研究注重分析国内温泉旅游的发展情况，指出问题并提出对策。在这些文献中比较集中地提出了：一是针对国内温泉地产品单一化、雷同化问题，建议合理规划温泉地功能布局，温泉企业开发多元化的温泉旅游产品类型，深入挖掘当地的文化内涵；二是针对温泉旅游品牌知名度不高的问题，提出运用各种宣传方式，关注客户群体需求特性，注重环境营造和服务理念提升等策略；三是呼吁出台温泉法规，建立行业协会，对资源进行合理保护和利用，对行业发展进行指导规范，实现温泉旅游的可持续发展。在国内外温泉旅游地发展比较方面，国内学者黄华、朱专法多借鉴温泉旅游发展较为成熟的欧美、日本等地，通过对其温泉旅游的发展历史、开发模式、制度管理等方面进行介绍及对比，并从中总结提出对我国温泉旅游发展的方向或建议。

日本在温泉旅游研究方面，石川理夫认为温泉旅游的发展需要有三大要素，即温泉质量、温泉情趣、自然环境。野濑元子通过对日光、箱根两大温泉旅游地的形成过程的考察，提出温泉旅游资源与交通环境的改善对外国游客体验温泉旅游的影响。铃木夏美以箱根为例，提出温泉旅游与博物馆文化旅游相结合，将对温泉旅游产业产生积极的影响。其他的一些文章则从温泉自然资源、温泉设施、旅游者偏好、何种元素影响外国游客对日本温泉的偏好等方面进行了研究。

二、箱根温泉旅游发展特色及经验

1. 自然风景＋人造景观，将单一资源复合化

箱根温泉酒店90%以上坐落在深山之中。当地政府意识到温泉与温泉所在地的自然和人文景观的融

合共同构成温泉资源的整体，并进一步使单一的自然温泉资源复合化、立体化。当地政府将箱根地区独特的山岳自然资源加以改造和利用，形成温泉酒店旁独具特色的山水景观公园。这些山水景观公园基本是在不破坏自然山林的基础上形成的，使游客感受到了人与自然融合的美感。

箱根温泉旅游具有两种温泉空间布局模式。第一，以街区为中心的发散状温泉布局：布局以一条“温泉商业街”为中心，四周围绕着与温泉相关的住宿、餐饮、娱乐设施。各种设施簇拥在温泉街周围，由于温泉设施多为家族传统经营，故将整条“温泉街”烘托出其乐融融的家庭气氛。第二，是大型自然观光娱乐综合设施+居民住宿+温泉酒店的三圈层布局。此种布局使游客完全置身于温泉旅游的环境之中，从游览观光最外层的自然景观体验大自然的美景，接着深入体会当地居民的日常生活气息，感受人文情感，最后在身体疲惫后进入最核心的温泉酒店，彻底放松身心。

2. 不同档次度假设施分区聚合，满足游客多样化需求

箱根温泉旅游度假设施分出了符合广大游客需求、性价比较高的“大众温泉旅馆”及为高端消费者准备的“温泉度假别墅”，满足不同游客多样化的需求。

“大众温泉旅馆”主要位于箱根山山脚位置，整体建筑风格以现代式酒店建筑风格为主，搭配“住、食、娱”多项功能。房型以西式双人间为主，房间数量为50~100。温泉设施是满足大众需求的“大众浴池”，浴池入口处门帘上会标记“男部”及“女部”。

“温泉度假别墅”属于为高端游客定制的温泉旅游住宿设施，住宿是温泉度假别墅的核心。“温泉度假别墅”外部景观营造从选材和造型设计更偏于传统简洁的日式风格，营造出亲近自然的空间。“温泉度假别墅”选址讲究，基本建于半山腰偏上一点位置。这个区域环境静谧，植被覆盖率更好，人迹相对较少，符合高端游客对于独立、私密的度假要求。与“大众温泉旅馆”不同的是，“温泉度假别墅”的房间数很少，部分温泉度假别墅只有区区八间房间，采用网络预约制，房型采用日本传统的庭院型和式房间样式，空间开放且宽阔，风格样式各有不同，满足高端游客个性化、独立化的度假需求。温泉洗浴方面，在大众浴池的基础上，有单间独立浴室，或直接在卧室内就有单独的温泉泡浴空间。

8.箱根温泉各站景观导览图

9-10、13.本土动画文化与旅游纪念品、基础服务设施的商业产品联动

11.电车车厢

12.大众温泉旅馆建筑与温泉设施

3. 文化与环境高度融合，强调深度旅游体验

箱根温泉旅游以优质的天然温泉水为基础，高度地与当地温泉文化，包括温泉入浴礼仪、传统日本建筑、入浴服饰、特色餐饮、民俗艺术等有机融合，营造出全方位休闲度假体验氛围，实现从单一“泡汤”功能向完善的多功能温泉体验组合转变。

温泉文化的体验从搭乘箱根登山电车时就已经开始，并主要有以下几部分构成整个流程，即搭乘登山电车进入箱根山——入驻温泉酒店——品尝传统和食晚宴——晚间入浴——深夜体验娱乐活动——休息——次日前往酒店周边配套的博物馆/公园游玩。主题登山电车道、专用机动车路及景观步行道渐层深入，融入环境，减少人工痕迹。箱根地区的交通系统由登山电车道、机动车道、景观步行道三大体系组成。登山电车道由古朴外观轨道列车组成，登山列车道是整个箱根温泉旅游的交通组织主体，连接酒店、餐饮设施、主要景点等。机动车道主要为当地居民及酒店接客车辆共用，酒店接客车辆在登山电车车站口等待游客上车。景观步行道多为深入到自然综合娱乐景观之中的曲径小道，与自然环境高度融合。

4. 旅游活动缤纷多样，产品组合丰富

箱根温泉旅游并不只有“温泉”这一旅游活动，而是以“温泉泡浴＋多主题博物馆/美术馆＋神社探奇＋各色自然公园”的组合捆绑而成，并根据季节与时令安排不同主题旅游活动套餐。如富士山游览＋温泉＋富士山下时令食材和式美食、温泉＋玻璃之森美术馆参观门票＋时令怀石料理等。每种旅游产品组合均以温泉为核心，并涉及自然观光、人文历史、美食体验，使游客在温泉旅游中对箱根地区的自然和文化有全方位的感受及体验。

丰富多元的特产纪念品及“限定版”概念的温泉周边产品开发，带动产业链条可持续发展。箱根每个温泉酒店内部均有本地的土特产品及旅游纪念品销售商店。部分标注“箱根限定”的商品是在特定地区出售的“限定品”，极具纪念意义，对游客有着特殊吸引力。与热门动画商业合作，游客可下载专用APP软件，增加与景点间互动，带动一系列产业链条的良性可持续发展。

5. 从“服务”（service）升级为“待客”（hospitality），彰显日式服务细节

作为日本最悠久的温泉旅游地，箱根的温泉旅馆依然保持着游客到达旅馆时穿日式传统和服的老板娘和服务人员列队在门口迎接——服务人员给游客倒茶水和准备甜点，轻言轻语询问顾客需要并解答问题——游客退房离开后，老板娘和服务人员会列队在门口招手送行，箱根全域温泉旅馆，皆保持这一优良传统，甚至成为游客到箱根旅游体验的一道风景，使许多经历的国外游客极为感动。这种从普通服务升级到用爱去关怀呵护客人，处处为游客着想的“待客”精神，对培养忠实的回头客十分有利。

6. 加强管理与营销，带动产业链条可持续发展

成立官方及民间评级组织，监督温泉旅游点的温泉质量及服务品质。日本政府在1948年制定了《温泉法》并在其后不断进行修订，其目的就是为了保护现有温泉旅游资源，并合理利用土地开发和维护公共合法权益。同时有国家官方评定和认可的温泉地评审标准，民间自发组织的“温泉观光协会”和民间温泉评定认证制度。这些官方及民间的组织和评定标准，确保着箱根乃至整个日本温泉旅游的可持续发展。结合当地传统民俗节庆、与热门动画、日剧商业合作，展开节事营销＋季节营销，全年无淡季。设计吉祥物形象，多媒体的情感公关宣传，大力普及温泉旅游文化。

表1　政府评定的温泉地分类表

温泉地评级	审定部门
国民保养温泉地	厚生劳动省
国民保健温泉地	厚生劳动省
原生态温泉旅游地	环境省

表2　民间机构认定的温泉地分类表

温泉地评级	认定机构
健康旅游地	一般社团法人 健康旅游推进机构
名汤百选地	NPO法人 健康与温泉讨论会
养生温泉地	一般社团法人 日本温泉协会

三、经验启示

随着我国温泉休闲旅游的深入发展，越来越多的温泉度假村、区正在加快建设，如何更好地开发温泉及其周边的旅游资源，寻求旅游开发与温泉文化的有效结合是根本途径。日本箱根温泉旅游地建设与经营给我们提供了很好的经验借鉴。

1. 深入挖掘文化内涵，塑造温泉旅游品牌

我国温泉泡浴历史文化悠久，温泉资源的文化内涵比日本更加深厚，古人便从温泉中感悟“修身养性”“洁身自好”等思想哲理，同时一些地方民俗也是依温泉而生。在开发温泉本底的自然资源同时，注重挖掘出温泉历史、哲学、民俗等文化内容，全方位开发具有文化内涵的温泉旅游产品，提高温泉旅游的“附加值”。为当地温泉旅游的可持续发展提供良好的软硬件环境，创造当地无可替代的、优质的温泉旅游文化氛围，为温泉旅游地的良性发展“铸魂”。在温泉旅游产品的宣传理念、宣传手段方法等方面不断创新，创造出地方特有的温泉旅游形象，塑造出独一无二的温泉文化名牌，吸引旅游者注意力，提高游客到访率和重游率。

2. 制定法定认证标准，营造优质温泉旅游环境

地方政府应及时出台官方正规的对温泉水质、服务、环境卫生的评价认证标准，健全相应法律法规制度，实行规范化管理，对温泉旅游资源的开发管理、环境卫生等方面进行统一的规范与监督，确定合理的环境承载力和游客容量，避免过度的温泉旅游项目的开发对自然生态环境的不良影响及恶性破坏。通过法律法规的完善规范温泉旅游的进入与退出机制，培育良好公平的竞争环境，营造优质的温泉旅游竞争氛围。在温泉旅游活动中注重生态无污染的设施使用，对工作人员进行生态环境保护教育。建立“温泉促旅，旅养温泉”的可持续发展模式，使温泉旅游业协调、持续、健康的发展。

3. 拓宽旅游资源组合，开发多样旅游产品

拓宽眼界，调动温泉周边自然资源、人文资源进行充分的资源进行优化组合，多方面创造商机。如打造景观小品，自然公园、博物馆等，使温泉旅游地周围处处有景，使游客处处可逛，增加游客在温泉旅游地的逗留时间，产生额外消费；突出地方特色饮食，为温泉旅游者提供温泉与食材结合，健康绿色的正宗当地美食；举办温泉音乐会、温泉康体主题活动等节事活动，烘托旅游气氛，打高市场知名度；开发具有地方特色的、特别定制的创意个性旅游纪念品……围绕温泉，又不仅限于温泉式的开发多样的旅游产品。

4. 培养细致“待客”精神，量身定制旅游服务

箱根温泉旅游之所以成为日本最成熟、国际知名度高的温泉旅游地，与其细致的“待客”精神、为游客量身定制的旅游服务是分不开的。正是这样的服务质量得到国内外游客们认同与信赖，使箱根温泉旅游可持续发展下去。重视温泉旅游人才的培养，提高接客、待客的服务质量。提升服务人员整体接待水平与服务意识，并逐渐上升为“待客”的服务精神层次，使其可以自觉的为游客提供优质的服务，培养温泉旅游忠实消费群体。通过电子邮件、网站、电话等形式，充分了解游客的旅游需求和偏好，提前在洗浴偏好、用餐习惯、康体疗养等方面为客人设计服务内容，突出个性化和差异化，为每位游客量身定制温泉旅游产品和服务。

5. 创新发展旅游商品，延长旅游产业链条

旅游购物已成为现代旅游活动中必不可少的组成部分。目前国内温泉旅游商品处在空白阶段，没有个性鲜明、具有地方特色的温泉旅游商品，故品牌建设具有相当的可塑性和拓展空间，是今后转型升级的破冰点。在旅游业“吃、住、行、游、购、娱”六大要素中，后两大要素的消费则更多是游客的自主选择。游客对“购”需求具有较强的弹性，因此当旅游地行、住、游等基础设施已趋于完善，旅游业期望从中取得更大的经济效益，就需要加快弹性消费的“旅游购物”。旅游购物对目的地的非破坏性越来越受到发展旅游业的地区和国家的重视。发展温泉旅游商品不仅体现为对当地经济的推动作用，更重要的是可以更大限度地吸引旅游者消费，使之成为一个温泉旅游地产业发展的重要标志。

参考文献

[1] 罗红宝，林峰．走向温泉综合开发时代：“温泉休闲综合体”开发研究[M]．北京绿维创景规划设计院，2010.

[2] 中国旅游协会温泉旅游分会．中国温泉旅游产业发展报告（2012）[M]．广东旅游出版社，2012，7：27-28.

[3] http://www.welcome2japan.cn.日本国家旅游局（JNTO）官网．

[4] 野濑元子．以日光、箱根为对象，关于观光地形成过程的考察——从观光资源、交通环境和初期外国人使用情况的差异入手[D]．国际地域学研究科国际地域学专攻博士后论文．

[5] 王艳平，山村顺次．中国温泉资源旅游利用形式的变迁及其开发现状[J]．地理科学，2002（1）：102-108.

[6] 高鹏，刘住．对发展温泉旅游的建议[J]．旅游科学，2004（2）：54-57.

[7] 骆高远，陆林．我国温泉旅游的回顾与展望[J]．特区经济，2008（3）：162-165.

[8] 赵婷婷．从多元共生到品质扩张:我国温泉旅游发展现状、症候及策略[J]．社会科学家，2012（3）：94-97.

[9] 王艳平．我国温泉旅游存在的问题及对策[J]．地域研究与开发，2004（3）：74-77.

[10] 王华，彭华，吴立瀚．国内外温泉旅游度假区发展演化模式的探讨[J]．世界地理研究，2004（3）：79-83.

[11] 朱专法．日本温泉的旅游开发与经营管理[J]．山西大学学报（哲学社会科学版），2008（5）：89-91.

[12] 石川理夫．温泉法则[M]．东京集英社，2003.

[13] 野濑元子．以日光、箱根为对象，关于观光地形成过程的考察——从观光资源、交通环境和初期外国人使用情况的差异入手[D]．国际地域学研究科国际地域学专攻博士后论文．

[14] 铃木夏美. 关于温泉观光地箱根的博物馆集聚过程[J]．2015:21-22.

[15] 片冈美喜. 日本观光政策下自然观光资源的定位及其现状[Z]．地域政策研究，2009（2）：59-78.

[16] Y.K，前坂俊之．日本的观光与温泉[D]．静冈县立大学平成20年毕业论文．

[17] 山村顺次. 东京观光圈内温泉观光地的地域性展开（第1版）[N]．温泉观光地的研究，1967，625－628.

[18] 三木夏子．日本温泉旅游发展对辽宁的启示[D]．辽宁大学硕士学位论文．

作者简介

张　翾，北京清华同衡规划设计研究院，风景旅游研究所，主创规划师；

王彬汕，北京清华同衡规划设计研究院，副总工，风景园林中心副主任，风景旅游研究所，所长；

敖　民，北京清华同衡规划设计研究院，风景旅游研究所，规划师。

上海广境规划设计有限公司
Shanghai Grand Planning&Design Co.,Ltd
MAKING THE FUTURE CITY
上海广境规划设计有限公司是一家拥有城乡规划编制甲级资质和土地规划甲级资质的知名规划设计机构。业务涉及总体规划、详细规划、城市设计、土地规划、交通规划、市政规划、专项规划等。
公司人员配备整齐，技术实力雄厚，拥有一大批有志于规划设计的专业设计师。设计作品在上海市乃至全国优秀城乡规划设计评比中屡获嘉奖，在上海规划设计领域具有较高美誉度。
公司秉承“创造城市未来”的理念，营造“成长、责任、活跃、规范、勤勉”的企业文化，正以蓬勃的设计生命力，扬帆起航，力争打造一支全国知名的精英设计团队。
您的美好愿景
我们共同谋划并助力实现
诚聘城市规划、交通工程、地理信息系统、
土地资源管理、市政工程
等相关专业本科及研究生
甲级[建]城规编(141084)　土地规划甲级021003
上海市嘉定区嘉新公路226号嘉房置业广场B座5楼
http://www.shplan.com.cn
邮箱：jgyzhj@163.com
021-59929263 59152019
广境设计
嘉定规划院
JIA FANG GROUP